工 程 力 学

（修订版）

王永跃　徐光文　主编

U0217949

天津大学出版社
TIANJIN UNIVERSITY PRESS

内 容 提 要

本书根据国家教育部工科力学指导小组制定的中、少学时工程力学教学基本要求编写而成。全书共两篇：第 1 篇为静力学，内容包括平面汇交力系、平面一般力系、空间力系；第 2 篇为材料力学，内容包括材料力学的基本概念和基本假定、轴向拉压、剪切、扭转、弯曲基本变形、应力状态与强度理论、组合变形、压杆的稳定、动荷载。

本书是只需要静力学和材料力学基本内容的专业使用的教材，亦可供工程技术人员参考。

图书在版编目（CIP）数据

工程力学/王永跃，徐光文主编. —天津：天津大学出版社，2005.8
ISBN 978-7-5618-2176-3 （2022.8 重印）

Ⅰ. 工… Ⅱ. ①王…②徐… Ⅲ. 工程力学 – 高等学校 – 教材 Ⅳ. TB12

中国版本图书馆 CIP 数据核字（2005）第 080990 号

出版发行	天津大学出版社	
地 址	天津市卫津路 92 号天津大学内（邮编：300072）	
电 话	发行部：022 – 27403647	
网 址	publish.tju.edu.cn	
印 刷	天津泰宇印务有限公司	
经 销	全国各地新华书店	
开 本	185mm × 260mm	
印 张	19.25	
字 数	478 千	
版 次	2005 年 8 月第 1 版	
印 次	2022 年 8 月第 9 次	
定 价	42.00 元	

前　言

　　本书是根据国家教育部工科力学指导小组制定的中、少学时工程力学教学基本要求编写的，可作为只需要静力学和材料力学基本内容的专业使用的教材。

　　在本书的编写过程中，编者力求贯彻"打好基础、精选内容、重视实践、培养能力"的原则，在参考国内外多版本优秀教材的基础上，对基本概念和基本理论的讲述力求做到准确、清楚，以便于理解。并在此基础上，结合工程实际列举例题，以帮助读者理解概念，掌握理论，提高分析问题和解决问题的能力。此外，本书各章均有思考题、习题及其答案，可帮助读者总结收获、澄清概念和加强训练。

　　本书在徐光文教授主持下，由天津城市建设学院力学教研室教师集体对原稿进行了详细审核和修改，并由王永跃、徐光文、陈培奇对全书进行了统稿。参加本书编写的有：马丽（第1、2章）、焦永树（河北工业大学，第3、4章）、王永跃（第5、6、13章）、李志萍（第7、8章）、陈培奇（第9、10章和附录）、刘克玲（第11、12、15章）、徐光文（第14、16章）。

　　限于编者的水平，同时由于编写时间匆促，本书一定存在不少缺点和错误，望使用本书的广大教师和读者提出批评和指正，以利于教材质量的进一步提高。

编者

2005 年 6 月

第 2 版前言

本书第 1 版已使用十多年，根据教师和学生使用情况，对本教材进行修改，以更好地适应新形势下的教学要求。

本版的修改工作是在天津城建大学力学教研室教师集体讨论基础上完成的。具体分工为第 1、2 章由马丽完成修改工作；第 3、4 章由焦卫在焦永树编写基础上修改；第 5、6、13 章由王永跃完成修改工作；第 7、8 章由李志萍完成修改工作；第 9、10 章由刘永华在陈培奇编写基础上修改；第 11、12、14 章由刘克玲完成修改工作；第 15、16 章由郭龙完成修改工作。

本书虽经修改，但由于水平所限，缺点和错误仍在所难免，衷心地希望大家提出批评和指正。

编者

2018 年 4 月

目　　录

第1篇 静 力 学

静力学是研究物体在力系作用下的平衡条件的科学。

在静力学中所指的物体都是刚体。所谓**刚体**,是指物体在力的作用下,其内部任意两点之间的距离始终保持不变。这是一个理想化的力学模型。

力是物体间相互的**机械作用**,这种作用使物体的机械运动状态发生改变。力对物体的作用效应决定于力的大小、方向和作用点三个因素,通常称为**力的三要素**。故应以矢量表示力,本书中用黑体字母 F 表示力矢量,而用字母 F 表示力的大小。在国际单位制中,力的单位是牛顿及千牛顿,分别用 N 和 kN 表示。

力系是指作用于物体上的一组力。力系按其作用线所在的位置,可以分为平面力系和空间力系两大类;又可以按其作用线的相互关系,分为共线力系、汇交力系、平行力系和任意力系。物体在力的作用下相对于惯性参考系保持静止或作匀速直线运动的状态称为**平衡**。平衡是物体机械运动的一种特殊形式。在一般工程问题中,所谓平衡则是指相对于地球的平衡,特别是指相对于地球的静止。如果一个力系作用于某物体而使其保持平衡状态,则该力系称为**平衡力系**。一个力系必须满足某些条件才能使物体保持平衡状态,这些条件称为**平衡条件**。静力学的主要工作就是研究作用在物体上的各种力系所需满足的平衡条件。这是因为力系的平衡条件在工程中有着十分重要的意义,它是设计结构、构件和机械零件时静力计算的基础。所以,静力学在工程中有着广泛的应用。

如果两个力系对同一个物体的作用效果相同,则这两个力系互为**等效力系**。

在静力学中,本书将研究以下三个问题。

①物体的受力分析。分析某个物体共受几个力以及每个力的作用位置和方向。

②力系的等效替换(或简化)。如果用一个简单力系等效地替换一个复杂力系,则称为**力系的简化**。如果复杂力系能用与之等效的一个力来代替,则这个力称为原力系的**合力**,而该力系的各力称为此力的**分力**。研究力系等效替换并不仅限于分析静力学问题,而且也为动力学的研究提供了基础。

③建立各种力系的平衡条件。

第1章　静力学公理和物体的受力分析

本章将着重阐述静力学公理,分析工程中常见的约束和约束力,并对物体进行受力分析。

1.1　静力学公理

公理是人们在生活和生产过程中总结、积累的,又经过长期实践反复验证,被人们确认是符合客观实际的最普遍、最一般的规律。静力学公理是静力学的理论基础。

公理1:力的平行四边形法则　作用在物体上同一点的两个力,可以合成为一个合力,合力的作用点也在该点,合力的大小和方向由这两个力为邻边所构成的平行四边形的对角线确定,如图1-1(a)所示。或者说,合力矢等于这两个力矢的几何和,即

$$F_R = F_1 + F_2$$

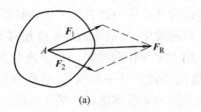
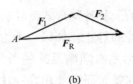

(a)　　　　　　　　　　　　　　(b)

图1-1

求两个共点力的合力时也可以应用三角形法则,即让力矢 F_1 和 F_2 首尾相连,封闭的第三边即代表合力矢 F_R 的大小和方向,而合力的作用点仍在 A 点,如图1-1(b)所示。

这个公理说明了最简单力系的简化规律,它是复杂力系简化的基础。

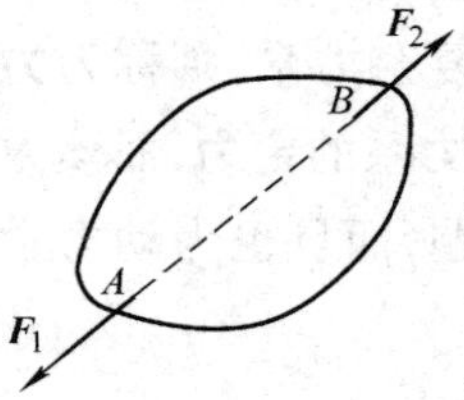

公理2:二力平衡原理　作用在刚体上的两个力,使刚体保持平衡的充分必要条件:这两个力的大小相等、方向相反且在同一条直线上。如图1-2所示,用矢量方程表示为 $F_1 = -F_2$

这个公理说明了作用在刚体上的最简单的力系平衡时所必须满足的条件。满足二力平衡的刚体称为**二力体**。满足二力平衡的直杆称为二力杆。

图1-2

公理3:加减平衡力系原理　在作用于刚体上的任一力系中,加上一个平衡力系或从其中减去一个平衡力系,并不改变原力系对于刚体的作用效果。

这个公理是研究力系等效变换的重要依据。

根据以上所述的公理,可以推导出以下两个推论。

推论1:刚体上力的可传性　作用在刚体上某点的力,可以沿着它的作用线移到刚体内的

任意一点,并不改变该力对刚体的作用。

证明 设有力 F 作用在刚体上的 A 点,如图 1-3(a)所示。在力的作用线上任取一点 B,并加上两个互相平衡的力 F_1 和 F_2,使 $F_1 = -F_2 = F$,如图 1-3(b)所示。根据加减平衡力系原理,图(b)应与图(a)等效。又由于力 F 和 F_2 也是一个平衡力系,可以撤去,所以只剩下一个力 F_1,如图 1-3(c)所示。同理,图(c)应与图(b)等效。于是力 F 与 F_1 等效,即原来的力 F 从原来的 A 点沿着它的作用线移到了 B 点。

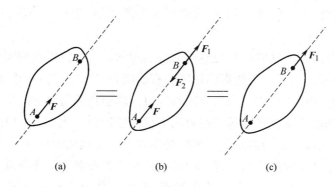

(a)　　　　　(b)　　　　　(c)

图 1-3

由此推论可以看出,对于刚体而言,力的作用点已经不是决定力的作用效果的要素,而已被作用线所代替。因此,作用于刚体上的力的三要素是大小、方向和作用线。这种矢量称为**滑动矢量**。

推论2:三力平衡汇交定理 作用于刚体上三个相互平衡的力,若其中两个力的作用线汇交于一点,则此三力必在同一平面内,且第三个力的作用线通过汇交点。

证明 在刚体的 A、B、C 三个点上,分别作用三个相互平衡的力 F_3、F_1、F_2,如图 1-4(a)所示。根据刚体上的力的可传性,将力 F_1 和 F_2 移到汇交点 O,如图 1-4(b)所示;再根据力的平行四边形法则,将力 F_1 和 F_2 合成一个力 F_{12},如图 1-4(c)所示;又根据二力平衡原理,则力 F_3 与 F_{12} 共线。所以,力 F_3 必定与力 F_1 和 F_2 共面,且通过力 F_1 和 F_2 的交点 O。

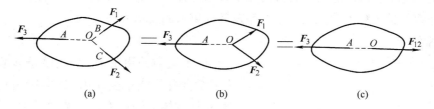

(a)　　　　　(b)　　　　　(c)

图 1-4

公理4:作用和反作用定律 作用力和反作用力总是同时存在,两个力的大小相等、方向相反、沿着同一条直线,且分别作用在两个相互作用的物体上。

这个公理表明了物体间相互作用的关系。无论物体是静止的或运动的,这一公理都成立。还应指出,作用力和反作用力是分别作用在两个物体上的,它们区别于二力平衡原理中的两个平衡力。

1.2 约束和约束反力

在自然界中,有些物体可以自由运动,它们在空间的位移不受任何限制,这样的物体称为**自由体**。例如,在空中飞行的飞机、炮弹和火箭等。相反,有些物体在空间的位移却要受到一定的限制,使其沿着某些方向的运动成为不可能,这样的物体称为**非自由体**。对非自由体运动起限制作用的周围物体称为**约束**。例如,铁轨对火车的限制、轴承对飞轮的限制、钢索对所吊重物的限制等。

周围物体对非自由体运动的限制是通过力来实现的。当物体沿着约束所能阻止的运动方向有运动或运动趋势时,对它产生约束的物体必有能阻止其运动的力作用于它,这种力称为**约束反力**,简称**约束力**。因此,约束反力的方向与约束所能阻止的运动方向恒相反。

使物体产生运动或使物体具有运动趋势的力称为**主动力**。例如,物体所受到的重力、建筑物所受到的风压力、水池所受到的水压力等都是主动力。工程结构物、构件等所承受的主动力常称为**荷载**。作用于整个物体或其某部分的荷载称为**分布荷载**。分布在某一体积内的荷载称为**体荷载**;分布在某一面积上的荷载称为**面荷载**;而当荷载分布在长条形状的体积或面积上时,则可以简化为沿其长度方向中心线分布的**线荷载**。以上三种荷载都是分布荷载。若作用范围可以忽略不计,而可以看作是集中于一点的荷载,则称为**集中荷载**。荷载还可以按其均匀分布的程度分为**均布荷载**和**非均布荷载**。例如,游泳池底部所受的水压力是均布荷载,池壁所受的水压力是按线形分布的非均布荷载。

物体上单位体积、单位面积、单位长度上所承受的荷载的大小分别称为**体荷载集度**、**面荷载集度**、**线荷载集度**,它们的单位分别为 N/m^3(或 kN/m^3)、N/m^2(或 kN/m^2)、N/m(或 kN/m)。

显然,约束力是由主动力引起的,并随主动力的改变而改变。因此,在约束力的三要素中,约束力的大小是未知的,它与主动力的值有关,在静力学中通过刚体的平衡条件求出;约束力的方向总是与约束所能阻止的运动方向相反;约束力的作用点在约束与被约束物体的接触处。

下面介绍几种工程上常见的约束类型及其约束力的表示方法。

1. 柔索约束

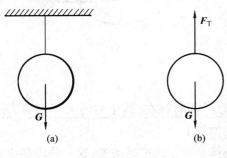

(a)   (b)

图 1 – 5

属于这类约束的有绳索、链条和胶带等。因为柔索自身只能承受拉力,根据作用和反作用定律,它给物体的约束力也只能是拉力。因此,柔索对物体的约束力沿着柔索中心线。通常用 F_T 表示这类约束力。如图 1 – 5(a)、(b)所示,F_T 是绳子给物体的拉力,它沿着绳子的中心线指向物体的外部。

如图 1 – 6(a)所示的胶带轮中,胶带对两轮的约束力分别为 F_{T1}、F_{T2}、F'_{T1}、F'_{T2},如图 1 – 6(b)所示。

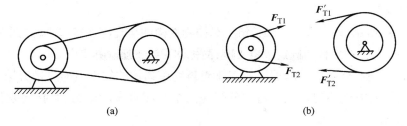

(a)   (b)

图 1 – 6

2. 光滑接触面约束

当两个物体接触面上的摩擦力可以忽略不
计时,即可看作是**光滑接触**。光滑接触面约束,
只能阻止物体沿着通过接触点的公法线,并朝
向约束它的物体的运动。所以,光滑接触面的
约束力通过接触点,沿接触面在该点的公法线,
并指向被约束的物体。通常用 F_N 表示这类约
束力。如图 1 – 7(a)、(b)所示,图中虚线表示
公法线。

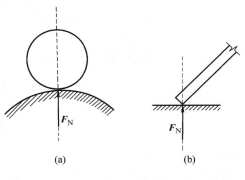

(a)   (b)

图 1 – 7

3. 光滑圆柱形铰链约束

如图 1 – 8(a)所示,在两个物体上分别钻有直径相同的圆孔,再将一直径略小于孔径的圆
柱体(称为销钉)插入这两个物体的孔中,销钉与物体的圆孔表面都是光滑的,这样就构成了
光滑圆柱形铰链约束,简称铰接。其简图如图 1 – 8(b)所示。

在光滑圆柱形铰链约束中,物体既可以沿销钉轴线方向移动又可以绕销钉轴线转动,但却
不能沿垂直于销钉轴线的方向脱离销钉。当物体受主动力作用而产生运动趋势时,其圆孔表
面与销钉产生局部接触,为一条平行于销钉轴线的直线段,在平面结构中简化为一点,即为接
触点。因为物体与销钉为光滑接触,则物体受到的约束力应通过接触点和销钉轴心;又由于接
触点的位置随物体所受的主动力而改变,所以物体受到的约束力通过销钉轴心,在垂直于销钉
轴线的平面内,方向不定。通常将它分解为两个互相垂直的分力,其指向是假设的,如图 1 – 8
(c)所示。

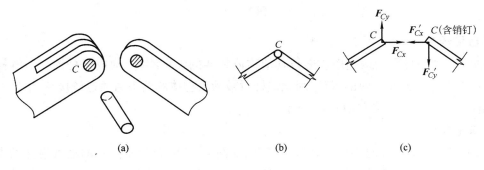

(a)   (b)   (c)

图 1 – 8

4. 固定铰支座

如图1－9(a)所示,用光滑圆柱形铰链把结构物或构件与支座连接起来,并把支座底板固定在地面或机架上,这种约束称为固定铰链支座,简称**固定铰支座**。其简图如图1－9(b)所示。

与光滑圆柱形铰链约束一样,固定铰支座对被约束物体的约束力通过销钉轴心,在垂直于销钉轴线的平面内,方向不定。通常将它分解为两个互相垂直的分力,其指向是假设的,如图1－9(c)所示。

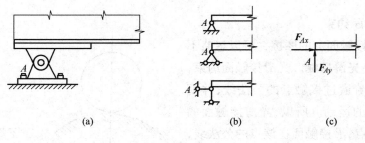

(a) (b) (c)

图1－9

5. 滑动铰支座

如图1－10(a)所示,在铰支座与支承面之间放入几个可沿支承面滚动的辊轴,这样就构成了**滑动铰支座**,也称为**可动铰支座**。其简图如图1－10(b)所示。

这种支座不能阻止物体绕铰轴线的转动和沿支承面的运动,只能阻止物体沿支承面法线方向的运动。因此,滑动铰支座对物体的约束力通过销钉轴心,并垂直于支承面,其指向是假设的,如图1－10(c)所示。

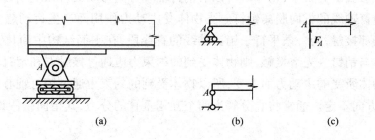

(a) (b) (c)

图1－10

6. 链杆约束

如图1－11(a)所示,两端用铰链与其他物体相连的无重刚杆,构成**链杆约束**。链杆阻止被连接物体沿链杆轴线方向的运动,因此链杆对被约束物体的约束力通过铰接点,沿链杆中心线,其指向是假设的,如图1－11(b)所示。

7. 向心轴承

图1－12(a)所示为向心轴承装置,其简图如图1－12(b)所示。它的轴可沿孔的中心线移动,也可在孔内任意转动,但是轴不能沿垂直于轴线的方向脱离,具体的方向随着轴所受的主动力的不同而改变。因此,轴承对轴的约束力同光滑铰链的约束力性质一样,轴受到的约束

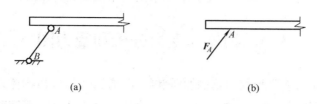

(a)   (b)

图 1 – 11

力通过轴线中心,在垂直于轴线的平面内,方向不定。通常将它分解为两个互相垂直的分力,其指向是假设的,如图 1 – 12(c)所示。

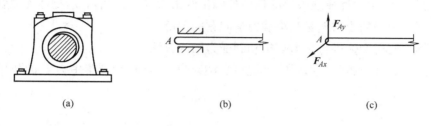

(a)   (b)   (c)

图 1 – 12

8. 止推轴承

如图 1 – 13(a)所示,把向心轴承圆孔的一端封闭,这样的约束称为止推轴承。止推轴承不但能阻止转轴的径向移动,还能阻止转轴沿轴向的移动,所以其约束反力用垂直于轴向的力 F_{Ax}、F_{Ay} 和沿轴向的力 F_{Az} 表示,如图 1 – 13(b)所示。

9. 球铰链

如图 1 – 14(a)所示,将固结于物体一端的光滑圆球放置于一个光滑的球窝形支座内,就构成了**球铰链**。其简图如图 1 – 14

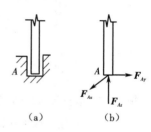

(a)   (b)

图 1 – 13

(b)所示。球铰链只能阻止物体上的圆球沿任意方向离开球窝中心的运动,而不能阻止物体绕球窝中心的转动,因此球铰链对物体的约束力通过球窝中心,方向不定。通常将它分解为三个互相垂直的分力,其指向是假设的,如图 1 – 14(c)所示。

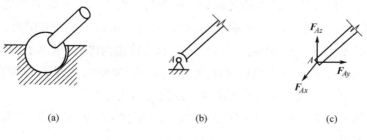

(a)   (b)   (c)

图 1 – 14

以上介绍了几种简单的约束类型,实际工程中的约束往往比较复杂,需要根据具体情况分析它对物体运动的限制特点来加以简化。更复杂的约束类型,将在以后的章节中再作介绍。

1.3 物体的受力分析和受力图

在解决力学问题时,需要根据问题的性质和特点,有选择地分析物体系统中某个物体或某几个物体的受力状态及运动状态。被选中的这一个或几个物体称为**研究对象**。将研究对象所受的约束解除,把它从周围物体中分离并单独画出来,该被分离并单独画出来的研究对象称为**脱离体**。确定脱离体受哪些主动力作用以及受到哪些约束力的作用、约束力的作用点及方向如何,这一分析过程称为**受力分析**。受力分析时,首先要在脱离体上根据已知条件画出主动力,然后根据每个约束的性质在被解除约束处画出约束力,所得到的表示物体受力状况的图称为**受力图**。画出正确的受力图是解决静力学问题的关键。

下面举例说明对物体进行受力分析和画受力图的方法。

例题 1-1 图 1-15(a)所示为一简支梁 AB,在其中点 C 受到集中力 F 的作用。试画出简支梁 AB 的受力图。

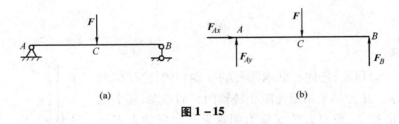

(a)   (b)

图 1-15

解 (1)取简支梁 AB 为研究对象,并单独画出来。

(2)画主动力。在 C 点画出集中力 F。

(3)画约束力。先分析 B 处约束,B 处为滑动铰支座,根据约束的性质,约束力的作用线应通过 B 点并垂直于支承面,方向假定为向上。再分析 A 处约束,A 处为固定铰支座,根据约束的性质,约束力方向不能确定,可用两个互相垂直的分力 F_{Ax}、F_{Ay} 来代替。最后画出简支梁 AB 的受力图,如图 1-15(b)所示。

当以几个物体组成的系统为研究对象时,系统内各物体之间的相互作用力称为**内力**;系统外的物体作用于系统内各物体的力称为**外力**。因为每一对内力对所取的系统来说是一对平衡力,可以相互抵消,所以在受力图中不必画出内力,只需画出该系统所受的外力。但要注意,随着所取研究对象的改变,内力可转化为外力,外力也可转化为内力,见以下例题的分析。

例题 1-2 三铰拱桥由两个拱铰接而成,不计自重和摩擦,荷载 F 作用在拱 AC 上,如图 1-16(a)所示。试分别画出拱 AC、拱 CB 和三铰拱桥的受力图。

解 此题按照先简单后复杂的次序分析,应先分析拱 CB,然后分析拱 AC,最后分析三铰拱桥整体的受力情况。

(1)先分析拱 CB 的受力。因为拱 CB 自重不计,而且只在 C、B 两端铰接,所以拱 CB 为二力体,则 C、B 两端分别受力 F_C、F_B 的作用,且 $F_B = -F_C$,这两个力的方向如图 1-16(b)

所示。

（2）取拱 AC 为研究对象。拱 AC 受到的主动力只有荷载 F。拱 AC 在 C 处受到拱 CB 给它的约束力 F_C'，因为 F_C' 和 F_C 互为作用力与反作用力，所以力 F_C' 的方向与力 F_C 的方向相反。拱 AC 在 A 处受到固定铰支座给它的约束力 F_A，根据约束的性质，约束力方向不能确定，可用两个相互垂直的分力来代替，如图 $1-16$(c)所示。但在此题中，拱 AC 受三个力作用，可根据三力平衡汇交定理确定约束力 F_A 的作用线，约束力 F_A 应过 A 点并在 A、D 的连线上，点 D 是力 F 和 F_C' 作用线的交点。拱 AC 的受力图如图 $1-16$(d)所示。

（3）取三铰拱桥整体分析。其受力图如图 $1-16$(e)或(f)所示。图 $1-16$(b)中的力 F_C 与图 $1-16$(c)中的力 F_C' 没有在图 $1-16$(e)、(f)中画出，这是因为对于三铰拱桥整体来说它们是一对内力，所以不在受力图中画出。

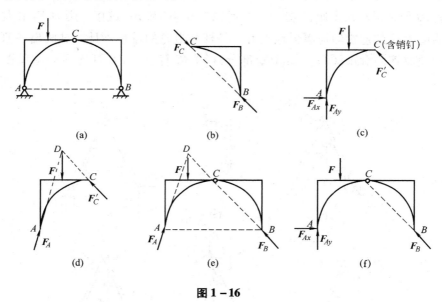

图 1-16

例题 1-3 分别画出图 $1-17$(a)所示梁 AC 部分、CE 部分以及整体的受力图。

解 （1）取梁 CE 为研究对象。梁 CE 受到的主动力只有力 F。梁 CE 在 E 处有滑动铰支座，其约束力 F_E 应过 E 点垂直于支承面且假设方向向上；在 C 处是铰接，根据约束性质，约束力方向不能确定，所以在 C 处用两个相互垂直的分力 F_{Cx}、F_{Cy} 来代替，画出的受力图如图 $1-17$(b)所示。

（2）取梁 AC 为研究对象。梁 AC 受到的主动力只有荷载集度为 q 的均布荷载。梁 AC 在 B 处有滑动铰支座，其约束力 F_B 应过 B 点垂直于支承面并假设方向向上；在 C 处有 F_{Cx}、F_{Cy} 的反作用力 F_{Cx}'、F_{Cy}'；在 A 处有固动铰支座，根据约束的性质，约束力方向不能确定，所以在 A 处用两个相互垂直的分力 F_{Ax}、F_{Ay} 来代替，画出的受力图如图 $1-17$(c)所示。

（3）取整体为研究对象。画出的受力图如图 $1-17$(d)所示。

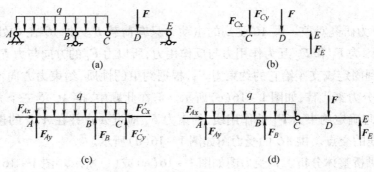

(a)

(b)

(c)

(d)

图 1－17

例题 1－4 简易起重架如图 1－18(a)所示。它由三根杆 AC、BC 和 DE 铰接而成，A 处是固定铰支座，B 处是滑动铰支座，C 处有一个滑轮与杆 AC 和 BC 铰接。用力 $\pmb{F}_T$ 拉住绳的一端并使另一端重为 G 的重物匀速缓慢地上升。各杆和滑轮的重量不计。试画出各研究对象的受力图:(1)重物连同滑轮;(2)支架 ABC 部分;(3)BC 杆;(4)AC 杆连同滑轮和重物;(5)整体。

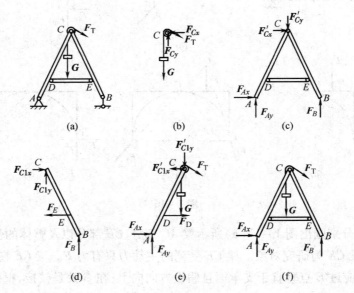

(a)   (b)   (c)

(d)   (e)   (f)

图 1－18

解 (1)取重物连同滑轮为研究对象。主动力有重物的重力 G 和绳子的拉力 $\pmb{F}_T$，因为重物匀速缓慢地上升,故它处于平衡状态,所以拉力 $\pmb{F}_T$ 与 G 应等值;约束力为销钉给滑轮的力 $\pmb{F}_{Cx}$ 和 $\pmb{F}_{Cy}$，如图 1－18(b)所示。

(2)取支架 ABC 部分为研究对象。在 C 处有 $\pmb{F}_{Cx}$ 和 $\pmb{F}_{Cy}$ 的反作用力 $\pmb{F}'_{Cx}$ 和 $\pmb{F}'_{Cy}$;B 处是滑动铰支座,约束力 $\pmb{F}_B$ 的作用线通过 B 点且垂直于支承面,指向假设向上;A 处是固定铰支座,约束力用正交力 $\pmb{F}_{Ax}$、$\pmb{F}_{Ay}$ 表示,如图 1－18(c)所示。

(3)取 BC 杆为研究对象。在 E 处有二力杆 DE 给的约束力 $\pmb{F}_E$;在 B 处有约束力 $\pmb{F}_B$;在 C 处有 AC 杆连同滑轮通过销钉给它的力 $\pmb{F}_{C1x}$ 和 $\pmb{F}_{C1y}$，如图 1－18(d)所示。

（4）取 AC 杆连同滑轮和重物为研究对象。主动力有重物的重力 G 和绳子的拉力 F_T；在铰 C 处有力 F_{C1x}、F_{C1y} 的反作用力 F'_{C1x}、F'_{C1y}；在 D 处有二力杆 DE 给的约束力 F_D，F_D 与 F_E 大小相等、方向相反；A 处有约束力 F_{Ax}、F_{Ay}，如图 1－18（e）所示。

（5）取整体为研究对象。主动力有重物的重力 G 和绳子的拉力 F_T；约束力为 B 处的 F_B 和 A 处的 F_{Ax}、F_{Ay}，如图 1－18（f）所示。

例题 1－5 分别画出图 1－19（a）所示刚架中 AD 部分、DBC 部分以及整体的受力图。

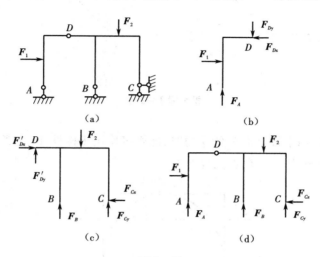

图 1－19

解 （1）取 AD 部分为研究对象。主动力 F_1 画出；A 处去掉滑动铰支座，用力 F_A 代替，其指向假设向上；D 处去掉铰链约束，用正交力 F_{Dx}、F_{Dy} 代替，AD 部分受力图如图 1－19（b）所示。

（2）取 DBC 部分为研究对象。主动力 F_2 画出；在 D 处有 F_{Dx}、F_{Dy} 的反作用力 F'_{Dx}、F'_{Dy}；在 B 处去掉滑动铰支座，用力 F_B 代替，其指向假设向上；在 C 处去掉固定铰支座，用两个正交力 F_{Cx}、F_{Cy} 代替，DBC 部分受力图如图 1－19（c）所示。

（3）取整体为研究对象。整体受力图如图 1－19（d）所示。

通过以上例题的分析，现将对物体进行受力分析和画受力图的一般步骤及需要注意的问题归纳如下。

① 必须明确研究对象。根据求解需要，选定一个物体或几个物体组成的系统作为研究对象，并单独画出来作为脱离体。

② 根据已知条件画出所有作用在脱离体上的主动力。

③ 正确画出约束力。一个物体往往同时受到几个约束的作用，必须在每一个解除约束处，根据约束的性质画出约束力。当根据约束不能确定约束力的方向时，可用相互垂直的几个分力来代替，不能主观臆断。

④ 检查。在受力图中既不可以多画一个力，也不可以漏画一个力。另外，注意在受力图中只需画出研究对象的外力。

思 考 题

1-1　说明下列式子与文字的意义和区别:(1)$F_1 = F_2$;(2)$F_1 = F_2$;(3)力 F_1 等效于力 F_2。

1-2　试将作用于 A 点的力 F 按下述条件分解为两个力:(1)已知一分力 F_1,如图(a)所示;(2)一分力沿图(b)所示虚线方位,另一分力要求数值最小。

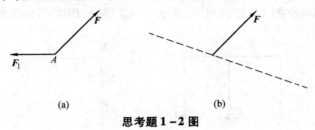

(a)　　　　　　　　　　　(b)

思考题 1-2 图

1-3　如图所示,当求铰链 C 的约束力时,能否将作用于构件 AC 上的力 F 沿其作用线滑动,变成作用于构件 CB 上的力 F_1? 为什么?

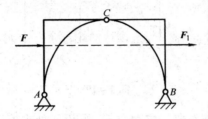

思考题 1-3 图

1-4　凡两端用铰链连接的直杆均为二力杆,对吗?

本章习题请扫二维码。

第2章 平面汇交力系与平面力偶系

平面汇交力系和平面力偶系是两种简单力系,它们是研究复杂力系的基础。本章将研究平面汇交力系的合成与平衡问题,并介绍力偶的基本性质及平面力偶系的合成与平衡问题。

2.1 平面汇交力系的合成与平衡条件

1. 平面汇交力系合成的几何法

作用于一个物体上的各力的作用线都在同一平面内且汇交于一点,这样的力系称为**平面汇交力系**。

平面汇交力系的合成可根据两个共点力合成的平行四边形法则或三角形法则逐步进行。如图 2 − 1(a)所示,作用在某刚体上的一个平面汇交力系由 F_1、F_2、F_3 和 F_4 组成,利用三角形法则,首先求出 F_1 与 F_2 的合力 F_{12},再求出 F_{12} 与 F_3 的合力 F_{123},再继续求出 F_{123} 与 F_4 的合力 F_R,此合力 F_R 即为原力系的合力,如图 2 − 1(b)所示。

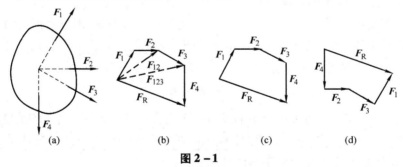

图 2 − 1

由上述合成方法可以看出,更简便的合成方法是让原力系中的各分力矢首尾相接,直接画出如图 2 − 1(c)所示的平面折线,然后从第一个力矢 F_1 的起点向最后一个力矢 F_4 的终点作一个矢量,以使折线封闭而成为一个力多边形。此多边形的封闭边就代表了原力系的合力 F_R 的大小和方向,合力的作用线则应通过原力系的汇交点。上述用力多边形求汇交力系合力的方法称为**几何法**。几何法的作图规则称为**力多边形法则**,即从任一点出发,依次将力系中各分力首尾相接,最后连接第一个力矢的始点和最后一个力矢的终点,得到指向最后一个力矢终点的一个矢量——力多边形的封闭边,即为原力系的合力矢,合力作用线通过原力系汇交点。

总之,平面汇交力系可以合成为一个合力,此合力的作用线通过原力系的汇交点,而合力的大小和方向由力多边形的封闭边所确定,即它等于原力系中各力的矢量和,即

$$F_R = F_1 + F_2 + \cdots + F_n = \sum_{i=1}^{n} F_i = \sum F \qquad (2-1)$$

在利用力多边形法则求平面汇交力系的合力时,根据矢量相加的交换律,任意变换各分力矢的作图次序,可得到形状不同的力多边形,但其合力矢仍然不变,如图 2 - 1(d)所示。应注意各分力矢必须首尾相接,而合力矢则应从第一个分力矢的起点画到最后一个分力矢的终点。

例题 2 - 1 如图 2 - 2(a)所示一平面汇交力系,已知 $F_1 = 3$ kN,$F_2 = 1$ kN,$F_3 = 1.5$ kN,$F_4 = 2$ kN。试用几何法求该力系的合力。

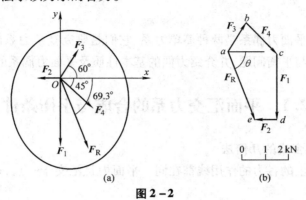

图 2 - 2

解 用力比例尺,按 F_3、F_4、F_1、F_2 的顺序首尾相连地画出各力矢得到力多边形 $abcde$,连接封闭边 ae 即得合力矢 F_R,如图 2 - 2(b)所示。从图上用比例尺量得合力 F_R 的大小 $F_R = 3.33$ kN,用量角器量得合力 F_R 与 x 轴的夹角 $\theta = 69.3°$,其位置如图 2 - 2(b)所示。

2. 平面汇交力系平衡的几何条件

由于平面汇交力系可用一个合力来代替,因此若此合力为零,则平面汇交力系平衡;反之,若平面汇交力系平衡,则其合力必为零。由此得出,平面汇交力系平衡的充分必要条件是力系的合力为零。如用矢量等式表示为

$$\sum F = 0 \tag{2 - 2}$$

平面汇交力系平衡时,力多边形中的最后一个力矢的终点与第一个力矢的起点重合,此时的力多边形称为封闭的力多边形。因此,平面汇交力系平衡的充分必要条件是力系的力多边形自行封闭,这就是平面汇交力系平衡的几何条件。

例题 2 - 2 如图 2 - 3(a)所示,支架的横梁 AB 与斜杆 DC 用铰链 C 相连接,C 为 AB 梁的中点,杆 DC 与横梁 AB 成 45°角,A、D 处为固定铰支座,荷载 $F = 10$ kN,作用于 B 处。梁和杆的自重忽略不计。试用几何法求 A 处的约束力和杆 DC 所受的力。

解 选取横梁 AB 为研究对象。横梁 AB 在 B 处受荷载 F 的作用;DC 杆为二力杆,它对横梁 C 处的约束力 F_C 的作用线沿 DC 杆的中心线;A 处的约束力 F_A 的作用线可根据三力平衡汇交定理确定,它通过另两个力的交点 E,如图 2 - 3(b)所示。

根据平面汇交力系平衡的几何条件,这三个力应构成一个封闭的力三角形。选定比例尺后,先画出已知力矢 F,再由点 a 作直线平行于 AE,由点 b 作直线平行于 CE,这两条直线的交点为 c,如图 2 - 3(c)所示。

由于力三角形 abc 封闭,可确定力 F_A 和 F_C 的方向,线段 ca 和 bc 分别表示力 F_A 和 F_C 的大小,量出它们的长度,按比例换算可求出

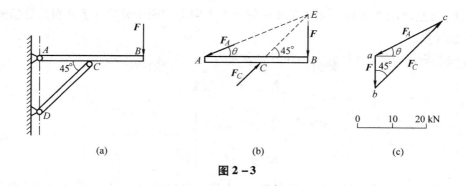

(a)   (b)   (c)

图 2 - 3

$$F_A = 22.4 \text{ kN}, F_C = 28.3 \text{ kN}$$

因为 DC 杆在 C 处所受的力是力 F_C 的反作用力,所以 DC 杆为受压杆,所受压力的大小为 28.3 kN。

3. 平面汇交力系合成的解析法

用几何法求平面汇交力系的合力的优点是直观、明了,缺点是存在较大的误差。为了能得到准确的结果,常采用解析法来求解平面汇交力系的合力。

(1)力在坐标轴上的投影

过力矢 F 的起点和终点向坐标轴 x 轴作垂线得到垂足 a、b,如图 2 - 4(a)所示。规定力 F 在 x 轴投影的大小为线段 ab 的长度,其正负号规定为由起点 a 到终点 b 的指向与坐标轴的正向相同时为正,反之为负,即

$$F_x = F\cos \alpha \tag{2-3}$$

式中:α 为力 F 与 x 轴正向之间的最小夹角。

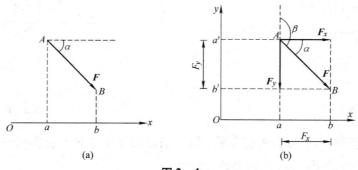

(a)   (b)

图 2 - 4

在直角坐标系 xOy 中,把力 F 分别与 x、y 轴正向间的最小夹角 α、β 称为力 F 的方向角,如图 2 - 4(b)所示,则力 F 在 x、y 轴上的投影分别为

$$\left.\begin{array}{l} F_x = F\cos \alpha \\ F_y = F\cos \beta \end{array}\right\} \tag{2-4}$$

(2)力的解析式

在直角坐标系 xOy 中,力 F 的解析式可写为

$$\boldsymbol{F} = \boldsymbol{F}_x + \boldsymbol{F}_y = F_x\boldsymbol{i} + F_y\boldsymbol{j} \tag{2-5}$$

式中:F_x、F_y分别表示力F沿平面直角坐标轴x、y方向上的两个分力;i、j分别为沿坐标轴x、y方向的单位矢量。

由力的解析式可知,力F的大小和方向余弦为

$$\left.\begin{array}{l} F = \sqrt{F_x^2 + F_y^2} \\[2mm] \cos \alpha = \dfrac{F_x}{F} \\[2mm] \cos \beta = \dfrac{F_y}{F} \end{array}\right\} \tag{2-6}$$

应该注意:分力与投影是两个不同的概念,力沿坐标轴的分力是矢量,有大小、方向、作用线;而力在坐标轴上的投影是代数量,它没有方向和作用线。在直角坐标系中,力F在坐标轴上投影的大小与其沿相应轴分力的模相等;在斜坐标系中(图2-5),力F沿两轴分力F_x、F_y的模不等于力F在两轴上的投影F_x、F_y的大小。

(3)平面汇交力系合成的解析法

设由n个力组成的平面汇交力系作用在一个刚体上,建立直角坐标系xOy如图2-6所示,其合力为F_R,它的解析式为

$$F_R = F_{Rx} + F_{Ry} = F_{Rx}\boldsymbol{i} + F_{Ry}\boldsymbol{j} \tag{2-7}$$

式中:F_{Rx}、F_{Ry}为合力F_R沿平面直角坐标轴x、y方向上的两个分力;F_{Rx}、F_{Ry}为合力F_R在坐标轴x、y上的投影。

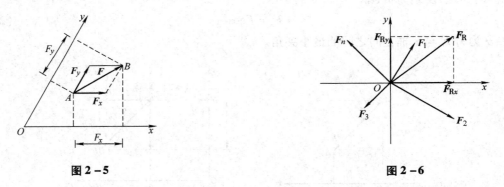

图2-5 图2-6

根据合矢量投影定理,即合矢量在某一轴上的投影等于各分矢量在同一轴上投影的代数和,由式(2-1)得合力F_R在x、y轴上的投影为

$$\left.\begin{array}{l} F_{Rx} = \displaystyle\sum_{i=1}^{n} F_{xi} = \sum F_x \\[3mm] F_{Ry} = \displaystyle\sum_{i=1}^{n} F_{yi} = \sum F_y \end{array}\right\} \tag{2-8}$$

式中:F_{xi}、F_{yi}为力F_i在x、y轴上的投影。

由此得到**合力投影定理**,即平面汇交力系的合力在某一轴上的投影等于各分力在同一轴上投影的代数和。

合力F_R的大小和方向余弦为

$$F_R = \sqrt{F_{Rx}^2 + F_{Ry}^2} = \sqrt{\left(\sum F_x\right)^2 + \left(\sum F_y\right)^2}$$

$$\cos(F_R, i) = \frac{F_{Rx}}{F_R} = \frac{\sum F_x}{F_R}$$

$$\cos(F_R, j) = \frac{F_{Ry}}{F_R} = \frac{\sum F_y}{F_R}$$

(2-9)

为了确定合力 F_R 的方向,设合力 F_R 与 x 轴所夹锐角为 θ,则

$$\tan\theta = \left|\frac{F_{Ry}}{F_{Rx}}\right| = \left|\frac{\sum F_y}{\sum F_x}\right|$$

(2-10)

求出 θ 角以后,再根据 F_{Rx}、F_{Ry} 的正负来确定合力 F_R 的方向。

例题 2-3 试用解析法求解例题 2-1。

解 如图 2-7 所示。首先计算合力在坐标轴上的投影,即

$$F_{Rx} = \sum F_x = -F_2 + F_3\cos 60° + F_4\cos 45°$$

$$= -1 + 1.5 \times \frac{1}{2} + 2 \times \frac{\sqrt{2}}{2}$$

$$= 1.16 \text{ kN}$$

$$F_{Ry} = \sum F_y = -F_1 + F_3\sin 60° - F_4\sin 45°$$

$$= -3 + 1.5 \times \frac{\sqrt{3}}{2} - 2 \times \frac{\sqrt{2}}{2}$$

$$= -3.12 \text{ kN}$$

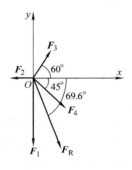

图 2-7

然后求出合力的大小为

$$F_R = \sqrt{F_{Rx}^2 + F_{Ry}^2} = \sqrt{1.16^2 + 3.12^2} = 3.33 \text{ kN}$$

设合力 F_R 与 x 轴所夹锐角为 θ,则

$$\tan\theta = \left|\frac{F_{Ry}}{F_{Rx}}\right| = \frac{3.12}{1.16} = 2.6897$$

$$\theta = 69.6°$$

再由 F_{Rx} 和 F_{Ry} 的正负号判断出合力 F_R 应指向右下方,如图 2-7 所示。

4. 平面汇交力系的平衡方程

因为平面汇交力系平衡的充分必要条件是力系的合力为零,即

$$F_R = \sqrt{F_{Rx}^2 + F_{Ry}^2} = \sqrt{\left(\sum F_x\right)^2 + \left(\sum F_y\right)^2} = 0$$

欲使上式成立,必须同时满足

$$\sum F_x = 0$$
$$\sum F_y = 0$$

(2-11)

这就是平面汇交力系平衡的充分与必要的解析条件,即平面汇交力系中各力在任一坐标轴上投影的代数和均等于零。式(2-11)称为平面汇交力系的平衡方程。

求解平面汇交力系平衡问题的方法与步骤如下。

①确定研究对象。求解静力学平衡问题时,首先要根据需要明确研究对象是哪一个物体或哪一部分物体。一般先选受力情况相对简单的物体,再选受力情况相对复杂的物体。

②取脱离体,画受力图。把研究对象单独画出来,进行受力分析,画出相应的受力图。

③选择合适的投影轴,列平衡方程。为了便于计算,选择投影轴时,应使投影轴与尽可能多的未知力垂直,这样可使平衡方程中所含的未知量尽可能少。

④求解平衡方程。注意当求出的结果为负值时,说明前面未知力假定的方向与实际的方向相反。

例题 2 - 4　如图 2 - 8(a)所示,支架由杆 AB、AC 铰接而成,A 处悬挂的重物 D 的重量 F = 8 kN。AB、AC 杆自重不计。试求杆 AB、AC 所受的力。

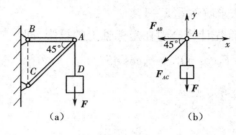

图 2 - 8

解　取销钉 A 和重物 D 为研究对象,受力图如图 2 - 8(b)所示。杆 AB、AC 为二力杆,先假设杆 AB、AC 分别给销钉 A 的力为拉力 F_{AB}、F_{AC},它们分别沿着 AB、AC 的方向。

建立直角坐标系 xAy 如图 2 - 8(b)所示,列平衡方程并求解。

$$\sum F_y = 0, \quad -F_{AC}\sin 45° - F = 0 \quad F_{AC} = -11.31 \text{ kN}$$

$$\sum F_x = 0, \quad -F_{AB} - F_{AC}\cos 45° = 0 \quad F_{AB} = 8 \text{ kN}$$

F_{AC} 为负值说明杆 AC 给销钉 A 的力是压力。

F_{AB} 为正值说明杆 AB 给销钉 A 的力是拉力。

由作用与反作用的关系可知,杆 AB 受拉力,其大小为 8 kN;杆 AC 受压力,其大小为 11.31 kN。

例题 2 - 5　如图 2 - 9(a)所示压榨机构由 AB、BC 两杆和压块 C 用铰链连接而成,A、C 两铰位于同一水平线上。当在 B 点作用有铅垂力 F = 0.3 kN,且 α = 8°时,被压榨物 D 所受的压榨力为多大? 不计压块与支承面间的摩擦及杆的自重。

解　(1)取销钉 B 为研究对象,其上有荷载 F。因为杆 BA、BC 为二力杆,所以它们给销钉 B 的力 F_{BA}、F_{BC} 的作用线分别沿着杆 BA、BC 的轴线,如图 2 - 9(b)所示。建立直角坐标系 xOy,列平衡方程

$$\sum F_x = 0, \quad F_{BC}\cos \alpha - F_{BA}\cos \alpha = 0$$

故　　　　　　　　　　　　　　$$F_{BA} = F_{BC}$$

又　　　　　$$\sum F_y = 0, \quad -F_{BC}\sin \alpha - F_{BA}\sin \alpha - F = 0$$

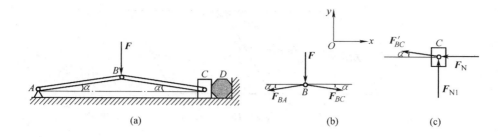

(a)   (b)   (c)

图 2-9

把 $F_{BA} = F_{BC}$ 代入上式,得

$$F_{BC} = -\frac{F}{2\sin\alpha} = -\frac{0.3}{2\sin 8°} = -1.08 \text{ kN}$$

（2）取压块 C 为研究对象。所受的约束力有:杆 BC 给它的力 F'_{BC},$F'_{BC} = F_{BC} = -1.08 \text{ kN}$;基础给它的力 F_{N1}、压榨物给它的力 F_N,如图 2-9(c)所示。列平衡方程

$$\sum F_x = 0, \quad -F_N - F'_{BC}\cos\alpha = 0$$

故 $F_N = -F'_{BC}\cos\alpha = -(-1.08)\cos 8° = 1.07 \text{ kN}$

所以,压榨物 D 所受的压榨力为 1.07 kN。

2.2 平面力系中力对点之矩的概念及计算

1. 平面力系中力对点之矩的概念

力对刚体的运动效应可分为移动效应和转动效应,其中力对刚体的移动效应可由力的大小、方向和作用点来决定,即用力矢来度量;而力对刚体的转动效应不仅与力矢有关,还与力矢到转动中心点的距离有关,所以力对刚体的转动效应要用力对点之矩来度量。例如,用扳手拧螺母时,常用作用在扳手上的力对螺母中心之矩度量力使扳手转动的效应。下面将给出平面力系中的力对点之矩的概念。

如图 2-10 所示,力 F 与点 O 所在的平面称为**力矩平面**,点 O 称为**矩心**,点 O 到力 F 作用线的垂直距离 h 称为**力臂**。将力 F 的大小与力臂的乘积,并冠以适当的正负号后,称为力 F 对 O 点之矩,用符号 $M_O(F)$ 表示,即

$$M_O(F) = \pm Fh = \pm 2S_{OAB} \tag{2-12}$$

式中:S_{OAB} 为三角形 OAB 的面积。

力矩正负号的规定:当力 F 使物体绕矩心 O 逆时针转动时取正号;顺时针转动时取负号。力矩的单位是 N·m 或 kN·m。

显然,当力 F 的作用线通过矩心时,它对矩心的力矩为零,并且当力 F 沿其作用线滑动时,并不改变力对点的矩。但应注意,同一个力对不同的点的矩一般是不同的,因此必须指明矩心,力对点之矩才有意义。另外,矩心可取在物体上的任一点,或者可以选取研究对象体外的点作为矩心。

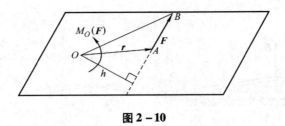

图 2 - 10

2. 合力矩定理

合力矩定理　<u>平面汇交力系的合力对于平面内任一点之矩等于所有各分力对于该点之矩的代数和</u>，即

$$M_O(\boldsymbol{F}_{\mathrm{R}}) = \sum_{i=1}^{n} M_O(\boldsymbol{F}_i) \qquad (2-13)$$

当力矩的力臂不易求出时，常将力分解为两个容易确定力臂的分力（通常分解为正交力），然后应用合力矩定理计算力矩。

例题 2 - 6　如图 2 - 11(a) 所示作用于齿轮的啮合力 $\boldsymbol{F}$，已知 $F = 1\,000$ N，啮合力与齿轮节圆切线间的夹角 $\alpha = 20°$，齿轮节圆的半径 $r = 80$ mm。试计算力 $\boldsymbol{F}$ 对于轮心点 O 之矩。

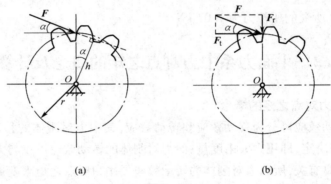

(a)　　　　　　　　(b)

图 2 - 11

解　方法一：用力矩的定义式计算。

$$\begin{aligned}
M_O(\boldsymbol{F}) &= -Fh = -Fr\cos\alpha \\
&= -1\,000 \times 80 \times 10^{-3} \times \cos 20° \\
&= -75.2 \text{ N} \cdot \text{m}
\end{aligned}$$

方法二：用合力矩定理计算。

如图 2 - 11(b) 所示，将力 $\boldsymbol{F}$ 分解为圆周力 $\boldsymbol{F}_{\mathrm{t}}$ 和径向力 $\boldsymbol{F}_{\mathrm{r}}$，由于径向力 $\boldsymbol{F}_{\mathrm{r}}$ 通过矩心 O，则

$$\begin{aligned}
M_O(\boldsymbol{F}) &= M_O(\boldsymbol{F}_{\mathrm{t}}) + M_O(\boldsymbol{F}_{\mathrm{r}}) = M_O(\boldsymbol{F}_{\mathrm{t}}) = -F\cos\alpha \cdot r \\
&= -1\,000 \times \cos 20° \times 80 \times 10^{-3} \\
&= -75.2 \text{ N} \cdot \text{m}
\end{aligned}$$

2.3 平面力偶系的合成与平衡条件

1. 力偶的概念

在生活和生产实践中,人们经常在物体上施加两个大小相等、方向相反、作用线互相平行的力而使物体转动。例如,司机用双手操纵方向盘,人们用两个手指拧动水龙头等。这种<u>等值、反向、不共线的一对平行力</u>,称为**力偶**,记为(F,F')。

力对刚体有移动和转动两种效应,而力偶对刚体仅仅有转动效应。所以,力偶不能用一个力来代替,即力偶中的两个力不能合成为一个力。所以,力偶也是构成力系的基本元素。

如图2-12所示,力偶所在的平面称为**力偶的作用面**;力偶中两个力的作用线间的垂直距离d称为**力偶臂**。由实践经验可知:力偶对物体的转动效应与组成力偶的力的大小、力偶臂的长度成正比,同时在力偶的作用面内,力偶使物体转动的方向不同,力偶的效应也不同。所以,<u>在平面问题中,用力偶中力的大小与力偶臂长度的乘积,并冠以适当的正负号所得的代数量,来度量力偶对物体的转动效应</u>,称之为**力偶矩**。通常用M或$M(F,F')$表示,即

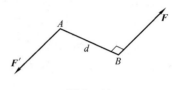

图 2-12

$$M = \pm Fd \qquad (2-14)$$

式中,正负号的规定为当力偶使物体逆时针转动时取正号,顺时针转动时取负号。力偶矩的单位也是 N·m 或 kN·m。

在同一平面内的两个力偶,由于力偶作用面的法线方位相同,力偶的效应只取决于力偶矩的大小和力偶的转向,因此得出在同一平面内的两个力偶等效的充分必要条件是这两个力偶矩相等。

2. 力偶的性质

力偶与力对物体的作用效应不同,其性质也不同,力偶有以下三个性质。

①力偶不能用一个力来代替,既不能合成为一个合力,也不能与一个力平衡;力偶中的两个力在任一轴上投影的代数和恒为零。

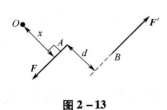

图 2-13

②力偶对于其作用面内任意一点之矩恒等于力偶矩,而与所选矩心的位置无关。如图2-13所示,已知力偶(F,F')的力偶矩$M=Fd$,现在其作用面内任选一点O作为矩心,设点O到力F的垂直距离为x,则力偶(F,F')对点O之矩

$$M_O(F) + M_O(F') = -Fx + F'(x+d) = Fd = M$$

③只要保持力偶矩不变,力偶可以在其作用面内任意移转,且可以同时改变力偶中力的大小和力偶臂的长短,而不改变力偶对刚体的作用效应,如图2-14所示。

由上述力偶的性质可知,确定力偶作用效应的唯一特征量是力偶矩,而不必考虑其力的大小及力偶臂的长短,也不必考虑其在作用面内的位置。习惯上用带箭头的弧线来表示力偶,如

图 2-14 所示。

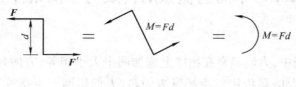

图 2-14

3. 平面力偶系的合成

刚体上作用在同一平面内的一组力偶称为**平面力偶系**。

首先分析两个共面力偶的合成。设在同一平面内有两个力偶矩分别为 M_1、M_2 的力偶,转向如图 2-15(a) 所示。在保持力偶矩不变的情况下,可同时改变力偶中力的大小和力偶臂的长短,使它们具有相同的力偶臂长 d,并将它们在平面内移转,使力的作用线重合,于是得到与原来力偶系等效的两个新力偶(F_1, F_1') 和(F_2, F_2'),如图 2-15(b) 所示。有

$$M_1 = F_1 d \quad M_2 = F_2 d$$

分别将作用在点 A 和点 B 的力进行合成,得到新力 F 和 F',其大小为

$$F = F_1 + F_2 \quad F' = F_1' + F_2'$$

如图 2-15(c) 所示。由于 F 和 F' 大小相等、方向相反且平行,所以构成了与原来力偶系等效的一个力偶,称为原力偶系的**合力偶**,如图 2-15(d) 所示。其力偶矩

$$M = Fd = (F_1 + F_2)d = F_1 d + F_2 d = M_1 + M_2$$

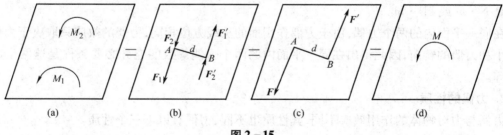

图 2-15

按照上述合成方法,一个平面力偶系可以合成为一个合力偶,此合力偶矩等于原力偶系中各力偶矩的代数和,即

$$M = \sum_{i=1}^{n} M_i = \sum M_i \tag{2-15}$$

4. 平面力偶系的平衡条件

平面力偶系平衡的充分必要条件是力偶系的合力偶矩为零,即力偶系中各力偶矩的代数和等于零,即

$$M = \sum_{i=1}^{n} M_i = \sum M_i = 0 \tag{2-16}$$

上式称为平面力偶系的平衡方程。

例题 2-7 如图 2-16(a) 所示简支梁 AB 的跨度 $l = 5$ m,梁的自重不计,其上作用一个

力偶,已知力偶矩的大小 $M = 100 \text{ kN} \cdot \text{m}$。试求 A、B 两点的约束力。

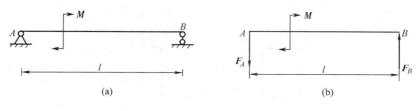

图 2－16

解 取简支梁 AB 作分析。主动力为作用在其上的一个主动力偶 M;B 处是滑动铰支座,约束力 F_B 的作用线垂直于支承面;A 处是固定铰支座,梁上荷载只有一个力偶,根据力偶只能与力偶平衡,所以力 F_A 与 F_B 组成一个力偶,即 $F_A = -F_B$,力 F_A 与 F_B 的方向如图 2－16(b)所示。于是有

$$\sum M_i = 0, \quad F_A l - M = 0$$

故

$$F_A = F_B = \frac{M}{l} = \frac{100}{5} = 20 \text{ kN}$$

2.4 力的平移定理

力的平移定理是后面力系简化的一个理论基础。其内容为:<u>可以把作用在刚体上某一点的力平行移动到该刚体上的任一新点,但必须在该力与新作用点所决定的平面内附加一个力偶,此力偶矩等于原来的力对新作用点之矩。</u>

力 F 作用在刚体上的 A 点,如图 2－17(a)所示;在刚体上任取一点 B,并在 B 点加上一对平衡力 F' 和 F'',使 $F' = F = -F''$,如图 2－17(b)所示。显然,两图等效。力 F 与 F'' 组成一个力偶,其力偶矩 $M = Fh = M_B(F)$,用带箭头的弧线来表示,如图 2－17(c)所示。

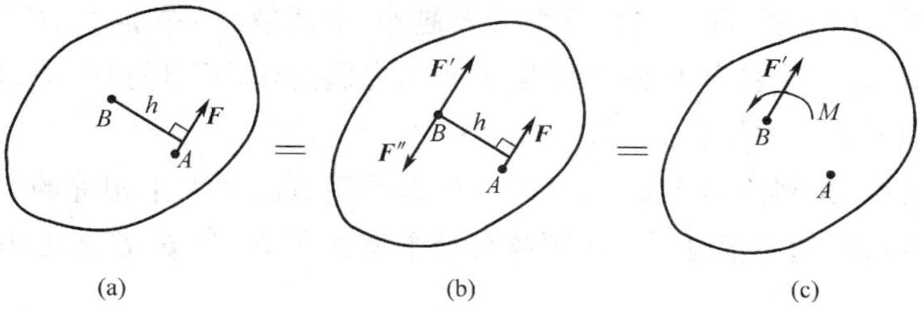

图 2－17

力的平移定理揭示了力对刚体产生移动和转动两种运动效应的实质。例如,打乒乓球时,为了使发出的球旋转,应使球拍给球的作用力 F 不通过球心,即要削球。这是因为按照力的平移定理,将力 F 平移至球心时需附加一个力偶,平移至球心的力 F 使乒乓球移动,而附加的力偶使乒乓球转动,于是形成旋转球。工程上有时也可用力的平移定理直接分析工程实际中的某些力学问题。如图 2－18(a)所示,作用在短柱上 A 点的偏心力 F,若平移至短柱的轴线上成为 F',应附加一个力偶矩为 $M = Fe$ 的力偶,如图 2－18(b)所示。容易看出,轴向力 F' 将

使短柱压缩,而附加的力偶将使短柱弯曲。

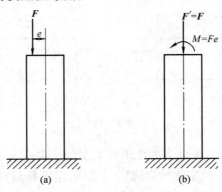

图 2 – 18

力的平移定理的逆过程也成立。如图 2 – 17 所示,共面的一个力和一个力偶可以合成为在面内的一个合力。

思　考　题

2 – 1　作用在刚体上的力 F_1、F_2、F_3、F_4 是一个平面汇交力系,且分别组成图示的三个力多边形。试说明在各力多边形中,这四个力的关系如何? 这三个力系的合力分别等于多少?

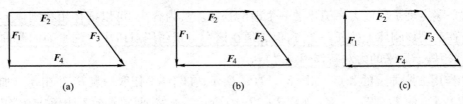

思考题 2 – 1 图

2 – 2　输电线跨度 L 相同时,电线下垂量 H 越小,电线越容易拉断,为什么?

2 – 3　如图所示,圆轮在力 F 和力偶矩为 M 的力偶的作用下保持平衡,这是否说明一个力可以与一个力偶平衡? 为什么?

2 – 4　如图所示,在刚体的 A、B、C、D 四点分别作用着四个大小相等的力,这四个力沿两对平行边恰好组成封闭的力多边形。此刚体是否平衡? 若 F_2 和 F_2' 都改变方向,此刚体是否平衡?

2 – 5　如图所示,四连杆机构在 $M_1 = M_2$ 的作用下,能否平衡? 为什么?

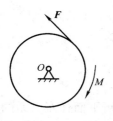
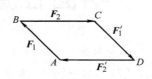
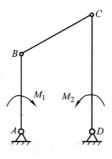

思考题 2−3 图　　　　思考题 2−4 图　　　　思考题 2−5 图

本章习题和习题答案请扫二维码。

第3章　平面任意力系

在前面研究平面汇交力系和平面力偶系的基础上,本章将进一步分析平面任意力系的合成与平衡问题。所谓**平面任意力系**,是指各力的作用线位于同一平面内,且呈任意分布的力系。工程实际中的许多问题都可以简化成平面任意力系问题。如图3-1(a)所示的钢屋顶桁架结构,由屋面系统传来的恒荷载和侧向的风荷载以及支座的约束力可以简化为如图3-1(b)所示的平面任意力系。

(a)

(b)

图3-1

3.1　平面任意力系的简化

对于平面任意力系,可以采用平行四边形法则将力系中各力依次合成,直至求得最后的合成结果。但当力系中力的数目较多时,这样做显然是十分繁杂的。下面介绍一种简便且具有普遍意义的方法。首先基于力的平移定理,将各力向力系平面内任意一点简化,得到一个平面汇交力系和一个平面力偶系,然后分别按照平面汇交力系和平面力偶系进行合成,即可得到原力系的简化结果。

设在一刚体上作用着平面任意力系 $F_1,F_2,\cdots,F_n$,如图3-2(a)所示。为了对该力系进行简化,在力系所在平面内任选一点 O,根据力的平移定理将各力依次向 O 点平移,便可得到一个平面汇交力系 $F'_1,F'_2,\cdots,F'_n$ 和一个平面力偶系 $M_1,M_2,\cdots,M_n$,如图3-2(b)所示。其中

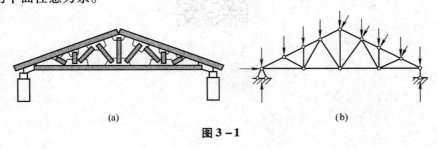

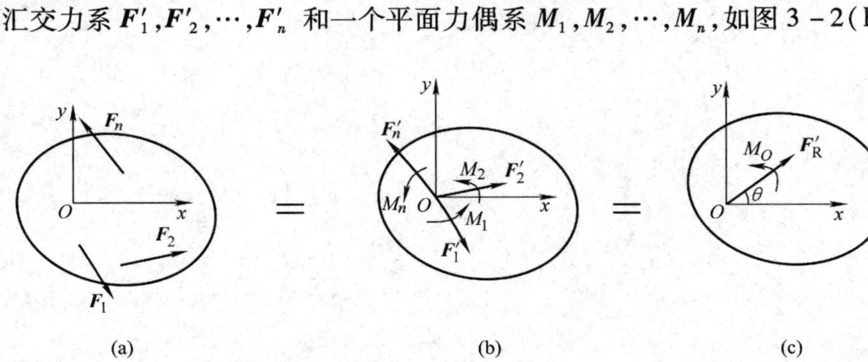

(a)　　　　　　　(b)　　　　　　　(c)

图3-2

$$F'_1 = F_1, F'_2 = F_2, \cdots, F'_n = F_n \qquad (3-1)$$

$$M_1 = M_O(F_1), M_2 = M_O(F_2), \cdots, M_n = M_O(F_n) \qquad (3-2)$$

1. 主矢

对于平面汇交力系 $F'_1, F'_2, \cdots, F'_n$,可以合成为作用于 O 点的一个力 F'_R,即

$$F'_R = F'_1 + F'_2 + \cdots + F'_n$$

注意到式(3-1),便有

$$F'_R = F_1 + F_2 + \cdots + F_n = \sum F \qquad (3-3)$$

即 F'_R 等于原力系中各力的矢量和,称为原平面力系的主矢。主矢是自由矢量,它只代表力系中各力的矢量和,与简化中心无关。

主矢的大小和方向一般可以通过解析法求得,即

$$F'_{Rx} = \sum F_x \qquad F'_{Ry} = \sum F_y \qquad (3-4a)$$

$$F'_R = \sqrt{F'^2_{Rx} + F'^2_{Ry}} = \sqrt{\left(\sum F_x\right)^2 + \left(\sum F_y\right)^2} \qquad (3-4b)$$

$$\theta = \arctan\left|\frac{F'_{Ry}}{F'_{Rx}}\right| = \arctan\left|\frac{\sum F_y}{\sum F_x}\right| \qquad (3-4c)$$

这里 F'_{Rx} 表示主矢在 x 轴上的投影,F'_{Ry} 表示主矢在 y 轴上的投影,F'_R 表示主矢 F'_R 的大小,θ 表示 F'_R 与 x 轴所夹的锐角,如图3-2(c)所示。

2. 主矩

对于平面力偶系 $M_1, M_2, \cdots, M_n$,可以合成为一个力偶,其力偶矩用 M_O 表示,它等于各力偶矩的代数和,即

$$M_O = M_1 + M_2 + \cdots + M_n$$

将式(3-2)代入上式得

$$M_O = M_O(F_1) + M_O(F_2) + \cdots + M_O(F_n) = \sum M_O(F) \qquad (3-5)$$

即 M_O 等于原力系中各力对于简化中心 O 点之矩的代数和,称为原平面力系对于简化中心的主矩。

综上所述,可得如下结论:平面任意力系向作用面内任意一点简化,可得到一个作用于简化中心的力和一个力偶,该力等于力系的主矢,而这个力偶的力偶矩等于力系对简化中心的主矩。

需要指出,由于主矢为力系中各力的矢量和,它与简化中心的位置无关,即不论向平面内哪一点简化,所得的主矢均相同;而主矩等于力系中各力对简化中心之矩的代数和,当取不同的简化中心时,各力臂将随之改变,因而各力对于简化中心之矩也将随之改变,因此在一般情况下,主矩与简化中心的位置有关。

3. 固定端约束

借助于上述理论可以分析固定端所提供的约束力。图3-3(a)所示为一端完全固定在墙体上的梁。墙体除限制梁在 A 端不能移动外,还限制其转动,这类约束称为固定端约束。当梁上作用有荷载时,梁会受到墙体的约束力,如图3-3(b)所示。这些力构成一个平面任意力

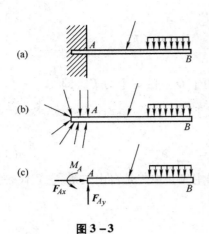

图 3-3

系,其作用可用向 A 点简化而得到的一个力和一个力偶来表示。由于该力的大小和方向均未知,故可用其正交分力 F_{Ax} 和 F_{Ay} 来表示,如图 3-3(c)所示。

3.2　平面任意力系简化结果的分析

1. 简化结果的分析

平面任意力系向作用面内任一点简化,其结果决定于力系的主矢和主矩,根据它们取值的不同可能出现以下四种情况。

(1)主矢 $F'_R = 0$,主矩 $M_O = 0$

此时该平面任意力系为平衡力系,将在下节详细讨论。

(2)主矢 $F'_R = 0$,主矩 $M_O \neq 0$

此时原力系简化为一个合力偶,合力偶矩等于原力系对于简化中心的主矩。由于力偶对其平面内任一点的矩都相等,故不论力系向哪一点简化,得到的合力偶矩都相同。在此特殊情况下($F'_R = 0$),力系的主矩与简化中心的位置无关。

(3)主矢 $F'_R \neq 0$,主矩 $M_O = 0$

此时原力系简化为一个作用线过简化中心的合力,合力的大小和方向等于原力系的主矢。

(4)主矢 $F'_R \neq 0$,主矩 $M_O \neq 0$

此时可将作用于简化中心 O 点的力 F'_R 和矩为 M_O 的力偶进一步简化为一个合力 F_R,如图 3-4(a)、(b)所示。合力 F_R 与作用于 O 点的力 F'_R 大小相等、方向相同。合力 F_R 的作用线在 O 点的哪一侧,需根据主矢的方向与主矩的正负来确定。O 点到合力 F_R 作用线的距离 d 可按下式算得:

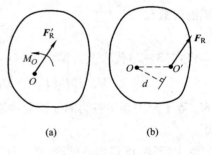

(a)　　　　(b)

图 3-4

$$d = \frac{|M_O|}{F_R}$$

2. 合力矩定理

由图 3-4 所示,当平面任意力系可合成为一个合力 F_R 时,其对于 O 点之矩

$$M_O(F_R) = M_O$$

而由于

$$M_O = \sum M_O(F)$$

于是

$$M_O(F_R) = \sum M_O(F) \tag{3-6}$$

即平面任意力系的合力对作用面内任一点之矩,等于力系中各力对于同一点之矩的代数和,这便是平面任意力系的合力矩定理。

例题 3 −1 重力坝横剖面尺寸如图 3 −5(a)所示,$\alpha = 16.7°$。已知 $P_1 = 450$ kN,$P_2 = 200$ kN,$F_1 = 300$ kN,$F_2 = 70$ kN,F_2 的作用线过 A 点。试求其合力的大小、方向及与基底 AB 的交点至 A 点的距离 a。

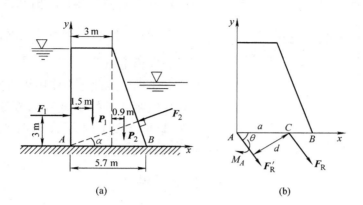

图 3 −5

解 (1)首先将力系向 A 点简化,求得力系的主矢 F_R' 和主矩 M_A。主矢 F_R' 在 x 和 y 轴上的投影分别为

$$F_{Rx}' = \sum F_x = F_1 - F_2 \cos \alpha = 233.0 \text{ kN}$$

$$F_{Ry}' = \sum F_y = -P_1 - P_2 - F_2 \sin \alpha = -670.1 \text{ kN}$$

主矢的大小

$$F_R' = \sqrt{F_{Rx}'^2 + F_{Ry}'^2} = \sqrt{233.0^2 + (-670.1)^2} = 709.5 \text{ kN}$$

主矢与 x 轴所夹的锐角

$$\theta = \arctan \left| \frac{F_{Ry}'}{F_{Rx}'} \right| = \arctan \left| \frac{-670.1}{233.0} \right| = 70°50'$$

主矢的方向如图 3 −5(b)所示。

力系对于 A 点的主矩

$$M_A = \sum M_A(F) = -3F_1 - 1.5P_1 - 3.9P_2 = -2\,355.0 \text{ kN} \cdot \text{m}$$

(2)因为主矢 $F_R' \neq 0$,主矩 $M_A \neq 0$,原力系还可进一步简化成过 C 点的一个合力 F_R,其大小和方向与主矢 F_R' 相同。设合力 F_R 与基底 AB 的交点 C 到 A 的距离为 a,由图 3 −5(b)可得

$$a = AC = \frac{d}{\sin \theta} = \frac{|M_A|/F_R'}{\sin \theta} = \frac{2\,355.0/709.5}{\sin 70°50'} = 3.51 \text{ m}$$

例题 3 −2 如图 3 −6 所示,长度为 l 的简支梁 AB 受三角形分布的荷载作用,其分布荷载集度的最大值为 q_0。试求该分布力系合力的大小及作用线位置。

解 建立直角坐标系 xAy 如图所示,荷载集度是坐标位置 x 的函数。梁上距 A 端为 x 处的荷载集度为

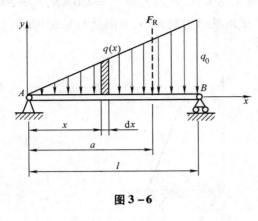

图 3-6

$$q(x) = \frac{x}{l}q_0$$

在该处长度为 dx 的微段上,荷载的大小为 $q(x)dx$,因此整个梁上分布荷载的合力

$$F_R = \int_0^l q(x)dx = \int_0^l \frac{x}{l}q_0 dx = \frac{1}{2}q_0 l$$

其方向铅垂向下。

下面确定此合力作用线的位置。设合力的作用线距 A 端的距离为 a,在距 A 端 x 处长度为 dx 的微段上的力 $q(x)dx$ 对 A 点的力矩为 $q(x)xdx$,则由合力矩定理得

$$F_R a = \int_0^l q(x)x dx$$

即

$$\frac{1}{2}q_0 la = \int_0^l \frac{q_0}{l}x^2 dx$$

解得

$$a = \frac{2}{3}l$$

上述计算表明,对于按三角形分布的荷载,其合力的大小等于三角形线分布荷载的面积,合力的作用线通过该三角形的几何中心。

3.3　平面任意力系的平衡条件

1. 平面任意力系平衡的必要充分条件

当平面任意力系的主矢和对于任一点的主矩不同时为零时,该力系可以合成为一个力或一个力偶。这时,刚体是不能保持平衡的。如果刚体处于平衡状态,则作用于刚体上的平面力系必须满足主矢和对任一点的主矩都等于零的条件,即 $F_R = 0$ 和 $M_O = 0$ 是力系平衡的必要条件。不难理解,这个条件也是充分的。由 $F_R = 0$ 知,作用于简化中心的力系 $F_1, F_2, \cdots, F_n$ 平衡。由 $M_O = 0$,又得到附加力偶系 $M_1, M_2, \cdots, M_n$ 平衡。因此,可以得出如下结论:平面任意力系平衡的必要充分条件是力系的主矢和对任一点的主矩都等于零,其解析条件可表示为

$$\left.\begin{array}{l} F_R = \sum F = 0 \\ M_O = \sum M_O(F) = 0 \end{array}\right\} \tag{3-7}$$

即

$$\left.\begin{array}{l} \sum F_x = 0 \\ \sum F_y = 0 \\ \sum M_O(F) = 0 \end{array}\right\} \tag{3-8}$$

上式表明,平面任意力系平衡的必要充分条件也可叙述为:力系中各力在两个坐标轴上的投影的代数和分别等于零,各力对于任一点之矩的代数和也等于零。

式(3-8)称为平面任意力系的平衡方程。

2. 平衡方程的其他形式

式(3-8)只是平面任意力系平衡方程的基本形式,还可以有以下两种形式。

(1)二力矩式

二力矩式即在三个独立的平衡方程中,包括两个力矩式和一个投影式,如

$$\left.\begin{array}{l} \sum F_x = 0 \\ \sum M_A(\boldsymbol{F}) = 0 \\ \sum M_B(\boldsymbol{F}) = 0 \end{array}\right\} \qquad (3-9)$$

其中 A、B 两点的连线不能与 x 轴垂直。

显然,这三个方程是平面任意力系平衡的必要条件,现在说明它也是充分条件。平面任意力系简化的最终结果只有三种可能:一个合力、一个力偶或者该力系平衡。如果力系满足平衡方程 $\sum M_A(\boldsymbol{F}) = 0$,则表明该力系不可能简化为一个力偶,只可能简化为过 A 点的一个合力,或者平衡。这就排除了力系可以合成为一个力偶的情况。如果力系又满足 $\sum M_B(\boldsymbol{F}) = 0$,则力系合成的结果或为过 A、B 两点的一个合力,或者平衡。在同时又满足 $\sum F_x = 0$,且 x 轴不与 A、B 两点连线垂直的情况下(图3-7),则完全排除了力系简化为一个合力的可能性,该力系必然平衡。

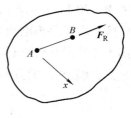

图3-7

(2)三力矩式

三力矩式即三个独立的平衡方程均由力矩方程组成,如

$$\left.\begin{array}{l} \sum M_A(\boldsymbol{F}) = 0 \\ \sum M_B(\boldsymbol{F}) = 0 \\ \sum M_C(\boldsymbol{F}) = 0 \end{array}\right\} \qquad (3-10)$$

其中 A、B、C 三点不得共线。

例题3-3 图3-8(a)所示外伸梁受一个力偶和一个集中力作用,尺寸如图所示,试求支座 A、B 处的约束力。

解 (1)选取梁作为研究对象,其受力图如图3-8(b)所示。梁所受的主动力有矩为 $3 \text{ kN} \cdot \text{m}$ 的力偶和大小为 2 kN 的集中力;梁所受的约束力有固定铰支座 A 处的 $\boldsymbol{F}_{Ax}$ 和 $\boldsymbol{F}_{Ay}$ 以及滑动铰支座 B 处的 $\boldsymbol{F}_B$,假设三个未知力的方向如图3-8(b)所示。

(2)对研究对象列平衡方程

$$\sum F_x = 0, \quad F_{Ax} + 2\cos 45° = 0$$

$$\sum F_y = 0, \quad F_{Ay} + F_B - 2\sin 45° = 0$$

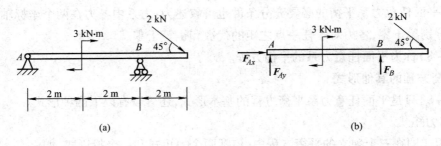

图 3 - 8

$$\sum M_A(F) = 0, \quad -3 - 2 \times \sin 45° \times 6 + F_B \times 4 = 0$$

对以上三个方程联立求解,可得

$$F_{Ax} = -1.41 \text{ kN}, \quad F_{Ay} = -1.46 \text{ kN}, \quad F_B = 2.87 \text{ kN}$$

其中 F_{Ax} 和 F_{Ay} 为负值,说明其实际方向与假设方向相反;F_B 为正值,说明其实际方向与假设方向相同。

例题 3 - 4 置于铅垂平面内的一个 T 字形刚架,重量 $P = 80$ kN,荷载如图 3 - 9(a)所示。其中 $M = 30$ kN·m,$F = 200$ kN,$q_0 = 20$ kN/m,$a = 1$ m。试求固定端 A 处的约束力。

解 取 T 字形刚架为研究对象,受力图如图 3 - 9(b)所示,其中按三角形分布的荷载可由作用于三角形几何中心的集中力 $F_1 = 30$ kN 来代替。固定端 A 处有约束力 F_{Ax}、F_{Ay} 和矩为 M_A 的约束力偶,它们的方向假设如图 3 - 9(b)所示。

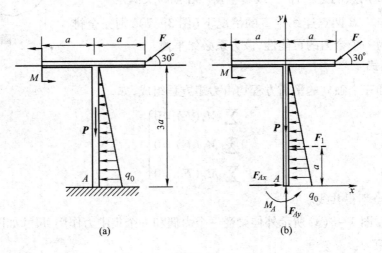

图 3 - 9

按图示坐标系列平衡方程

$$\sum F_x = 0, \quad F_{Ax} - F_1 - F\cos 30° = 0$$

$$\sum F_y = 0, \quad F_{Ay} - P - F\sin 30° = 0$$

$$\sum M_A(F) = 0, \quad M_A + M + F_1 \times a + F\cos 30° \times 3a - F\sin 30° \times a = 0$$

解以上方程,可求得

$$F_{Ax} = F_1 + F\cos 30° = 203.2 \text{ kN}$$

$$F_{Ay} = P + F\sin 30° = 180.0 \text{ kN}$$

$$M_A = -M - F_1 \times 1 - F\cos 30° \times 3 + F\sin 30° \times 1 = -479.6 \text{ kN} \cdot \text{m}$$

其中 M_A 为负值,说明约束力偶的实际方向与假设方向相反。

3. 平面平行力系的平衡

作为平面任意力系的一种特殊情况,当各力的作用线在同一平面内且互相平行时,该力系称为**平面平行力系**。它的平衡条件可由平面任意力系的平衡条件简化而来。设刚体上作用一平面平行力系 $F_1, F_2, \cdots, F_n$(图 3 – 10),建立坐标系,使 x 轴与各力作用线垂直,则各力在 x 轴上的投影等于零,因此 $\sum F_x = 0$ 自然满足。这样平面平行力系独立的平衡方程就只剩下两个,即

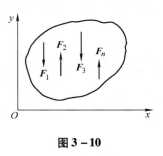

图 3 – 10

$$\left. \begin{array}{l} \sum F_y = 0 \\ \sum M_O(F) = 0 \end{array} \right\} \qquad (3 – 11)$$

平面平行力系的平衡方程还可以写成二力矩方程的形式,即

$$\left. \begin{array}{l} \sum M_A(F) = 0 \\ \sum M_B(F) = 0 \end{array} \right\} \qquad (3 – 12)$$

但 A、B 两点的连线不能与各力的作用线平行。

例题 3 – 5　如图 3 – 11(a)所示铁路起重机除平衡重力 P_1 以外的全部重量 $P = 500$ kN,重心在两铁轨的对称平面内,最大起重量 $P_2 = 200$ kN,为保证起重机在空载和满载时都不致倾倒,试求平衡重 P_1 及其距离 x 的取值范围。

解　选取起重机为研究对象,其满载时的受力图如图 3 – 11(b)所示。

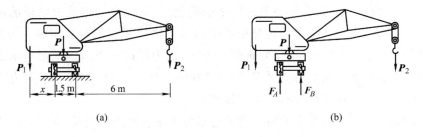

(a)　　　　　　　　　　　　(b)

图 3 – 11

(1)满载时的情况。此时作用于起重机上的力有起重机本身重力 P、平衡重力 P_1、吊起物的重力 P_2 及钢轨约束力 F_A 和 F_B。这些力组成一个平面平行力系。要使起重机满载时不向右倾倒,除满足平衡方程

$$\sum M_B(F) = 0, \quad P_1(x + 1.5) + P \times \frac{1.5}{2} - P_2 \times 6 - F_A \times 1.5 = 0 \qquad (\text{a})$$

以外,还需满足 $F_A \geq 0$ 的限制条件。由式(a)得

$$P_1(x+1.5) = 825 + 1.5F_A$$

故

$$P_1(x+1.5) \geqslant 825 \text{ kN} \cdot \text{m} \tag{b}$$

（2）空载时的情况。此时作用于起重机上的力有起重机自身重力 P、平衡重力 P_1 及钢轨约束力 F_A 和 F_B。要使起重机在空载时不向左倾倒，除满足平衡方程

$$\sum M_A(F) = 0, \quad 1.5F_B - P \times \frac{1.5}{2} + P_1x = 0 \tag{c}$$

以外，还需满足 $F_B \geqslant 0$ 的限制条件。由式（c）得

$$P_1x = 375 - 1.5F_B$$

故

$$P_1x \leqslant 375 \text{ kN} \cdot \text{m} \tag{d}$$

由式（b）、（d）联立解得

$$x \leqslant 1.25 \text{ m}, P_1 \geqslant 300 \text{ kN} \tag{e}$$

注意：x 及 P_1 除了满足式（e）的条件外，还必须满足式（b）、（d）的条件，而不是两者都可以任意取值，取定一个量的值之后，另一个量的值就应由式（b）、（d）决定。例如：

取 $x = 1$ m，则

$$330 \text{ kN} \leqslant P_1 \leqslant 375 \text{ kN}$$

或取 $P_1 = 400$ kN，则

$$0.56 \text{ m} \leqslant x \leqslant 0.94 \text{ m}$$

3.4 物体系统的平衡问题

1. 物体系统

工程中的机构和结构通常是由若干物体通过一定的约束组成的系统，称为**物体系统**，如组合刚架、桁架、三铰拱等。在研究物体系统的平衡问题时，不仅要知道系统以外的物体对于该系统的作用——外力，而且还常常需要分析系统内部各物体之间的相互作用——内力。由于内力总是成对出现的，当取整个系统为研究对象时，内力可以不予考虑。但当求系统的内力时，就需要取系统中与所求内力有关的某个（些）物体为研究对象，这时所求内力对于新的研究对象而言已变成外力，在平衡方程中应予体现。

当整个物体系统平衡时，其中的每一物体也都处于平衡状态。这时，可以取整个系统作为研究对象，也可以取系统中的某个或某几个物体作为研究对象，这要根据具体情况来确定。

2. 静定与超静定的概念

在静力学中，每一种平衡力系所对应的独立平衡方程的数目是一定的，如平面力偶系只有一个平衡方程，平面汇交力系和平面平行力系各有两个独立的平衡方程，平面任意力系有三个独立的平衡方程。若所研究的问题的未知量数目等于独立平衡方程的数目，则所有的未知量都可由平衡方程求出，这样的问题称为**静定问题**，相应的结构称为**静定结构**，如图 3-12(a)、(b)所示。在工程上，有时为了提高结构的刚度，增加其坚固性，常常在静定结构上增加多余

的约束,因此使这些结构的未知量数目多于独立平衡方程的数目。在这种情况下,未知量就不能全部由平衡方程求出,这样的问题称为**超静定问题**,相应的结构称为**超静定结构**。在超静定结构中,未知量数目与独立平衡方程数目之差称为**超静定次数**。如图3-12(c)所示的结构为一次超静定结构,图3-12(d)所示的结构为二次超静定结构。

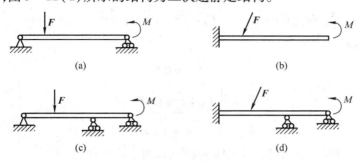

图3-12

需要指出,超静定问题不是不可解决的问题,只是不能仅靠静力平衡方程求解。解决这类问题还必须考虑构件因受力而产生的变形,利用变形协调条件列出补充方程,可使问题得以解决,具体求解方法将在后面的材料力学部分介绍。

3. 物体系统平衡问题分析实例

例题3-6 图3-13(a)所示组合梁由 AC 和 CD 两部分组成,荷载及约束情况如图。已知 $F_1 = 10$ kN, $F_2 = 8$ kN,均布荷载集度 $q = 3$ kN/m, $a = 2$ m。试求 A、B 处的约束力和中间铰 C 所传递的力。

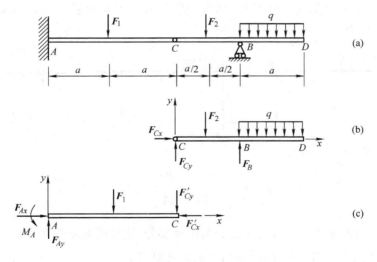

图3-13

解 有些组合结构往往可以分成基本部分和附属部分。单靠本身能承受荷载并保持平衡的部分称为基本部分;必须依赖于基本部分才能承受荷载并维持平衡的部分称为附属部分。该组合梁可视为由基本部分 AC 和附属部分 CD 组合而成。对这类问题,通常先研究附属部分,再研究基本部分。

先取CD为研究对象,受力如图$3-13(b)$所示。列平衡方程

$$\sum F_x = 0, \quad F_{Cx} = 0$$

$$\sum F_y = 0, \quad F_{Cy} + F_B - F_2 - q \times a = 0$$

$$\sum M_C(F) = 0, \quad -F_2 \times \frac{a}{2} - q \times a \times \frac{3}{2}a + F_B \times a = 0$$

代入数据并求解,得

$$F_{Cx} = 0$$

$$F_B = \frac{1}{2}F_2 + \frac{3}{2}qa = 13 \text{ kN}$$

$$F_{Cy} = F_2 + qa - F_B = 1 \text{ kN}$$

再取AC为研究对象,受力如图$3-13(c)$所示,列平衡方程

$$\sum F_x = 0, \quad F_{Ax} - F'_{Cx} = 0$$

$$\sum F_y = 0, \quad F_{Ay} - F_1 - F'_{Cy} = 0$$

$$\sum M_A(F) = 0, \quad M_A - F_1 a - F'_{Cy} \times 2a = 0$$

其中F_{Cy}与F'_{Cy}以及F_{Cx}与F'_{Cx}互为作用力与反作用力。代入数据并求解,得

$$F_{Ax} = 0$$

$$F_{Ay} = F_1 + F'_{Cy} = 11 \text{ kN}$$

$$M_A = F_1 a + 2F'_{Cy}a = 24 \text{ kN} \cdot \text{m}$$

例题 3-7 三铰刚架荷载如图$3-14(a)$所示,其中$F = 20 \text{ kN}, q = 30 \text{ kN/m}, a = 2 \text{ m}$。试求支座$A$、$B$处的约束力。

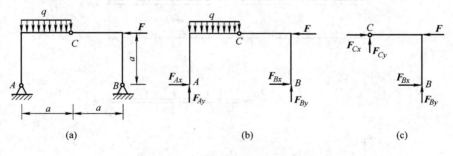

(a)   (b)   (c)

图 3-14

解 由于三铰刚架不能分为基本部分与附属部分,这时可先取整体为研究对象,待求出部分约束力后再研究其中的一部分,以求出其余的约束力。

先取整体为研究对象,受力图如图$3-14(b)$所示。列平衡方程

$$\sum F_x = 0, \quad F_{Ax} + F_{Bx} - F = 0 \qquad\qquad\text{(a)}$$

$$\sum F_y = 0, \quad F_{Ay} + F_{By} - q \times a = 0 \qquad\qquad\text{(b)}$$

$$\sum M_A(F) = 0, \quad -qa \times \frac{a}{2} + F \times a + F_{By} \times 2a = 0 \qquad\qquad\text{(c)}$$

注意到在研究整体时铰链 C 传递的力属于系统内力,故在受力图和平衡方程中不出现。由式(c)和(b)可解得

$$F_{By} = \frac{1}{2a}\left(\frac{1}{2}qa^2 - Fa\right) = \frac{1}{2\times 2}\left(\frac{1}{2}\times 30 \times 2^2 - 20 \times 2\right) = 5 \text{ kN}$$

$$F_{Ay} = qa - F_{By} = 30 \times 2 - 5 = 55 \text{ kN}$$

再取 CB 为研究对象。对 CB 部分来讲,铰链 C 所传递的力属于外力,故应予以考虑。受力图如图 3-14(c)所示。列平衡方程

$$\sum F_x = 0, \quad F_{Cx} + F_{Bx} - F = 0 \tag{d}$$

$$\sum F_y = 0, \quad F_{Cy} + F_{By} = 0 \tag{e}$$

$$\sum M_C(\boldsymbol{F}) = 0, \quad F_{Bx}a + F_{By}a = 0 \tag{f}$$

由式(e)、(f)和(d)得

$$F_{Cy} = -F_{By} = -5 \text{ kN}$$

$$F_{Bx} = -F_{By} = -5 \text{ kN}$$

$$F_{Cx} = F - F_{Bx} = 20 + 5 = 25 \text{ kN}$$

再将 F_{Bx} 的数值代入式(a),得

$$F_{Ax} = F - F_{Bx} = 20 + 5 = 25 \text{ kN}$$

例题 3-8　曲柄滑块机构如图 3-15(a)所示,当曲柄 OA 在铅垂位置、力偶矩 $M = 500$ N·m 时,机构处于平衡状态。试求此平衡状态下作用在滑块 B 上的水平力 $\boldsymbol{F}$、连杆 AB 所受的力及滑块 B 对轨道的压力。已知曲柄 OA 长为 $r = 0.1$ m,$\theta = 30°$。

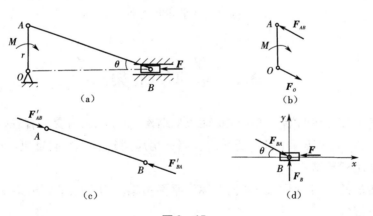

图 3-15

解　本题属于机构的平衡问题。求解此类问题时,通常是由已知量到未知量,按照运动传动顺序依次选取研究对象,逐一求解。

先取曲柄 OA 为研究对象,其受力图如图 3-15(b)所示。因为杆 AB 为二力杆,所以杆 AB 对曲柄 OA 的作用力 F_{AB} 沿杆 AB 方向。根据平面力偶系的平衡条件,铰链 O 处的约束力 $\boldsymbol{F}_O$ 必与力 F_{AB} 组成一个力偶,此力偶与力偶矩为 M 的力偶平衡,故有平衡方程

$$\sum M = 0, \quad -M + F_{AB}r\cos\theta = 0$$

于是得

$$F_{AB} = \frac{M}{r\cos\theta} = \frac{500}{0.1 \times \cos 30°} = 5\ 773.5\ \text{N}$$

再取连杆 AB 为研究对象,其受力图如图 3-15(c)所示。由二力平衡条件及作用和反作用定律可知

$$F'_{BA} = F'_{AB} = F_{AB} = 5\ 773.5\ \text{N}$$

最后取滑块 B 为研究对象,其受力图如图 3-15(d)所示。由

$$\sum F_x = 0, \quad F_{BA}\cos\theta - F = 0$$

得

$$F = F_{BA}\cos\theta$$

因为

$$F_{BA} = F'_{BA}$$

所以

$$F = F_{BA}\cos\theta = F'_{BA}\cos\theta = 5\ 000\ \text{N}$$

由

$$\sum F_y = 0, \quad F_B - F_{BA}\sin\theta = 0$$

得

$$F_B = F_{BA}\sin\theta = F'_{BA}\sin\theta = 2\ 886.8\ \text{N}$$

由作用和反作用定律可知滑块 B 对轨道压力的大小为

$$F'_B = F_B = 2\ 886.8\ \text{N}$$

且方向铅垂向下。

3.5 平 面 桁 架

桁架是由若干杆件在两端用铰链连接而成的结构,由于其具有受力合理、自重较轻和跨越空间较大的优点,在工程实际中被广泛采用。诸如房屋建筑、桥梁、起重机、油田井架、电视塔等结构物常常采用桁架结构。

各杆件轴线都处在同一平面内的桁架称为**平面桁架**。为简化平面桁架内力的计算,在工程上常采用如下假设:

①各杆在两端用光滑铰链彼此连接;

②各杆的轴线绝对平直且在同一平面内,并通过铰链的几何中心;

③荷载和支座约束力都作用在节点上,且位于桁架的平面内;

④各杆件自重或忽略不计,或平均分配在杆件的两端节点上。

这样,桁架中的杆件均可视为二力杆,只承受拉力或压力作用。

应该指出,实际的桁架常常不能完全符合上述理想情况,如桁架的节点一般不是光滑的铰链(木桁架是榫接,钢桁架是焊接或铆接),杆件的轴线不可能是绝对平直的,在节点处各杆的

轴线不一定完全汇交于一点。但根据上述假设进行简化计算,所得的结果可以满足工程上对精度的要求。

下面介绍求桁架内力的两种方法。

1. 节点法

桁架的每个节点都受一个平面汇交力系的作用。通过取某个节点为研究对象,利用平面汇交力系的平衡条件求出相应杆件内力的方法称为**节点法**。

例题 3 – 9 试求图 3 – 16(a)所示桁架各杆的内力。

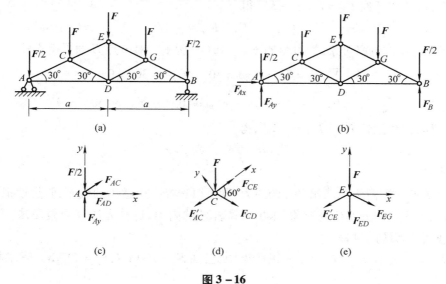

图 3 – 16

解 (1)首先以桁架整体为研究对象,求出支座约束力,桁架受力图如图 3 – 16(b)所示。对整体列平衡方程

$$\sum F_x = 0, \quad F_{Ax} = 0$$

$$\sum F_y = 0, \quad F_{Ay} + F_B - 4F = 0$$

$$\sum M_A(\boldsymbol{F}) = 0, \quad -F \times \frac{a}{2} - F \times a - F \times \frac{3}{2}a - \frac{F}{2} \times 2a + F_B \times 2a = 0$$

解上述方程,得

$$F_{Ax} = 0, \quad F_B = 2F, \quad F_{Ay} = 2F$$

(2)由于本桁架结构及其所受外力都对称于中线 ED,所以各相应对称杆的内力必然相等。因此,只计算中线 ED 一侧各杆的内力即可。

(3)取节点 A 为研究对象。假设杆 AC 和 AD 均受拉力,则节点 A 的受力图如图 3 – 16(c)所示。对节点 A 列平衡方程

$$\sum F_x = 0, \quad F_{AD} + F_{AC} \cos 30° = 0$$

$$\sum F_y = 0, \quad F_{Ay} + F_{AC} \sin 30° - \frac{F}{2} = 0$$

解上述方程,得

$$F_{AC} = -3F, \quad F_{AD} = 2.6F$$

其中 F_{AC} 为负值,说明 AC 杆受压; F_{AD} 为正值,说明 AD 杆受拉。

(4) 取节点 C 为研究对象,它的受力情况如图 3 - 16(d) 所示。为避免求解联立方程,可使 y 轴与未知力 F_{CE} 垂直。对节点 C 列平衡方程

$$\sum F_x = 0, \quad F_{CE} - F'_{AC} + F_{CD}\cos 60° - F\cos 60° = 0$$

$$\sum F_y = 0, \quad -F\cos 30° - F_{CD}\cos 30° = 0$$

解上述两方程,并注意到 $F'_{AC} = F_{AC} = -3F$,得

$$F_{CD} = -F, \quad F_{CE} = -2F$$

(5) 取节点 E 为研究对象,受力图如图 3 - 16(e) 所示。对节点 E 列平衡方程

$$\sum F_x = 0, \quad F_{EG}\cos 30° - F'_{CE}\cos 30° = 0$$

$$\sum F_y = 0, \quad -F - F_{ED} - F'_{CE}\cos 60° - F_{EG}\cos 60° = 0$$

解上述两方程,并注意到 $F'_{CE} = F_{CE} = -2F$,得

$$F_{EG} = -2F, \quad F_{ED} = F$$

2. 截面法

如果只要求计算桁架中某几个杆的内力,则可以选择一个适当的截面,假想地把桁架截开为两部分,取其中一部分为研究对象,求出被截杆件的内力,这种方法称为**截面法**。下面举例说明应用截面法解题的过程。

例题 3 - 10 在图 3 - 17(a) 所示的桁架中,已知 $F_1 = 100$ kN, $F_2 = 50$ kN。试求杆件 1、2、3 的内力。

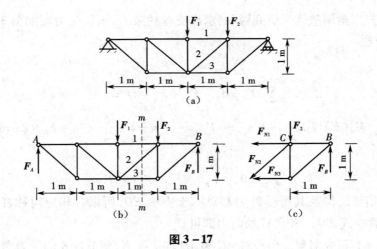

图 3 - 17

解 (1) 取桁架整体为研究对象,其受力图如图 3 - 17(b) 所示。由

$$\sum M_A(F) = 0, \quad F_B \times 4 - F_1 \times 2 - F_2 \times 3 = 0$$

得

$$F_B = \frac{2F_1 + 3F_2}{4} = \frac{2 \times 100 + 3 \times 50}{4} = 87.5 \text{ kN}$$

（2）为求杆件1、2、3的内力，可假想用截面 m—m 将三根杆截断，把桁架分为两部分，取桁架右半部分为研究对象，其受力图如图 3 – 17（c）所示。由

$$\sum M_C(\boldsymbol{F}) = 0, \quad -F_{N3} \times 1 + F_B \times 1 = 0$$

得

$$F_{N3} = F_B = 87.5 \text{ kN}$$

由

$$\sum F_y = 0, \quad -F_{N2}\cos 45° - F_2 + F_B = 0$$

得

$$F_{N2} = \frac{F_B - F_2}{\cos 45°} = \frac{87.5 - 50}{\frac{\sqrt{2}}{2}} = 53.03 \text{ kN}$$

由

$$\sum F_x = 0, \quad -F_{N1} - F_{N2}\cos 45° - F_{N3} = 0$$

得

$$F_{N1} = -F_{N2} \times \frac{\sqrt{2}}{2} - F_{N3} = -53.03 \times \frac{\sqrt{2}}{2} - 87.5 = -125 \text{ kN}$$

3.6　考虑摩擦时物体的平衡问题

在前面的讨论中，都假设物体间的接触是绝对光滑的，因而接触面的约束力都沿法线方向。当接触面比较光滑，且摩擦力在所研究的问题中不起重要作用时，这样的假设是合理的。但在许多工程问题中，两物体之间的接触面上都有摩擦存在，且摩擦力在其中起重要作用，因而不能忽略。

当两个相互接触的物体产生相对运动或具有相对运动趋势时，彼此在接触部位产生一种阻碍对方相对运动的作用，这种阻碍作用称为**摩擦阻力**。当相对运动为滑动或具有相对滑动趋势时，相应的摩擦力称为**滑动摩擦力**。当相对运动为滚动或具有相对滚动趋势时，相应的阻碍作用实际上是一种力偶，称为**滚动摩擦阻力偶**。下面只讨论滑动摩擦问题。

1. 滑动摩擦

（1）滑动摩擦定律

将一物块放置在水平固定面上，物块在重力 $\boldsymbol{P}$ 和支承面的法向约束力 $\boldsymbol{F}_N$ 的作用下处于平衡状态，如图 3 – 18（a）所示。现在，在水平方向对物块施加一个由零逐渐增大的力 $\boldsymbol{F}_T$。只要 $\boldsymbol{F}_T$ 的大小不超某一极限值，物块仍能保持静止状态。由平衡条件可知，支承面除了对物块有一法向约束力 $\boldsymbol{F}_N$ 之外，一定还有一个阻碍物块滑动的力 $\boldsymbol{F}$，如图 3 – 18（b）所示。这个力称为**静滑动摩擦力**，简称**静摩擦力**。

显然，静摩擦力 $\boldsymbol{F}$ 的方向与物块的滑动趋势方向相反，其大小可由平衡条件确定。当外力 $\boldsymbol{F}_T$ 逐渐增大时，静摩擦力也相应增大。当外力增大到一定数值时，物块则处于将动未动的

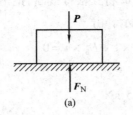
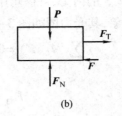

$$（a） \qquad\qquad （b）$$

图 3-18

临界状态。此时静摩擦力达到极限值,称为**最大静摩擦力**,以 F_{max} 表示。由此可见,静摩擦力不同于一般的约束力,它随主动力的变化而变化,且存在一个最大值,即

$$0 \leqslant F \leqslant F_{max}$$

当外力继续增大时,物块开始滑动。

实验表明:最大静摩擦力的大小与接触物体间的正压力(即法向约束力)成正比,即

$$F_{max} = f_s F_N \tag{3-13}$$

式中:f_s 是一个无量纲的系数,称为**静摩擦系数**。它与物体的材料性质、接触面的状态(如光洁度、温度、湿度、润滑情况等)有关,需由实验测定,可在有关工程手册中查到。

式(3-13)称为静摩擦定律(又称库仑摩擦定律)。

当物体沿支承面滑动时,摩擦力仍在起着阻碍运动的作用,这时的摩擦力称为**动滑动摩擦力**,简称**动摩擦力**,以 F' 表示。实验表明:动摩擦力的大小与接触物体间的正压力成正比,即

$$F' = f F_N$$

式中的无量纲比例系数 f 称为**动摩擦系数**。在一般情况下,它略小于静摩擦系数。

综上所述,在分析具有摩擦的物体平衡时,应注意区分以下三种情况。

①物体有滑动趋势,但仍处于静止状态。这时的摩擦力随滑动趋势的增大而增大,其方向与相对滑动趋势相反,大小由平衡条件确定。在此情况下

$$0 \leqslant F \leqslant F_{max}$$

②物体处于将动未动的临界状态,静摩擦力达到最大值,即

$$F = F_{max} = f_s F_N$$

③物体开始滑动,有动摩擦力,即

$$F' = f F_N$$

(2)摩擦角的概念

法向约束力和切向静摩擦力的合力称为**全约束力**,它与支承面法向间的夹角 φ 随静摩擦力的变化而变化,如图 3-19(a)所示。当摩擦力达到最大静摩擦力时,全约束力 F_R 与接触面法线的夹角也达到最大值 φ_m,称为两接触物体的**摩擦角**,如图 3-19(b)所示。它与静摩擦系数的关系是

$$\tan \varphi_m = \frac{F_{max}}{F_N} = \frac{F_N f_s}{F_N} = f_s$$

即摩擦角的正切值等于静摩擦系数,故摩擦角也是反映物体间摩擦性质的一个物理量。

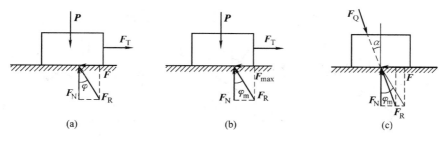

图 3 – 19

（3）自锁条件

物体平衡时，静摩擦力总是小于或等于最大静摩擦力，因而全约束力 F_R 与接触面法向间的夹角 φ 也总是小于或等于摩擦角 φ_m，即

$$\varphi \leqslant \varphi_m$$

只要满足上式，物体总是平衡的。

当物体所受的主动力的合力 F_Q 与接触面法线间的夹角 α 小于或等于摩擦角 φ_m 时，即

$$\alpha \leqslant \varphi_m \tag{3 – 14}$$

无论主动力 F_Q 的值有多大，总有相应大小的 F_R 与之平衡，使物体处于静止状态，如图 3 – 19（c）所示，这种现象称为**自锁**，式（3 – 14）称为**自锁条件**。如果主动力 F_Q 的作用线位于摩擦角以外，则无论 F_Q 多么小，物体都不能维持平衡。

工程上经常利用这一原理设计一些机构和夹具，使其自动卡住。如螺旋千斤顶的螺纹升角应限制在某一范围内以保持自锁，而车门、闸门的启闭都应避免自锁现象的发生。

2. 考虑摩擦时的平衡问题

考虑具有摩擦的物体或物体系的平衡问题，与前面不考虑摩擦时的平衡问题的分析方法在原则上并无差别，只是在进行受力分析时要注意在哪些地方存在摩擦力。摩擦力的方向总是和相对运动趋势相反。一般平衡状态下摩擦力的大小由平衡关系确定，而临界状态下摩擦力的大小服从库仑摩擦定律。由于总有物理条件 $F \leqslant f_s F_N$ 成立，所以具有摩擦的平衡问题的解往往以不等式的形式给出一个平衡范围。下面举例说明如何求解考虑摩擦时的平衡问题。

例题 3 – 11 如图 3 – 20（a）所示，重为 P 的物块放在倾角为 α 的斜面上，α 大于摩擦角 φ_s，物块与斜面间的摩擦系数为 f_s。现有一水平力 F_1 使物块保持静止，试求 F_1 的取值范围。

解 由于 $\alpha > \varphi_m$，如 F_1 的值太小，物块将下滑；如 F_1 的值过大，又将使物块上滑，所以需分两种情形加以讨论。

（1）求恰能维持物块不致下滑所需的 F_1 的最小值 F_{1min}。这时物块有下滑趋势，摩擦力向上，其受力情况如图 3 – 20（b）所示。对物块列平衡方程

$$\sum F_x = 0, \quad F_{1min} \cos \alpha + F_{max} - P \sin \alpha = 0 \tag{a}$$

$$\sum F_y = 0, \quad -F_{1min} \sin \alpha + F_{N1} - P \cos \alpha = 0 \tag{b}$$

在临界状态下，有补充物理方程

$$F_{max} = f_s F_{N1} \tag{c}$$

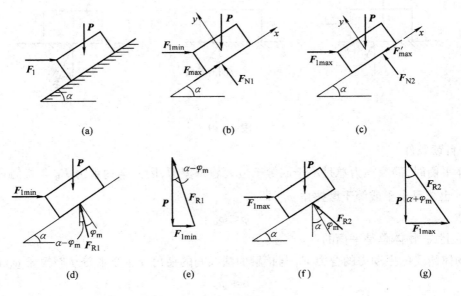

(a)　　　　　　　(b)　　　　　　　(c)

(d)　　　　　　(e)　　　　　　(f)　　　　　　(g)

图 3 - 20

由式(b),有

$$F_{N1} = F_{1min} \sin \alpha + P\cos \alpha \qquad (d)$$

将式(c)和式(d)代入式(a),得

$$F_{1min} = \frac{\sin \alpha - f_s \cos \alpha}{\cos \alpha + f_s \sin \alpha}P \qquad (e)$$

考虑到 $f_s = \tan \varphi_m$,式(e)又可写成

$$F_{1min} = \frac{\sin \alpha - \tan \varphi_m \cos \alpha}{\cos \alpha + \tan \varphi_m \sin \alpha}P = P\tan(\alpha - \varphi_m) \qquad (f)$$

　　(2)求不致使物块向上滑动的 F_1 的最大值 F_{1max}。这时物块有上滑趋势,摩擦力向下,如图 3 - 20(c)所示。对物块列平衡方程

$$\sum F_x = 0, \quad F_{1max} \cos \alpha - F'_{max} - P\sin \alpha = 0 \qquad (g)$$

$$\sum F_y = 0, \quad -F_{1max} \sin \alpha + F_{N2} - P\cos \alpha = 0 \qquad (h)$$

和补充物理方程

$$F'_{max} = f_s F_{N2} \qquad (i)$$

由式(h),有

$$F_{N2} = F_{1max} \sin \alpha + P\cos \alpha \qquad (j)$$

将式(i)和式(j)代入式(g),得

$$F_{1max} = \frac{\sin \alpha + f_s \cos \alpha}{\cos \alpha - f_s \sin \alpha}P \qquad (k)$$

注意到 $f_s = \tan \varphi_m$,式(k)可写成

$$F_{1max} = \frac{\sin \alpha + \tan \varphi_m \cos \alpha}{\cos \alpha - \tan \varphi_m \sin \alpha}P = P\tan(\alpha + \varphi_m) \qquad (l)$$

由此可知,要使物块保持静止,作用力 F_1 的取值范围是

$$P\tan(\alpha - \varphi_m) \leqslant F_1 \leqslant P\tan(\alpha + \varphi_m) \qquad (m)$$

本题也可以利用摩擦角和平衡的几何条件求解。在恰能阻止下滑的临界状态下, $F_1 = F_{1min}$,物块受力如图 3 - 20(d)所示。这时 P、F_{1min} 与支承面的全约束力 F_{R1} 三力构成平衡力系,其力三角形自行封闭,如图 3 - 20(e)所示。于是立即得到

$$F_{1min} = P\tan(\alpha - \varphi_m)$$

在恰能使物块不致上滑的临界状态下,物块的受力如图 3 - 20(f)所示。这时 P、F_{1max} 和 F_{R2} 三力构成平衡力系,如图 3 - 20(g)所示。由自行封闭的力三角形可得

$$F_{1max} = P\tan(\alpha + \varphi_m)$$

所得结果与上述用解析法所得的结果相同。

例题 3 - 12 图 3 - 21(a)所示均质棱柱体重 $P = 4.8$ kN,高度 $h = 2$ m,宽度 $b = 1$ m,放置在水平面上。它与地面之间的静摩擦系数 $f_s = \dfrac{1}{3}$,拉力 F 沿图示方向作用,$\alpha = \arctan\dfrac{3}{4}$ 。试求:(1)当 $F = 1.2$ kN 时,棱柱体是否处于平衡状态;(2)能保持棱柱体平衡的力 F 的最大值。

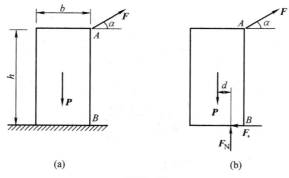

图 3 - 21

解 (1)取棱柱体为研究对象,其受力图如图 3 - 21(b)所示。作用在棱柱体上的力有重力 P、拉力 F、地面的法向约束力 F_N 和摩擦力 F_s 。

要保持棱柱体平衡,必须满足以下两个条件:一是不发生滑动,要求静摩擦力小于或等于最大摩擦力,即 $F_s \leqslant F_{max} = f_s F_N$;二是不绕 B 点倾倒,要求法向约束力 F_N 的作用线距中心点的距离 $d \leqslant b/2$ 。

对棱柱体列平衡方程

$$\sum F_x = 0, \quad F\cos\alpha - F_s = 0 \qquad (a)$$

$$\sum F_y = 0; \quad F_N + F\sin\alpha - P = 0 \qquad (b)$$

$$\sum M_B(F) = 0, \quad P\frac{b}{2} - F_N\left(\frac{b}{2} - d\right) - F\cos\alpha \times h = 0 \qquad (c)$$

由式(a)得

$$F_s = \frac{4}{5}F = 0.96 \text{ kN}$$

由式(b)得

$$F_N = P - F\sin\alpha = 4.08 \text{ kN}$$

将 F_N 的值代入式(c)可解得

$$d = 0.382 \text{ m}$$

而棱柱体与地面间的最大摩擦力为

$$F_{s,max} = f_s F_N = 1.36 \text{ kN}$$

可见静摩擦力 F_s 的值小于最大摩擦力,因而棱柱体不会滑动。又由于法向约束力 F_N 的作用线距棱柱体中心的距离 $d < b/2$,故棱柱体不会倾倒。所以,当 $F = 1.2$ kN 时,棱柱体处于平衡状态。

(2)为求保持棱柱体平衡的最大拉力 F_{max},可分别求出棱柱体即将滑动时的临界拉力 F_{1max} 和即将绕 B 点倾倒时的临界拉力 F_{2max},二者中较小者即为所求。

棱柱体将要滑动的条件为

$$F_s = f_s F_N \qquad\qquad (d)$$

由式(a)、(b)、(d)联立解得

$$F_{1max} = \frac{f_s P}{\cos\alpha + f\sin\alpha} = \frac{\frac{1}{3} \times 4.8}{\frac{4}{5} + \frac{1}{3} \times \frac{3}{5}} = 1.6 \text{ kN}$$

棱柱体将绕 B 点倾倒的条件是 $d = b/2$,将该条件代入式(c),得

$$F_{2max} = \frac{Pb}{2h\cos\alpha} = \frac{4.8 \times 1}{2 \times 2 \times \frac{4}{5}} = 1.5 \text{ kN}$$

由于 $F_{2max} < F_{1max}$,故保持棱柱体平衡的最大拉力为

$$F_{max} = F_{2max} = 1.5 \text{ kN}$$

由此说明,当拉力 F 逐渐增大时,棱柱体将由于先倾倒而失去平衡。

例题 3–13 物块 A 重 $P_A = 100$ kN,轮轴 B 重 $P_B = 100$ kN,物块 A 与缠绕在轮轴上的水平绳连接。在轮上缠绕一细绳,此绳跨过一光滑的滑轮,其绳端系一重为 P 的物块 C,如图 3–22(a)所示。重物 A 与水平面的摩擦系数 $f_{sA} = 0.5$,轮轴 B 与水平面的摩擦系数 $f_{sB} = 0.2$,轮的半径 $R = 100$ mm,轴的半径 $r = 50$ mm,不计其余物体的重量,试求使此物体系统处于平衡状态时物块 C 重量的最大值 P_{max}。

解 本系统有两个摩擦接触处,存在三种可能的临界平衡状态:一是轮轴 B 与固定面接触处的摩擦力 F_B 首先达到最大值,对应于轮轴绕 E 作纯滚动;二是物块 A 与固定面接触处的摩擦力 F_A 首先达到最大值,对应于轮轴绕 B 作纯滚动;三是物块 A 和轮轴 B 与固定面接触处的摩擦力 F_A 和 F_B 同时达到最大值,此时轮轴沿水平面既滚动又滑动。

下面首先分析第一种可能出现的临界状态,此时下列两条件应同时成立

$$F_B = f_{sB} F_{NB} \qquad\qquad (a)$$

$$F_A < F_{Amax} = f_{sA} F_{NA} \qquad\qquad (b)$$

分别取轮轴 B 和物块 A 作为研究对象,其受力图如图 3–22(b)和(c)所示。对轮轴 B 列

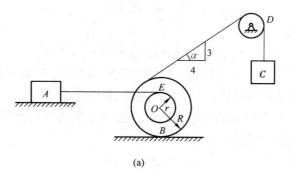

(a)

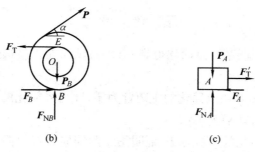

(b)   (c)

图 3 - 22

平衡方程

$$\sum F_x = 0, \quad P\cos\alpha + F_B - F_T = 0 \tag{c}$$

$$\sum F_y = 0, \quad P\sin\alpha + F_{NB} - P_B = 0 \tag{d}$$

$$\sum M_O(F) = 0, \quad F_B R + F_T r - PR = 0 \tag{e}$$

对物块 A 列平衡方程

$$\sum F_x = 0, \quad F_T' - F_A = 0 \tag{f}$$

$$\sum F_y = 0, \quad F_{NA} - P_A = 0 \tag{g}$$

其中 $F_T' = F_T$。将式(c)、(e)联立求解,得

$$P = \frac{R + r}{R - r\cos\alpha}F_B \tag{h}$$

由式(d)得

$$F_{NB} = P_B - P\sin\alpha \tag{i}$$

假设条件(a)成立,由式(h)和式(i)得

$$P = \frac{(R + r)f_{sB}P_B}{R - r\cos\alpha + (R + r)f_{sB}\sin\alpha} = 38.46 \text{ kN}$$

现检验条件(b)是否满足。将上面得到的 P 值和限制条件(a)代入式(c)和式(d),可求出轮轴上绳索的拉力 F_T 的值

$$F_T = P\cos\alpha + f_{sB}(P_B - P\sin\alpha) = 46.15 \text{ kN}$$

由式(f)可知,该值与 A 处的摩擦力 F_A 的值相等,即

$$F_A = 46.15 \text{ kN}$$

而该处最大摩擦力的值

$$F_{Amax} = f_{sA}F_{NA} = f_{sA}P_A = 50 \text{ kN} > F_A$$

可见,限制条件(b)也成立。由此可知,在 A 处的摩擦力尚未达到最大值以前,B 处的摩擦力已经达到最大值。系统平衡的临界状态是轮轴绕 E 作纯滚动。

上述结果也排除了 A、B 两处的摩擦力同时达到其最大值的可能性。故使此系统处于平衡状态时物块 C 重量的最大值为

$$P_{max} = 38.46 \text{ kN}$$

思 考 题

3－1 一平面任意力系向某一点简化得到一合力,试问能否另选适当的简化中心而使该力系简化为一力偶? 为什么?

3－2 某平面力系向 A、B 两点简化的主矩皆为零,此力系简化的最终结果可能是一个力吗? 可能是一个力偶吗? 可能平衡吗?

3－3 用力系向一点简化的分析方法,证明图示两同向平行力简化的最终结果为一合力 F_R。且有

$$F_R = F_1 + F_2, \qquad \frac{F_1}{F_2} = \frac{CB}{AC}$$

若 $F_1 > F_2$,且二者方向相反,简化结果又如何?

3－4 在刚体上 A、B、C 三点分别作用三个力 F_1、F_3 和 F_2,各力的方向如图所示,大小恰与△ABC 的边长成比例。试问该力系是否平衡? 为什么?

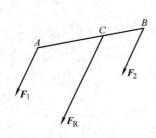

思考题 3－3 图

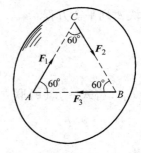

思考题 3－4 图

3－5 平面任意力系的平衡方程能否用三个投影式? 平面平行力系的平衡方程能否用两个投影式? 为什么?

3－6 怎样判断静定和超静定问题? 图示六种情形中哪些是静定问题,哪些是超静定问题?

3－7 一桁架中杆件铰接的三种情况如图所示。设图(a)和(c)的节点上没有荷载作用,图(b)的节点 B 上受外力 F 的作用,该力作用线沿水平杆。试问图中七根杆件中哪些杆的内力一定等于零? 为什么?

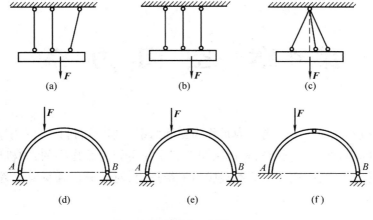

思考题 3 - 6 图

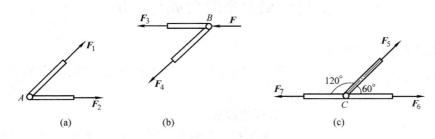

思考题 3 - 7 图

3 - 8　已知静摩擦系数 f_s 和法向约束力 F_N，能否说静摩擦力 F 的大小就等于 f_sF_N？

3 - 9　已知物块重量 P，摩擦角 $\varphi_m = 20°$，现在物体上加一力 F，且使 $F = P$，如图所示。试问当 α 分别等于 $30°$、$40°$ 和 $45°$ 时，物块各处于什么状态？

3 - 10　重为 P 的物体置于斜面上，已知静摩擦系数为 f_s，且 $\tan \alpha < f_s$，试问此物体能否下滑？如果增加物体的重量或在物体上另加一重为 P_1 的物体，试问能否达到下滑的目的？

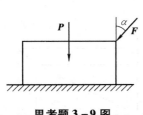

思考题 3 - 9 图

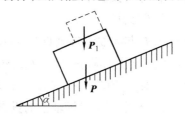

思考题 3 - 10 图

本章习题和习题答案请扫二维码。

第4章 空 间 力 系

各力的作用线不在同一平面内的力系称为**空间力系**。本章将讨论空间力系的合成与平衡问题。在工程实际中,许多工程结构和机械构件都是受空间力系作用的,如机床主轴、起重设备、高压输电线塔等。因此,空间力系的合成与平衡理论,对于分析和解决工程中的许多实际问题是十分重要的。

4.1 空间汇交力系的合成与平衡

1. 力在直角坐标轴上的投影

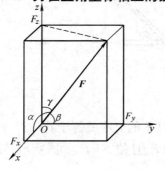

图 4-1

力 F 在空间直角坐标轴上投影的计算,通常采用以下两种方法。

(1)直接投影法

若已知力 F 与直角坐标系 $Oxyz$ 三轴正向间的夹角分别为 α、β 和 γ,如图 4-1 所示,则力在三个坐标轴上的投影等于力 F 的大小与各轴夹角余弦的乘积,即

$$\left.\begin{aligned}F_x &= F\cos\alpha\\F_y &= F\cos\beta\\F_z &= F\cos\gamma\end{aligned}\right\} \tag{4-1}$$

这种方法称为**直接投影法**。

(2)二次投影法

若已知力 F 与 z 轴正向间的夹角 γ,可先把力 F 投影到坐标面 xOy 上,得到一个力 F_{xy},然后再将这个力投影到 x、y 轴上,如图 4-2 所示。若 F_{xy} 与 x 轴的夹角为 φ,则力 F 在三个坐标轴上的投影分别为

$$\left.\begin{aligned}F_x &= F\sin\gamma\cos\varphi\\F_y &= F\sin\gamma\sin\varphi\\F_z &= F\cos\gamma\end{aligned}\right\} \tag{4-2}$$

这种方法称为**二次投影法**。

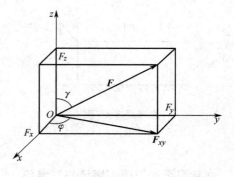

图 4-2

令 i、j、k 分别表示沿 x、y、z 轴的单位矢量,则力 F 可表示为

$$F = F_x i + F_y j + F_z k \tag{4-3}$$

力 F 的大小和方向余弦分别为

$$F = \sqrt{F_x^2 + F_y^2 + F_z^2} \qquad (4-4\text{a})$$

$$\left. \begin{aligned} \cos(\boldsymbol{F},\boldsymbol{i}) &= \frac{F_x}{F} \\ \cos(\boldsymbol{F},\boldsymbol{j}) &= \frac{F_y}{F} \\ \cos(\boldsymbol{F},\boldsymbol{k}) &= \frac{F_z}{F} \end{aligned} \right\} \qquad (4-4\text{b})$$

例题 4 - 1 沿图 4 - 3 所示长方体的对角线 AB 有一力 $\boldsymbol{F}$ 作用,其值 $F = 500$ N,试求该力在三个坐标轴上的投影。

解 采用二次投影法。由图中几何关系可知

$$\sin \gamma = \cos \gamma = \frac{\sqrt{2}}{2}, \quad \cos \theta = \frac{4}{5}, \quad \sin \theta = \frac{3}{5}$$

因此,力 $\boldsymbol{F}$ 在坐标轴上的投影分别为

$$F_x = F\sin \gamma \cos \theta = 500 \times \frac{\sqrt{2}}{2} \times \frac{4}{5} = 282.8 \text{ N}$$

$$F_y = -F\sin \gamma \sin \theta = -500 \times \frac{\sqrt{2}}{2} \times \frac{3}{5} = -212.1 \text{ N}$$

$$F_z = F\cos \gamma = 500 \times \frac{\sqrt{2}}{2} = 353.6 \text{ N}$$

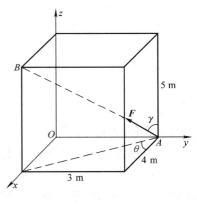

图 4 - 3

2. 空间汇交力系的合成与平衡

与平面汇交力系一样,对空间汇交力系的合成也可以分别采用几何法和解析法进行。几何法是根据力的多边形法则,将汇交于 O 点的各力依次首尾相接,则合力 $\boldsymbol{F}_R$ 的大小和方向可用空间力多边形的封闭边表示,即

$$\boldsymbol{F}_R = \boldsymbol{F}_1 + \boldsymbol{F}_2 + \cdots + \boldsymbol{F}_n = \sum \boldsymbol{F} \qquad (4-5)$$

由于用空间力多边形法则求合力很不直观,一般常采用解析法求空间汇交力系的合力。

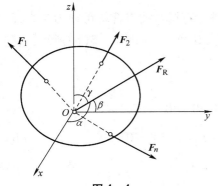

图 4 - 4

设作用于刚体上的空间力系 $\boldsymbol{F}_1, \boldsymbol{F}_2, \cdots, \boldsymbol{F}_n$ 汇交于 O 点,如图 4 - 4 所示。以 O 点为原点,建立坐标系 $Oxyz$,这时各力可用其解析表达式表示为

$$\boldsymbol{F}_i = F_{ix}\boldsymbol{i} + F_{iy}\boldsymbol{j} + F_{iz}\boldsymbol{k} \quad (i = 1,2,\cdots,n)$$

代入式(4 - 5)得

$$\boldsymbol{F}_R = (\sum F_x)\boldsymbol{i} + (\sum F_y)\boldsymbol{j} + (\sum F_z)\boldsymbol{k} \quad (4-6\text{a})$$

而合力 $\boldsymbol{F}_R$ 又可表示为

$$\boldsymbol{F}_R = F_{Rx}\boldsymbol{i} + F_{Ry}\boldsymbol{j} + F_{Rz}\boldsymbol{k} \quad (4-6\text{b})$$

其中 F_{Rx}、F_{Ry} 和 F_{Rz} 分别为 $\boldsymbol{F}_R$ 在 x、y 和 z 轴上的投影。

比较式(4 - 6a)与式(4 - 6b)可得

$$F_{Rx} = \sum F_x, \quad F_{Ry} = \sum F_y, \quad F_{Rz} = \sum F_z \qquad (4-7)$$

即合力在某一坐标轴上的投影,等于力系中所有各力在同一轴上投影的代数和,这就是空间汇交力系的合力投影定理。

合力 F_R 的大小及方向余弦可根据其投影求得。合力 F_R 的大小为

$$F_R = \sqrt{F_{Rx}^2 + F_{Ry}^2 + F_{Rz}^2} = \sqrt{(\sum F_x)^2 + (\sum F_y)^2 + (\sum F_z)^2} \qquad (4-8a)$$

合力 F_R 的方向余弦为

$$\left.\begin{array}{l} \cos\alpha = \dfrac{F_{Rx}}{F_R} = \dfrac{\sum F_x}{F_R} \\[3mm] \cos\beta = \dfrac{F_{Ry}}{F_R} = \dfrac{\sum F_y}{F_R} \\[3mm] \cos\gamma = \dfrac{F_{Rz}}{F_R} = \dfrac{\sum F_z}{F_R} \end{array}\right\} \qquad (4-8b)$$

合力的作用线通过汇交点 O。

与平面汇交力系相同,空间汇交力系平衡的必要充分条件是其合力为零,即

$$F_R = 0$$

由式(4-8a)可知,要使合力为零,必有

$$\left.\begin{array}{l} \sum F_x = 0 \\ \sum F_y = 0 \\ \sum F_z = 0 \end{array}\right\} \qquad (4-9)$$

即空间汇交力系平衡的必要充分条件也可叙述为:力系中各力在三个坐标轴上投影的代数和分别等于零。式(4-9)称为空间汇交力系的平衡方程。

例题 4-2 图 4-5(a)所示挂物架由不计重量的三根杆在 O 点用球形铰链连接,且在 A、B、C 三点用球形铰链固定于竖直墙壁上,平面 BOC 为水平面,且 $OB = OC,\alpha = 30°$。现在 O 点挂一重物 $P = 10$ kN,试求三杆所受的力。

解 由于杆 AO、BO、CO 的两端均为球形铰链,且不计杆的重量,故三杆均可视为二力杆。取节点 O 为研究对象,并设杆 CO 和 BO 受压力,AO 受拉力,其受力图如图 4-5(b)所示,这些力组成一空间汇交力系。

建立坐标系 $Oxyz$,对节点 O 列平衡方程

$$\sum F_x = 0, \quad F_{BO}\sin 30° - F_{CO}\sin 30° = 0 \qquad (a)$$

$$\sum F_y = 0, \quad F_{BO}\cos 30° + F_{CO}\cos 30° - F_{AO}\sin 30° = 0 \qquad (b)$$

$$\sum F_z = 0, \quad F_{AO}\cos 30° - P = 0 \qquad (c)$$

由式(c)得

$$F_{AO} = \frac{P}{\cos 30°} = 11.55 \text{ kN}$$

由式(a)得 $F_{BO} = F_{CO}$,将此关系式代入式(b),并代入 F_{AO} 的数值,得

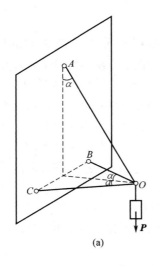
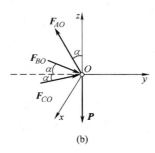

$$(a) \qquad\qquad (b)$$

图 4 – 5

$$F_{BO} = F_{CO} = \frac{F_{AO}\sin 30°}{2\cos 30°} = 3.33 \text{ kN}$$

4.2　力对点的矩和力对轴的矩

1. 力对点的矩

在平面力系中,各力与矩心位于同一平面内,力对于矩心的
作用效应是使刚体绕矩心顺(或逆)时针转动,这种效应用一代
数量描述就足够了。但在空间力系中,力对于某一点的作用效
应不仅与力矩的大小和转向有关,还与力矩平面的方位有关。
当方位不同时,产生的效应亦不同。因此,在空间力系中,力对
点的矩不仅应包括大小和转向,还应包括力矩平面的方位。这
三个因素可以用一个矢量表示,称为**力矩矢**,用 $\boldsymbol{M}_o(\boldsymbol{F})$ 表示。
该矢量通过矩心 O,垂直于力矩平面,指向由右手螺旋规则来确
定,即从矢量的正向观看,力矩的转向是逆时针的,如图 4 – 6 所
示。矢量的模等于力的大小与矩心到力作用线的垂直距离的乘
积,即

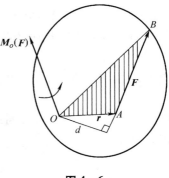

图 4 – 6

$$|\boldsymbol{M}_o(\boldsymbol{F})| = Fd = 2A_{\triangle OAB}$$

由图 4 – 6 可见,若以 r 表示矩心 O 到力 F 的作用点 A 的矢径,则矢积 $\boldsymbol{r} \times \boldsymbol{F}$ 的模等于三
角形 OAB 面积的两倍,其方向与 $\boldsymbol{M}_o(\boldsymbol{F})$ 的方向相同,故力矩矢也可以表示为

$$\boldsymbol{M}_o(\boldsymbol{F}) = \boldsymbol{r} \times \boldsymbol{F} \qquad\qquad (4 – 10)$$

即力对任一点之矩等于矩心至该力作用点的矢径与该力的矢积。

当矩心的位置发生改变时,力矩矢 $\boldsymbol{M}_o(\boldsymbol{F})$ 的大小和方向均发生变化。因此,力矩矢为一
定位矢量,其矢端须画在矩心处。

2. 力对轴的矩

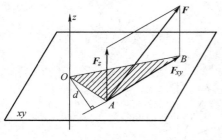

图 4-7

设力 F 作用于可绕 z 轴转动的刚体上 A 点(图 4-7),为了度量力 F 使刚体绕 z 轴转动的效应,将其分解为平行于 z 轴的分力 F_z 和垂直于 z 轴的分力 F_{xy},分力 F_{xy} 位于垂直于 z 轴的平面内。设该平面与 z 轴交于 O 点。显然,分力 F_z 不会使刚体产生绕 z 轴转动的效应,而只有分力 F_{xy} 可产生这种效应,因此力 F 对 z 轴的矩就可用分力 F_{xy} 对 O 点的矩来度量,即

$$M_z(F) = M_O(F_{xy}) = \pm F_{xy}d = \pm 2A_{\triangle OAB} \quad (4-11)$$

即力对于任一轴之矩等于力在垂直于该轴平面上的投影对于轴与平面的交点之矩。

式(4-11)中的正负号规定:从 z 轴的正向观看,力使刚体绕 z 轴的转向为逆时针时取正号,反之取负号。

显然,当力的作用线与轴相交或平行时,力对轴的矩为零。

3. 力矩关系定理

下面研究力对点的矩与力对通过该点的轴的矩之间的关系。在图 4-8 中,力 F 作用于刚体上 A 点。任取一点 O,并过 O 点作一轴 z,则力 F 对 O 点之矩 $M_O(F)$ 垂直于 $\triangle OAB$ 所在平面,其模为

$$M_O(F) = 2A_{\triangle OAB}$$

力 F 对 z 轴之矩为

$$M_z(F) = M_O(F_{xy}) = 2A_{\triangle OA'B'}$$

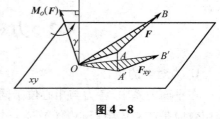

图 4-8

其中,$A_{\triangle OA'B'}$ 为 $\triangle OAB$ 在垂直于 z 轴的平面上的投影,即

$$A_{\triangle OA'B'} = A_{\triangle OAB} \cos \gamma$$

式中,γ 为两三角形平面间的夹角,也就是力矩矢 $M_O(F)$ 与 z 轴之间的夹角。于是

$$[M_O(F)]_z = M_O(F) \cos \gamma = M_z(F) \quad (4-12)$$

即力对于任一点之矩矢在通过该点的任一轴上的投影等于力对于该轴之矩,这便是**力矩关系定理**。

4.3 空间力偶系

1. 力偶矩的矢量表示

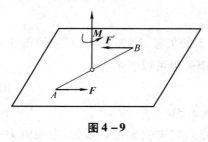

图 4-9

各力偶的作用面在空间呈任意分布的力偶系称为**空间力偶系**。一个空间力偶对刚体的作用效应取决于以下三个因素:①力偶矩的大小;②力偶作用面的方位;③力偶的转向。这三个因素可以用一个矢量表示,称为**力偶矩矢**。矢量的长度表示力偶矩的大小,矢量的方位与力偶作用面的法线方向相同,指向由右手螺旋规则确定,如图 4-9 所示。

2. 空间力偶的等效条件

在平面力系中,力偶可以在其作用面内任意移动和转动,而不改变其对刚体的作用效应。在空间力系中,力偶还可以移到与其作用面平行的任一平面内,而不改变它对刚体的效应。例如,作用于汽车方向盘上的力偶,只要力偶矩的大小和转向保持不变,力偶的转动效应与方向盘转轴的长短无关。这说明,力偶可以从一个平面移到另一平行平面而不影响其对于刚体的作用。下面从更一般的意义上阐明这个问题。

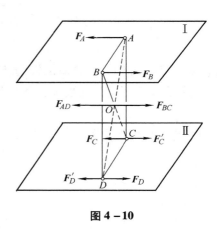

图 4 – 10

设在刚体的平面 I 内作用着一个力偶(F_A, F_B),现在同一刚体的另一个平行平面 II 内作一直线 CD,使其与 AB 平行且相等,在 C 点加一对平衡力 F_C 和 F'_C,在 D 点加一对平衡力 F_D 和 F'_D,并令 $F_C = -F_D = F_A$,如图 4 – 10 所示。根据加减平衡力系公理,加在刚体平面 II 内的平衡力系不改变原来在平面 I 内的力偶(F_A, F_B)的作用。

连接 A 和 C、B 和 D,构成平行四边形 $ACDB$,其对角线 AD 与 BC 的交点为 O。由平行力系合成理论,F_A 和 F'_D 两个等值同向的平行力的合力 $F_{AD} = 2F_A$,作用线过 O 点。同样,F_B 和 F'_C 的合力 $F_{BC} = 2F_B$,作用线也过 O 点。由于 F_{AD} 与 F_{BC} 为一对平衡力,可去掉,而只剩下作用于平面 II 内 C 点的力 F_C 和 D 点的力 F_D,这两个力形成一个新的力偶(F_C, F_D)。显然,它与原力偶(F_A, F_B)等效。

这就证明,力偶可以从一个平面移至刚体内另一个平行平面而不改变其对刚体的作用效应。由此可以得到空间力偶的等效条件:作用面平行的两个力偶,若其力偶矩大小相等,转向相同,则两力偶等效。

由于力偶可以在同一平面内和平行平面间任意转移,因此力偶矩矢亦可在空间自由地平行移动,可见力偶矩矢为一**自由矢量**。

3. 空间力偶系的合成与平衡

由于力偶矩矢是自由矢量,在对空间力偶系进行合成时,可将各力偶矩矢平行地搬移到任一点。可以证明,力偶矩矢的合成符合平行四边形法则。因此,空间力偶系可以合成为一个合力偶,其合力偶矩矢等于力偶系中各力偶矩矢的矢量和,即

$$M = M_1 + M_2 + \cdots + M_n = \sum M \qquad (4 – 13)$$

与空间汇交力系一样,求合力偶矩矢通常采用解析法。将式(4 – 13)向三个直角坐标轴投影,得

$$\left. \begin{aligned} M_x &= \sum M_x \\ M_y &= \sum M_y \\ M_z &= \sum M_z \end{aligned} \right\} \qquad (4 – 14)$$

其中,M_x、M_y 和 M_z 分别为 M 在 x、y 和 z 轴上的投影。因此,合力偶矩矢的大小为

$$M = \sqrt{\left(\sum M_x\right)^2 + \left(\sum M_y\right)^2 + \left(\sum M_z\right)^2} \qquad (4-15\text{a})$$

合力偶矩矢的方向余弦为

$$\left. \begin{aligned} \cos\alpha &= \frac{\sum M_x}{M} \\ \cos\beta &= \frac{\sum M_y}{M} \\ \cos\gamma &= \frac{\sum M_z}{M} \end{aligned} \right\} \qquad (4-15\text{b})$$

式中，α、β 和 γ 分别为合力偶矩矢 $\boldsymbol{M}$ 与 x、y 和 z 轴正向间的夹角。

空间力偶系平衡的必要充分条件是力偶系的合力偶矩矢等于零，即

$$\boldsymbol{M} = 0 \qquad (4-16\text{a})$$

要使上式成立，必有

$$\left. \begin{aligned} \sum M_x &= 0 \\ \sum M_y &= 0 \\ \sum M_z &= 0 \end{aligned} \right\} \qquad (4-16\text{b})$$

即空间力偶系平衡的必要充分条件也可叙述为力偶系中各力偶矩矢在三个坐标轴上投影的代数和分别等于零。式(4-16b)称为空间力偶系的平衡方程。

4.4 空间任意力系的简化

设图 4-11(a)所示刚体上作用着一空间任意力系 $\boldsymbol{F}_1$，$\boldsymbol{F}_2$，$\cdots$，$\boldsymbol{F}_n$。为了对这个力系进行简化，在刚体内任选一点 O 作为简化中心。应用力的平移定理，将各力平移至 O 点，并各附加一个力偶。这样，原力系变换为作用于 O 点的空间汇交力系 $\boldsymbol{F}'_1$，$\boldsymbol{F}'_2$，$\cdots$，$\boldsymbol{F}'_n$ 和空间附加力偶系 $\boldsymbol{M}_1$，$\boldsymbol{M}_2$，$\cdots$，$\boldsymbol{M}_n$，如图 4-11(b)所示。其中

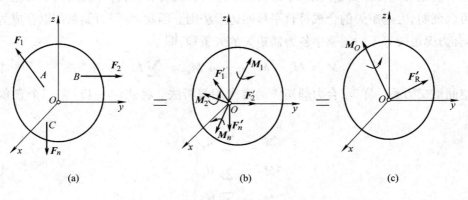

图 4-11

$$\left.\begin{array}{l} \boldsymbol{F}_1' = \boldsymbol{F}_1 \\ \boldsymbol{F}_2' = \boldsymbol{F}_2 \\ \quad\vdots \\ \boldsymbol{F}_n' = \boldsymbol{F}_n \end{array}\right\} \tag{4-17}$$

$$\left.\begin{array}{l} \boldsymbol{M}_1 = \boldsymbol{M}_O(\boldsymbol{F}_1) \\ \boldsymbol{M}_2 = \boldsymbol{M}_O(\boldsymbol{F}_2) \\ \quad\vdots \\ \boldsymbol{M}_n = \boldsymbol{M}_O(\boldsymbol{F}_n) \end{array}\right\} \tag{4-18}$$

对于空间汇交力系 $\boldsymbol{F}_1', \boldsymbol{F}_2', \cdots, \boldsymbol{F}_n'$ 可以合成为作用于 O 点的一个力 $\boldsymbol{F}_R'$,即

$$\boldsymbol{F}_R' = \boldsymbol{F}_1' + \boldsymbol{F}_2' + \cdots + \boldsymbol{F}_n' = \sum \boldsymbol{F}'$$

注意到式(4 - 17),上式又可写为

$$\boldsymbol{F}_R' = \boldsymbol{F}_1 + \boldsymbol{F}_2 + \cdots + \boldsymbol{F}_n = \sum \boldsymbol{F} \tag{4-19}$$

即 $\boldsymbol{F}_R'$ 等于原力系中各力的矢量和,称为原力系的主矢。与平面力系一样,主矢为一自由矢量,与简化中心的位置无关。为了计算主矢,可将式(4 - 19)向三个坐标轴投影,得

$$\left.\begin{array}{l} F_{Rx}' = \sum F_x \\ F_{Ry}' = \sum F_y \\ F_{Rz}' = \sum F_z \end{array}\right\}$$

这样主矢 $\boldsymbol{F}_R'$ 的大小为

$$F_R' = \sqrt{\left(\sum F_x\right)^2 + \left(\sum F_y\right)^2 + \left(\sum F_z\right)^2} \tag{4-20}$$

其方向余弦为

$$\left.\begin{array}{l} \cos\alpha = \dfrac{\sum F_x}{F_R'} \\[2mm] \cos\beta = \dfrac{\sum F_y}{F_R'} \\[2mm] \cos\gamma = \dfrac{\sum F_z}{F_R'} \end{array}\right\} \tag{4-21}$$

式中, α 、 β 、 γ 分别为主矢 $\boldsymbol{F}_R'$ 与坐标轴 x 、 y 、 z 正向间的夹角。

对于空间附加力偶系 $\boldsymbol{M}_1, \boldsymbol{M}_2, \cdots, \boldsymbol{M}_n$,可以合成为一个力偶,其力偶矩矢

$$\boldsymbol{M}_O = \boldsymbol{M}_1 + \boldsymbol{M}_2 + \cdots + \boldsymbol{M}_n = \sum \boldsymbol{M}$$

注意到式(4 - 18),上式又可写为

$$\boldsymbol{M}_O = \boldsymbol{M}_O(\boldsymbol{F}_1) + \boldsymbol{M}_O(\boldsymbol{F}_2) + \cdots + \boldsymbol{M}_O(\boldsymbol{F}_n) = \sum \boldsymbol{M}_O(\boldsymbol{F}) \tag{4-22}$$

即 $\boldsymbol{M}_O$ 等于原力系中各力对于简化中心之矩的矢量和,称为原力系对于简化中心的主矩。主矩一般与简化中心的位置有关。

为了计算主矩 $\boldsymbol{M}_O$ 的大小和方向，将式（4－22）向三个坐标轴投影，并应用力矩关系定理，得

$$\left.\begin{array}{l} M_{Ox} = \sum \left[\boldsymbol{M}_O(\boldsymbol{F}) \right]_x = \sum M_x(\boldsymbol{F}) \\[2mm] M_{Oy} = \sum \left[\boldsymbol{M}_O(\boldsymbol{F}) \right]_y = \sum M_y(\boldsymbol{F}) \\[2mm] M_{Oz} = \sum \left[\boldsymbol{M}_O(\boldsymbol{F}) \right]_z = \sum M_z(\boldsymbol{F}) \end{array}\right\}$$

因此主矩 $\boldsymbol{M}_O$ 的大小为

$$M_O = \sqrt{\left[\sum M_x(\boldsymbol{F}) \right]^2 + \left[\sum M_y(\boldsymbol{F}) \right]^2 + \left[\sum M_z(\boldsymbol{F}) \right]^2} \qquad (4-23)$$

其方向余弦为

$$\left.\begin{array}{l} \cos \xi = \dfrac{\sum M_x(\boldsymbol{F})}{M_O} \\[4mm] \cos \eta = \dfrac{\sum M_y(\boldsymbol{F})}{M_O} \\[4mm] \cos \zeta = \dfrac{\sum M_z(\boldsymbol{F})}{M_O} \end{array}\right\} \qquad (4-24)$$

式中，ξ、η、ζ 分别表示主矩 $\boldsymbol{M}_O$ 与坐标轴 x、y、z 正向间的夹角。

4.5　空间任意力系简化结果的分析

由上节知，空间任意力系向任一点简化的结果，一般可以得到一个力和一个力偶矩矢，该力作用于简化中心，其力矢等于力系的主矢；该力偶矩矢等于力系对于简化中心的主矩。下面根据空间力系的主矢 $\boldsymbol{F}'_R$ 和对于简化中心的主矩 $\boldsymbol{M}_O$ 的不同取值情况来进一步讨论力系简化的最终结果。

①若 $\boldsymbol{F}'_R \neq \boldsymbol{0}$，$\boldsymbol{M}_O = \boldsymbol{0}$，则力系简化为一个通过简化中心的合力，其合力等于力系的主矢 $\boldsymbol{F}'_R$。当简化中心恰好取在合力作用线上时，便会出现这种情况。

②若 $\boldsymbol{F}'_R = \boldsymbol{0}$，$\boldsymbol{M}_O \neq \boldsymbol{0}$，则力系简化为一个合力偶，其合力偶矩矢等于力系对于简化中心的主矩。此时，力系的主矩与简化中心的位置无关。

③当 $\boldsymbol{F}'_R \neq \boldsymbol{0}$，$\boldsymbol{M}_O \neq \boldsymbol{0}$ 时，又可分为以下三种情况。

a. 当 $\boldsymbol{F}'_R \perp \boldsymbol{M}_O$ 时，如图 4－12（a）所示，$\boldsymbol{M}_O$ 表示的力偶与力矢 $\boldsymbol{F}'_R$ 在同一平面内。此时，力系可进一步简化为一个合力 $\boldsymbol{F}_R$，其力矢与力系的主矢 $\boldsymbol{F}'_R$ 相等，简化中心 O 到合力作用线的距离 $d = M_O / F_R$，如图 4－12（b）所示。

由于合力 $\boldsymbol{F}_R$ 对于简化中心 O 点之矩等于力系对于 O 点的主矩，即 $\boldsymbol{M}_O(\boldsymbol{F}_R) = \boldsymbol{M}_O$，而由式（4－22）有

$$\boldsymbol{M}_O = \sum \boldsymbol{M}_O(\boldsymbol{F})$$

因此

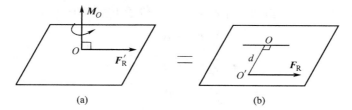

图 4 - 12

$$M_O(F_R) = \sum M_O(F) \tag{4-25}$$

即当空间任意力系可以合成为一个合力时,其合力对于任一点之矩等于力系中各力对于同一点之矩的矢量和。此为空间任意力系的合力矩定理。

将上式向过 O 点的任一轴 z 投影,并应用力矩关系定理,又可得到

$$M_z(F_R) = \sum M_z(F) \tag{4-26}$$

即空间任意力系的合力对于任一轴之矩等于力系中各力对于同一轴之矩的代数和。

b. 当 $F_R' \parallel M_O$ 时,原力系简化为一个作用于简化中心 O 点的力和一个与该力垂直的平面内的力偶,这样的组合称为**力螺旋**,如图 4 - 13 所示。它是一个最简力系,不能再进一步简化。钻井时,钻头对于地层的作用就是力螺旋。

c. 当 F_R' 与 M_O 成任意角度 α 时,可将力偶矩矢 M_O 沿着与力 F_R' 平行及垂直的两个方向分解为 M_1 和 M_2(图 4 - 14(a));再将力 F_R' 和矩 M_2 的力偶简化为作用线过 O' 点的一个力 F_R,其力矢等于力系的主矢 F_R',其作用线到简化中心 O 的距离 $d = M_2/F_R$;然后再将力偶矩矢 M_1 平移到 O' 点,从而最后合成为一个力螺旋,如图 4 - 14(b)所示。

④若 $F_R' = 0, M_O = 0$,则力系平衡,这种情况将在下一节详细讨论。

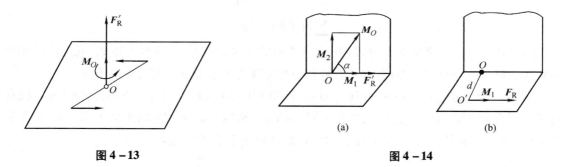

图 4 - 13   图 4 - 14

4.6 空间任意力系的平衡

由前节可知,空间任意力系平衡的必要充分条件是力系的主矢和力系对于任一点的主矩都等于零,即

$$F_R' = \sum F = 0 \tag{4-27}$$

$$M_O = \sum M_O(F) = 0 \tag{4-28}$$

而由式(4-20)和式(4-23)可知,上述两个条件等价于下面六个方程

$$
\left.
\begin{aligned}
\sum F_x &= 0 \\
\sum F_y &= 0 \\
\sum F_z &= 0 \\
\sum M_x(\boldsymbol{F}) &= 0 \\
\sum M_y(\boldsymbol{F}) &= 0 \\
\sum M_z(\boldsymbol{F}) &= 0
\end{aligned}
\right\}
\tag{4-29}
$$

即空间任意力系平衡的必要充分条件也可叙述为力系中各力在三个坐标轴上投影的代数和分别等于零,各力对这三个坐标轴之矩的代数和也分别等于零。式(4-29)称为空间任意力系的平衡方程。

式(4-29)中的六个平衡方程适用于空间任意力系的平衡问题,对于各种特殊力系同样适用。只是在各种特殊情况下,上述六个方程中有些方程已成为恒等式。如对于空间汇交力系,式(4-29)的后三式自然满足,有效的平衡方程只有前三式;而对于空间力偶系,式(4-29)中的前三式成为恒等式,有效的平衡方程为后三式;对于各力的作用线都平行于 z 轴的平行力系,式(4-29)中的

$$
\sum F_x = 0, \quad \sum F_y = 0, \quad \sum M_z(\boldsymbol{F}) = 0
$$

自动满足,有效的平衡方程为

$$
\left.
\begin{aligned}
\sum F_z &= 0 \\
\sum M_x(\boldsymbol{F}) &= 0 \\
\sum M_y(\boldsymbol{F}) &= 0
\end{aligned}
\right\}
\tag{4-30}
$$

空间任意力系的平衡方程除式(4-29)所示的基本形式外,还有四力矩式、五力矩式和六力矩式。与平面任意力系类似,这些方程对投影轴和力矩轴都有一定的限制条件。

例题 4-3 起重机如图 4-15(a)所示,已知 $AD = DB = 1\ \mathrm{m}$,$CD = 1.5\ \mathrm{m}$,$CM = 1\ \mathrm{m}$。机身与平衡锤重 $P = 100\ \mathrm{kN}$,重力作用线在平面 LMN 内,到机身轴线 MN 的距离为 $0.5\ \mathrm{m}$,起重量 $P_1 = 30\ \mathrm{kN}$。试求当平面 LMN 平行于 AB 时,地面对三个轮子的约束力。

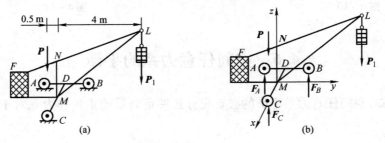

图 4-15

解 以起重机整体为研究对象,作用于起重机上的力有重力 $\boldsymbol{P}$、$\boldsymbol{P}_1$ 和地面对三个轮子的

铅垂约束力 F_A、F_B、F_C，这些力构成空间平行力系。

建立坐标系 $Mxyz$ 如图 4-15(b) 所示，列平衡方程如下：

$$\sum F_z = 0, \quad F_A + F_B + F_C - P - P_1 = 0 \tag{a}$$

$$\sum M_x(F) = 0, \quad P \times 0.5 - P_1 \times 4 - F_A \times 1 + F_B \times 1 = 0 \tag{b}$$

$$\sum M_y(F) = 0, \quad -F_C \times 1 + F_A \times 0.5 + F_B \times 0.5 = 0 \tag{c}$$

由式(c)得

$$F_A + F_B = 2F_C \tag{d}$$

将其代入式(a)，得

$$F_C = \frac{1}{3}(P + P_1) = \frac{1}{3}(100 + 30) = 43.3 \text{ kN}$$

由式(b)得

$$F_A - F_B = P \times 0.5 - P_1 \times 4 = -70 \text{ kN} \tag{e}$$

将 F_C 的值代入式(d)，并与式(e)联立求解，得

$$F_A = 8.3 \text{ kN}, F_B = 78.3 \text{ kN}$$

例题 4-4 水平传动轴作匀速转动，皮带轮 Ⅰ、Ⅱ 的半径分别为 $r_1 = 300$ mm，$r_2 = 150$ mm。皮带拉力都在垂直于 y 轴的平面内，且 F_{T1} 和 F_{T2} 沿水平方向，F_{T3} 和 F_{T4} 与铅垂线的夹角 $\varphi = 30°$，如图 4-16(a) 所示。已知 $F_{T1} = 2F_{T2} = 2$ kN，$F_{T3} = 2F_{T4}$，$a = 0.5$ m。试求皮带的拉力 F_{T3}、F_{T4} 和轴承 A、B 处的约束力。

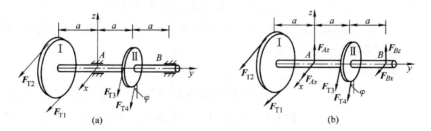

图 4-16

解 以传动轴和两个皮带轮组成的系统为研究对象，并假设轴承 A、B 处的约束力方向与坐标轴正向一致，其受力如图 4-16(b) 所示。

列平衡方程如下：

$$\sum F_x = 0, \quad F_{Ax} + F_{Bx} + (F_{T1} + F_{T2}) + (F_{T3} + F_{T4})\sin\varphi = 0 \tag{a}$$

$$\sum F_z = 0, \quad F_{Az} + F_{Bz} - (F_{T3} + F_{T4})\cos\varphi = 0 \tag{b}$$

$$\sum M_x(F) = 0, \quad F_{Bz} \times 2a - (F_{T3} + F_{T4})\cos\varphi \times a = 0 \tag{c}$$

$$\sum M_y(F) = 0, \quad (F_{T3} - F_{T4})r_2 - (F_{T1} - F_{T2})r_1 = 0 \tag{d}$$

$$\sum M_z(F) = 0, \quad (F_{T1} + F_{T2}) \times a - (F_{T3} + F_{T4})\sin\varphi \times a - F_{Bx} \times 2a = 0 \tag{e}$$

将皮带拉力 F_{T1}、F_{T2} 的数值和皮带轮半径 r_1、r_2 的尺寸代入式(d)，并注意到 $F_{T3} = 2F_{T4}$，可得

$$F_{T4} = (F_{T1} - F_{T2})\frac{r_1}{r_2} = (2\,000 - 1\,000) \times \frac{0.3}{0.15} = 2\,000 \text{ N}$$

$$F_{T3} = 4\,000 \text{ N}$$

再将各有关数值代入式(e),可求出

$$F_{Bx} = (2\,000 + 1\,000) \times 0.5 - (4\,000 + 2\,000) \times \sin 30° \times 0.5 = 0$$

由式(c)可得

$$F_{Bz} = (4\,000 + 2\,000) \times \cos 30° \times 0.5 = 2\,598.1 \text{ N}$$

由式(a)可得

$$F_{Ax} = -(2\,000 + 1\,000) - (4\,000 + 2\,000) \times \sin 30° = -6\,000 \text{ N}$$

由式(b)可得

$$F_{Az} = -2\,598.1 + (4\,000 + 2\,000) \times \cos 30° = 2\,598.1 \text{ N}$$

其中的 F_{Ax} 为负值,说明其实际方向与假设方向相反。

4.7　重心和形心

重力是地球对于物体的引力。如果将物体视为由无数质点组成的,则重力便构成一空间汇交力系。由于物体的尺寸比地球小得多,故可近似认为重力是个平行力系。这个力系合力的大小就是物体的重量。不论物体如何放置,其重力的合力作用线总是通过物体中一个确定的点,这个点称为物体的**重心**。重心的位置在工程中有重要意义,例如起重机在空载和满载时重心位置的变化应控制在一定范围内,否则可能导致起重机的倾覆;高速旋转的发电机转子如果重心不在轴线上,将引起强烈的振动,不仅影响正常运转,甚至可能引发严重的事故。因此,工程中常常需要确定物体重心的位置。

1. 物体重心的坐标公式

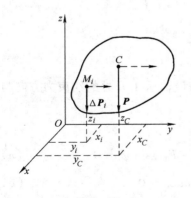

图 4 - 17

现在来导出确定物体重心位置的一般公式。取直角坐标系 $Oxyz$,如图 4 - 17 所示。设想将物体划分为许多微小部分,其中某一部分 M_i 的坐标为 (x_i, y_i, z_i),所受重力为 $\Delta \boldsymbol{P}_i$。所有的 $\Delta \boldsymbol{P}_i$ 的合力 $\boldsymbol{P}$ 就是整个物体所受的重力,其大小即为整个物体的重量 $P = \sum \Delta P_i$,其作用点即为物体的重心 C。设重心 C 的坐标为 (x_C, y_C, z_C),应用合力矩定理,分别对 y 轴和 x 轴取矩,得

$$Px_C = \sum \Delta P_i x_i$$

$$-Py_C = -\sum \Delta P_i y_i$$

由于重心的位置与物体在空间的放置情况无关,若将力系绕 x 轴逆时针方向旋转 $90°$,各重力 $\Delta \boldsymbol{P}_i$ 及 $\boldsymbol{P}$ 都与 y 轴平行且同向,如图 4 - 17 中虚线箭头所示,再应用合力矩定理对 x 轴取矩,得

$$-Pz_C = -\sum \Delta P_i z_i$$

由以上三式可得物体重心坐标公式

$$
\left.
\begin{aligned}
x_C &= \frac{\sum \Delta P_i x_i}{P} \\
y_C &= \frac{\sum \Delta P_i y_i}{P} \\
z_C &= \frac{\sum \Delta P_i z_i}{P}
\end{aligned}
\right\}
\qquad (4-31)
$$

如果物体是均质的,其单位体积的重量为 γ,各微小部分的体积为 ΔV_i,整个物体的体积 $V = \sum \Delta V_i$,则 $\Delta P_i = \gamma \Delta V_i$,$P = \gamma V$,代入上式,得

$$
\left.
\begin{aligned}
x_C &= \frac{\sum \Delta V_i x_i}{V} \\
y_C &= \frac{\sum \Delta V_i y_i}{V} \\
z_C &= \frac{\sum \Delta V_i z_i}{V}
\end{aligned}
\right\}
\qquad (4-32)
$$

由此可见,均质物体的重心位置与物体的重量无关,而只取决于物体的几何形状,这时物体的重心就是物体几何形状的中心——**形心**。

对于等厚薄壁物体,如双曲薄壳的屋顶、薄壁容器、飞机机翼等,若以 ΔA_i 表示微面积,A 表示整个面积,则其形心坐标为

$$
\left.
\begin{aligned}
x_C &= \frac{\sum \Delta A_i x_i}{A} \\
y_C &= \frac{\sum \Delta A_i y_i}{A} \\
z_C &= \frac{\sum \Delta A_i z_i}{A}
\end{aligned}
\right\}
\qquad (4-33)
$$

对于等截面细长杆,若以 Δl_i 表示曲杆的任一微段,以 l 表示曲杆总长度,则其形心坐标为

$$
\left.
\begin{aligned}
x_C &= \frac{\sum \Delta l_i x_i}{l} \\
y_C &= \frac{\sum \Delta l_i y_i}{l} \\
z_C &= \frac{\sum \Delta l_i z_i}{l}
\end{aligned}
\right\}
\qquad (4-34)
$$

对于连续分布的物体,式(4-32)、式(4-33)、式(4-34)可用积分表示为

$$
x_C = \frac{\int_V x \mathrm{d}V}{V}, \quad y_C = \frac{\int_V y \mathrm{d}V}{V}, \quad z_C = \frac{\int_V z \mathrm{d}V}{V}
$$

$$x_C = \frac{\int_A x\,\mathrm{d}A}{A}, \quad y_C = \frac{\int_A y\,\mathrm{d}A}{A}, \quad z_C = \frac{\int_A z\,\mathrm{d}A}{A}$$

$$x_C = \frac{\int_l x\,\mathrm{d}l}{l}, \quad y_C = \frac{\int_l y\,\mathrm{d}l}{l}, \quad z_C = \frac{\int_l z\,\mathrm{d}l}{l}$$

另外,凡具有对称面、对称轴或对称中心的均质物体,其重心一定在它的对称面、对称轴或对称中心上,现将几种常用的简单均质形体的重心列于表4-1中。

表4-1 常用简单形状均质物体的重心

图 形	重心位置	图 形	重心位置
圆弧 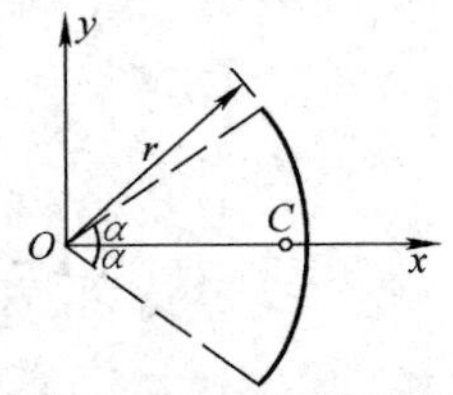 	$x_C = \dfrac{r\sin\alpha}{\alpha}$ $x_C = \dfrac{2r}{\pi}$(半圆弧)	梯形 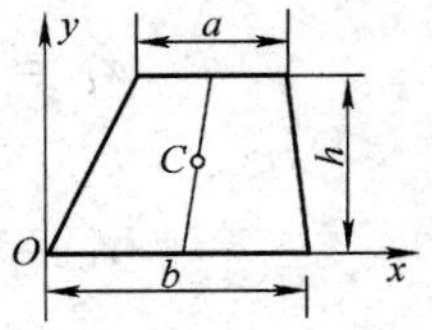 	在上下底中点的连线上 $y_C = \dfrac{h(2a+b)}{3(a+b)}$
三角形 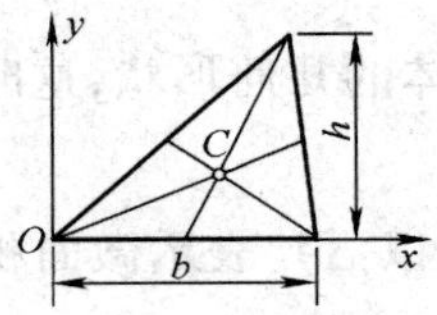 	在中线交点上 $y_C = \dfrac{1}{3}h$	扇形 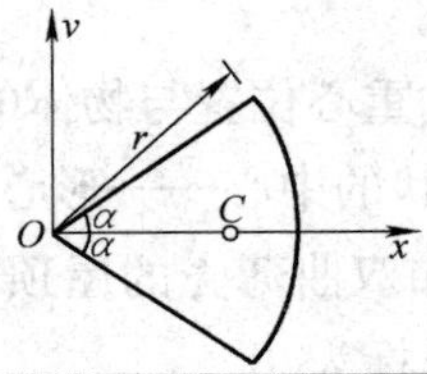 	$x_C = \dfrac{2r\sin\alpha}{3\alpha}$ $x_C = \dfrac{4r}{3\pi}$(半圆)
部分圆环 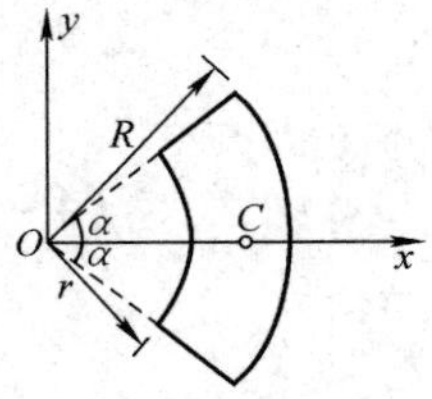 	$x_C = \dfrac{2(R^3-r^3)\sin\alpha}{3(R^2-r^2)\alpha}$	半圆球体 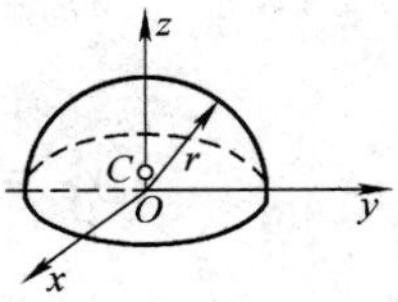 	$z_C = \dfrac{3}{8}r$
弓形 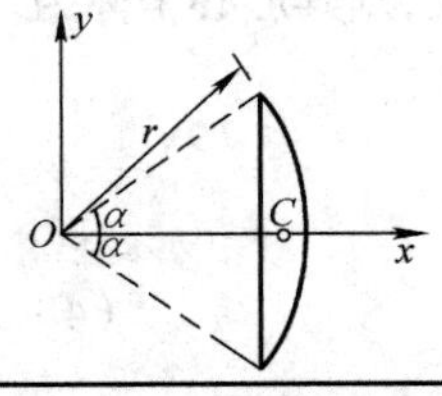 	$x_C = \dfrac{4r\sin^3\alpha}{3(2\alpha-\sin 2\alpha)}$	正圆锥体 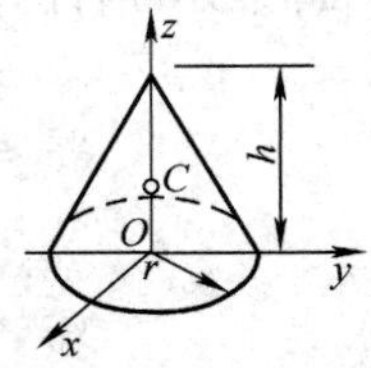 	$z_C = \dfrac{1}{4}h$

2. 物体重心的求法

(1)组合法

一个物体的重心位置,原则上可以通过积分运算来求得。但当所研究的物体是由一些几何形状简单的物体所组成,且这些简单形状物体的重心位置已知时,则整个物体重心可通过下例所示的组合法来确定。

例题4-5 热轧槽钢的截面可近似地简化成如图4-18(a)所示的形状,已知 $h =$

200 mm, $b = 75$ mm, $d = 9$ mm, $t = 11$ mm。试求该槽形截面的重心位置。

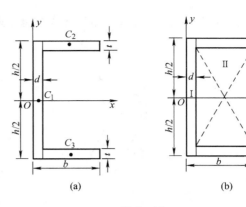

图 4 – 18

解 取坐标系如图 4 – 18(a) 所示。由于 x 轴为对称轴,则图形重心在 x 轴上,故有 $y_C = 0$。将图形分割成三个矩形,以 C_1、C_2、C_3 表示这些矩形的重心,并以 A_1、A_2、A_3 表示其面积,则它们的面积和重心的横坐标分别为

$$A_1 = 200 \times 9 = 1\ 800 \text{ mm}^2, \quad x_1 = 4.5 \text{ mm}$$

$$A_2 = A_3 = (75 - 9) \times 11 = 726 \text{ mm}^2, \quad x_2 = x_3 = 9 + 33 = 42 \text{ mm}$$

由式(4 – 33)中第一式得

$$x_C = \frac{A_1 x_1 + A_2 x_2 + A_3 x_3}{A_1 + A_2 + A_3} = \frac{1\ 800 \times 4.5 + 2 \times (726 \times 42)}{1\ 800 + 2 \times 726} = 21.2 \text{ mm}$$

本例中的槽形截面也可看作由 $h \times b$ 的矩形 Ⅰ 挖去一个 $(h - 2t) \times (b - d)$ 的矩形 Ⅱ 而成,如图 4 – 18(b) 所示。这样仍可按式(4 – 33)中第一式确定重心 C 的位置,只是注意在计算中被挖去的面积应取负值,这种方法又称"负面积法"。其各部分的面积及重心的横坐标分别为

$$A_{\text{Ⅰ}} = 200 \times 75 = 15\ 000 \text{ mm}^2, \quad x_{\text{Ⅰ}} = 37.5 \text{ mm}$$

$$A_{\text{Ⅱ}} = -178 \times 66 = -11\ 748 \text{ mm}^2, \quad x_{\text{Ⅱ}} = 42 \text{ mm}$$

故

$$x_C = \frac{A_{\text{Ⅰ}} x_{\text{Ⅰ}} + A_{\text{Ⅱ}} x_{\text{Ⅱ}}}{A_{\text{Ⅰ}} + A_{\text{Ⅱ}}} = \frac{15\ 000 \times 37.5 + (-11\ 748) \times 42}{15\ 000 - 11\ 748} = 21.2 \text{ mm}$$

(2)实验法

对于形状复杂而不便计算或非均质物体的重心位置,可采用实验方法测定。常用的实验方法有以下两种。

1)悬挂法

如果需求一薄板的重心,可先将板悬挂于任一点 A,如图 4 – 19(a)所示。根据二力平衡原理,重心必在经过悬挂点 A 的铅直线上,于是可在板上标出此线;然后再将板悬挂于另一点 B,同样画出另一直线,两直线的交点 C 即为重心,如图 4 – 19(b)所示。

2)称重法

对于形状复杂或体积较大的物体,常用称重法确定其重心位置。例如,对于图 4 – 20 所示的内燃机连杆,由于其有对称轴,只需确定重心在此轴上的位置 a 即可。为此,可先称得连杆的重量 P,并测得连杆的两端轴心 A、B 之间的距离 l。将连杆 A 端放置在水平面上,B 端放置在一台秤上,设 B 端台秤的读数为 F_B,则

$$\sum M_A(F) = 0, \quad F_B l - Pa = 0$$

可得

$$a = \frac{F_B}{P} l$$

对于空间形状非对称的物体,可通过三次称重来确定物体重心的位置。

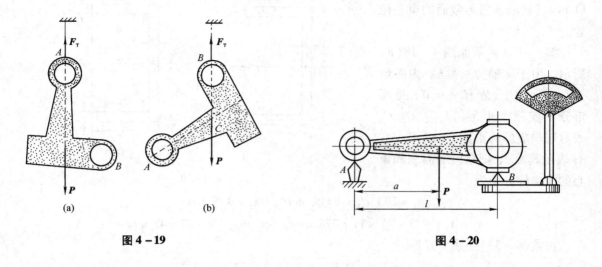

图 4-19

图 4-20

思 考 题

4-1 设有一力 F,试问在什么情况下有:(1)$F_x = 0, M_x(F) = 0$;(2)$F_x = 0, M_x(F) \neq 0$;(3)$F_x \neq 0, M_x(F) \neq 0$。

4-2 分析下列空间力系独立平衡方程的数目:(1)各力的作用线都与一直线相交;(2)各力的作用线都平行于一固定面;(3)力系可分解为方向不同的两个平行力系;(4)力系可分解为一个平面力系和一个方向平行于此平面的平行力系;(5)各力的作用线分别汇交于两个固定点。

4-3 空间平行力系的简化结果是什么?可能合成为力螺旋吗?

4-4 空间任意力系总可以用两个力来平衡,为什么?

4-5 空间任意力系向两个不同的点简化,试问下述情况是否可能:(1)主矢相等,主矩也相等;(2)主矢不相等,主矩相等;(3)主矢相等,主矩不相等;(4)主矢、主矩都不相等。

4-6 一均质等截面直杆的重心在哪里?若把它弯曲成半圆形,重心的位置是否改变?

4-7 当物体质量分布不均匀时,重心和几何中心还重合吗?为什么?

4-8 计算一物体重心的位置时,如果选取的坐标轴不同,重心的坐标是否改变?重心在物体内的位置是否改变?

4-9 空间任意力系投影在直角坐标系的三个坐标面上,得三个平面力系。若该力系平衡,每个平面力系有三个平衡方程,共得九个平衡方程,这与空间任意力系的六个平衡方程是否矛盾?为什么?

本章习题和习题答案请扫二维码。

第2篇 材料力学

材料力学是关于各类构件的强度、刚度和稳定性的分析与计算（包括实验）的科学。这些分析与计算是工程技术人员为构件选定既安全又经济的材料和设计合理的形状及尺寸的必要理论基础。通过材料力学的学习，能使学生对工程设计中所遇到的常用构件的强度、刚度和稳定性问题具有明确的基本概念、必要的基础知识、比较熟练的计算能力和初步的实验分析能力。

建筑物和机械通常都受到各种外力的作用。例如，厂房外墙受到的风压力、建筑物受到的地震力、吊车梁承受的吊车和起吊物的重力、轧钢机受到钢坯变形时的阻力等，这些力都是荷载。建筑物承受荷载而起骨架作用的部分称为**结构**，组成结构或机械的单个部分则称为**构件**或**零件**。

当结构或机械承受荷载或传递运动时，各构件或零部件必须能够正常地工作，这样才能保证整个结构或机械的正常工作。为此，首先要求构件在受荷载作用时不会被破坏。如机床主轴因荷载过大而断裂时，整个机床就无法使用。但是，只是不会被破坏，并不一定就能保证构件或整个结构的正常工作。例如，吊车梁若因荷载过大而发生过度的变形，吊车也就不能正常行驶；又如机床主轴若发生过大的变形，则将影响机床的加工精度。此外，有一些构件在荷载作用下，其原有的平衡可能丧失稳定性。例如，房屋中受压柱如果是细长的，则在压力超过一定限度后，就有可能显著地变弯，其后果往往是严重的，甚至可能导致房屋倒塌。针对上述三种情况，对构件正常工作的要求可以归纳为以下三点。

①强度要求：规定荷载作用下构件不能被破坏，构件应有足够的抵抗破坏的能力，即应具有足够的**强度**。

②刚度要求：在规定荷载作用下，构件除满足强度要求外，变形也不能过大，构件应具有足够的抵抗变形的能力，即应具有足够的**刚度**。

③稳定性要求：受到压力作用的构件，应始终保持原有形态的平衡，保证不被压弯，构件应有足够的保持原有形态平衡的能力，即应满足构件的**稳定性**要求。

由此，材料力学的任务就是确定构件正常工作所需满足的条件，即主要研究构件的强度、刚度和稳定性问题。

构件的强度、刚度和稳定性问题均与所用材料的力学性能（主要是指在外力作用下材料的变形与所受外力之间的关系）有关，这些力学性能均需通过材料实验来测定。此外，也有些单靠现有理论解决不了的问题，需借助于实验来解决。因此，实验研究和理论分析同样重要，都是完成材料力学的任务所必需的手段。通过材料力学的学习，可为后继课程提供理论基础。

第5章　材料力学的基本概念和假定

5.1　变形固体与基本假定

各种构件均由固体材料制成。固体在外力作用下将发生变形,故称为**变形固体**。理论力学主要研究物体在外力作用下的平衡与运动规律问题,物体的微小变形对所研究的问题影响甚小,是一个可以忽略不计的次要因素,故可将物体看成是刚体。材料力学主要研究构件的强度、刚度和稳定性问题,都与构件的变形有关,这时固体的变形就成为主要因素之一。因此,在材料力学的研究中必须把一切构件都看成变形固体。变形固体的性质是多方面的,为了简化问题,常略去固体的次要性质,并根据其主要性质作出假设,将它抽象为理想模型,然后进行理论分析。

以下是材料力学对变形固体所作的三个基本假设。

1. 连续性假设

连续性假设认为组成固体的物质毫无空隙地充满了固体的整个几何空间。实际上,一切物体均由微粒(分子、原子等)组成,各微粒之间都存在着空隙,但这种空隙与构件的尺寸相比极其微小,可以忽略,即在固体中的物质是连续充满的。这样,就可以用数学中连续函数的概念来描述固体内的有关力学量。

2. 均匀性假设

均匀性假设认为固体内各点处的力学性质是相同的。根据这个假设,可以从物体中取出任何微小部分进行研究,并将所得结论应用于整个物体,同时也可将大尺寸试件在实验中所得的材料力学性能应用于物体的任何微小部分。

3. 各向同性假设

各向同性假设认为材料沿不同方向具有相同的力学性质。就组成金属的单一晶体而言,沿不同方向其力学性质并不相同。但因金属构件包含的晶粒数量极多,且又随机排列,从统计平均的观点看,沿各个方向的力学性质就接近相同,具有这种性质的材料称为**各向同性材料**,如钢材、铸铁、塑料、玻璃以及浇注很好的混凝土等。沿不同方向力学性质不同的材料,称为**各向异性材料**,如复合板、纤维增强复合材料等。只在某一方向才有相同性质的材料,称为**单向同性材料**。

材料力学主要研究各向同性材料,其计算公式也可近似地用于单向同性材料。对于复合材料,一般需在复合材料力学中作专门研究。

变形固体在外力作用下产生的变形可分为**弹性变形**与**塑性变形**(或**残余变形**)。

弹性是指变形固体在外力去掉后能恢复原来形状和尺寸的性质。实验结果表明,当外力未超过一定限度时,绝大多数材料在外力解除后即可恢复原有形状和尺寸。随着外力的解除而消失的变形称为**弹性变形**。如果去掉外力后,变形不能全部消失而留有残余,此残余部分就称为**塑性变形**,也称为**残余变形**。

去掉外力后能完全恢复原状的物体称为**理想弹性体**。在结构或机械正常工作的情况下,一般要求构件只发生弹性变形,而不允许出现塑性变形。还应指出的是,在工程实际中,构件在外力作用下所产生的变形与构件原始尺寸相比,通常是很微小的,这种变形情况称为**小变形**。因此,在研究构件的平衡、运动与变形时,构件的尺寸始终按变形前的原始尺寸进行分析计算。

材料力学是研究连续、均匀、各向同性的变形固体的强度、刚度和稳定性问题,且大多数情况下是在弹性范围内小变形的研究。

5.2 内力、截面法、应力

对于所研究的构件来说,其他构件或物体作用于该构件上的力称为**外力**。构件未受外力作用时,其内部各质点之间就存在着内力,这种内力能使质点的相对位置保持不变,从而使构件保持一定的几何形状。当构件受外力作用而变形时,内部质点间的相对距离发生改变,从而引起质点之间的内力发生改变,这样内力的改变量即产生了"**附加内力**"。材料力学所研究的内力,就是构件内部各部分之间由外力作用而引起的附加内力,简称为**内力**。这种内力随外力的增加而增加,到达某一极限值时构件就会发生破坏。

显然,构件中的内力是与构件的变形相联系的,内力总是与变形同时产生。内力作用的趋势则是试图使受力构件恢复原状,内力对变形起抵抗和阻止作用。

构件的强度、刚度和稳定性等问题均与内力这个因素有关,经常需要知道构件在已知外力作用下某一截面上的内力值。任一截面上内力值的确定,通常是采用下述的截面法。

设图 5－1(a)所示的构件在外力作用下处于平衡状态。如欲求任一截面 $m—m$ 上的内力,可在 $m—m$ 处用一个假想的平面把构件截成Ⅰ、Ⅱ两部分,任取其一部分,例如Ⅰ段,作为脱离体,将右段Ⅱ对左段Ⅰ的作用以截面上的内力来代替。因假设物体是均匀连续的,所以内力在截面上是连续分布的,称为分布内力系,而这里所要求的内力是截面上分布内力系向截面形心简化的主矢量和主矩,并以六个分量形式表示,如图 5－1(b)所示。

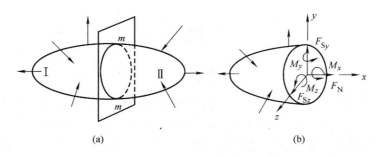

(a)   (b)

图 5 －1

由于整个杆件处于平衡状态,从中截出的任一部分也必然处于平衡状态。因此,考虑脱离体 I 的平衡,列出它的静力平衡方程,即可求出截面 m—m 上的内力。若取 II 段作为脱离体,同样可用 II 段的平衡条件求出截面 m—m 上的内力。由作用力和反作用力定律可知,分别由 I、II 两部分求出的 m—m 截面上的内力是等值且反向的。

上述用来确定构件内力的方法称为**截面法**,它是材料力学中广泛应用的基本方法,其过程可归纳为以下三个步骤:

①在需求内力的截面处假想地用截面将构件截开,分成两部分;

②取任一部分为脱离体,在其截面上用内力代替另一部分对该部分的作用;

③对脱离体建立静力平衡方程,并由此解出截面上的内力。

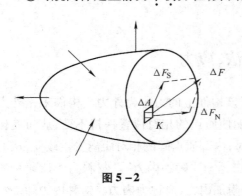

图 5 – 2

用截面法求得的内力是截面上分布内力系的主矢量和主矩。在一般情况下,为了判断材料的强度是否足够,材料可能从截面上哪一点开始破坏,还需要知道内力在截面上的分布规律以及分布内力在各点处的强弱或密集程度。因此,有必要引入分布内力的集度即**应力**的概念。例如,若要研究图 5 – 2 所示受力构件内某截面上 K 点处的应力,可围绕 K 点取微小面积 ΔA,设作用在 ΔA 上的分布内力的合力为 ΔF,则 ΔF 与 ΔA 的比值

$$p_K = \frac{\Delta F}{\Delta A}$$

称为该面积上的平均内力集度或**平均应力**。

力的集度仍是一个矢量,它反映了在 ΔA 范围内内力的平均集中程度,它的大小和方向与 K 点的位置和所取面积 ΔA 的大小有关。为确切地描述内力在 K 点的集中程度,可让微面积 ΔA 无限地向 K 点收缩,即对 ΔA 取极限,得到

$$p = \lim_{\Delta A \to 0} p_K = \lim_{\Delta A \to 0} \frac{\Delta F}{\Delta A} \tag{5 – 1}$$

p 称为该截面 K 点的**全应力**。它确切地反映了 K 点内力分布的强弱程度,也是一个矢量,一般情况下既不与截面垂直,也不与截面相切。通常把应力 p 分解成垂直于截面的分量 σ 和与截面平行的分量 τ:

$$\sigma = \lim_{\Delta A \to 0} \frac{\Delta F_N}{\Delta A}$$

$$\tau = \lim_{\Delta A \to 0} \frac{\Delta F_S}{\Delta A} \tag{5 – 2}$$

σ 称为**正应力**,τ 称为**切应力**,其中 ΔF_N 是 ΔF 在截面法线的分量,ΔF_S 是 ΔF 在截面平行的分量。在国际单位制中,应力的单位是帕斯卡,简称为帕(Pa),$1\ Pa = 1\ N/m^2$,由于这个单位太小,使用不便,通常使用兆帕(MPa)或吉帕(GPa)表示,且 $1\ MPa = 10^6\ Pa$,$1\ GPa = 10^9\ Pa$。

5.3　位移和应变的概念

材料力学是研究变形体的,在构件受外力作用后,整个构件及构件的每个局部一般都要发生形状和尺寸的改变(图5-3),即产生了**变形**。变形的大小用位移和应变这两个量来度量。

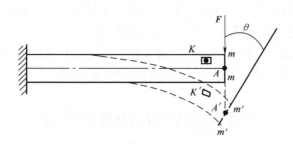

图 5-3

位移是指构件位置的改变,即构件发生变形后,构件中各质点及各截面在空间位置上的改变。位移可分为**线位移**和**角位移**。在图5-3中,构件上的 A 点于变形后移到 A' 点,A 与 A' 的连线 AA' 为 A 点的线位移。而构件上的垂直于轴线的截面(称为**横截面**)于变形后所转过的角度则称为角位移。例如,图5-3中的右端面 m—m 于变形后移到了 m'—m' 的位置,其转过的角度 θ 就是 m—m 截面的角位移(或称为转角)。

不同点的线位移以及不同截面的角位移一般是各不相同的,它们都是位置的函数。

为了说明应变的概念,从图5-3所示的构件中,围绕某点 K 截取一微小的正六面体进行研究(图5-4(a))。该六面体称为**单元体**,其变形有下列两种。

①沿棱边方向的伸长或缩短。如沿 x 方向原长为 Δx,变形后变为 $\Delta x + \Delta u$ (图5-4(b)),Δu 就是沿 x 方向的伸长量(因六面体非常微小,可认为其沿 x 方向的伸长是均匀的),称其为绝对伸长。但 Δu 还不足以说明沿 x 方向的伸缩程度,因为 Δu 还与边长 Δx 的大小有关,因而取相对伸长量 $\dfrac{\Delta u}{\Delta x}$ 来度量沿 x 方向的变形。$\dfrac{\Delta u}{\Delta x}$ 实际上是在 Δx 范围内单位长度上的平均伸长量,仍与所取的 Δx 的长短有关,为了消除尺寸的影响,可取下列极限:

$$\varepsilon_x = \lim_{\Delta x \to 0} \frac{\Delta u}{\Delta x} \qquad (5-3)$$

ε_x 称为 K 点处沿 x 方向的**线应变**。

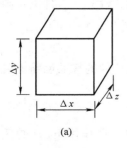
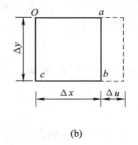
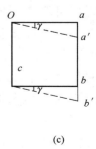

(a)　　　　　　　　　(b)　　　　　　　　　(c)

图 5-4

②棱边间夹角的改变。如棱边 Oa 和 Oc 间的夹角变形前为直角,变形后该直角减小 γ,如图 5−4(c)所示。角度的改变量 γ 则称为**切应变**。

构件中不同点处的线应变及切应变一般也是各不相同的,它们也都是位置的函数。有了线应变与切应变,就可度量构件中任何微小局部的变形。

任一构件都可设想它是由许许多多的微小的正六面体组成的,在构件受力后,各微小六面体一般都要发生变形,因而使整个构件的形状和尺寸发生改变。由此可知,构件在外力作用下产生的位移正是其各有关微小局部产生应变叠加的结果。

应变与应力是相对应的,且存在着一定的关系。线应变与正应力相对应,切应变与切应力相对应,应力与应变之间的具体关系将在后面有关章节中讨论。

5.4　杆件变形的基本形式

构件可以有各种几何形状,材料力学主要研究长度远大于横截面尺寸的构件,称为**杆件**,或简称为杆。杆件的轴线是杆件各横截面形心的连线。轴线为直线的杆称为**直杆**(图 5−5(a)),轴线为曲线的杆称为**曲杆**(图 5−5(b))。最常见的是横截面大小和形状不变的直杆,称为**等直杆**。

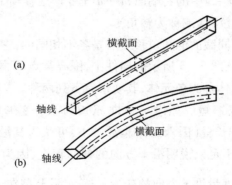

图 5−5

作用在杆件上的外力是多种多样的,杆件的整体变形也是各种各样的,其基本形式有以下四种。

1. 轴向拉伸或压缩

在一对作用线与直杆轴线重合且大小相等、方向相反的外力作用下,直杆的主要变形是长度的改变,这种变形形式称为轴向拉伸(图 5−6(a))或轴向压缩(图 5−6(b))。

2. 剪切

在一对相距很近的大小相等、方向相反的横向外力作用下,杆件的横截面将沿外力方向发生错动,这种变形称为剪切变形(图 5−6(c))。

3. 扭转

在一对大小相等、方向相反、位于垂直杆轴线的两平面内的力偶作用下,杆的任意两横截面将发生相对转动,这种变形称为扭转变形(图 5−6(d))。

4. 弯曲

在一对大小相等、方向相反、位于杆的纵向平面内的力偶作用下,杆件将在纵向平面内发生弯曲变形(图 5 - 6(e))。

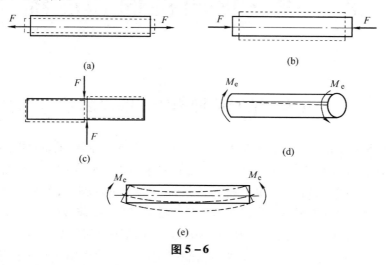

(a)

(b)

(c)

(d)

(e)

图 5 - 6

工程实际中的杆件可能同时承受不同形式的外力,变形情况可能比较复杂。但不论怎样复杂,其变形均是由基本变形组成的。本篇将先分别讨论杆件上述各类基本变形,然后再分析同时存在两种或两种以上基本变形的组合问题。

思 考 题

5 - 1 材料力学的任务是什么?

5 - 2 材料力学中对变形体有哪些基本假设?

5 - 3 杆件的基本变形有几种? 试各举一工程实例。

第6章　轴向拉伸和压缩

6.1　轴向拉伸和压缩的概念

　　轴向拉伸或轴向压缩变形是杆件的基本变形之一。轴向拉伸或压缩变形的受力及变形特点是杆件受一对平衡力 F 的作用(图6-1),它们的作用线与杆件的轴线重合。若作用力 F 拉伸杆件(图6-1)则为轴向拉伸,此时杆将被拉长(图6-1虚线);若作用力 F 压缩杆件(图6-2)则为轴向压缩,此时杆将被缩短(图6-2虚线)。轴向拉伸或压缩也称简单拉伸或压缩,或简称为拉伸或压缩。工程中许多构件,如单层厂房结构中的屋架杆(图6-3)、各类网架结构的杆件(图6-4)等,这类结构的构件由荷载引起的内力的作用线与轴线重合,杆件发生轴向拉伸或压缩。

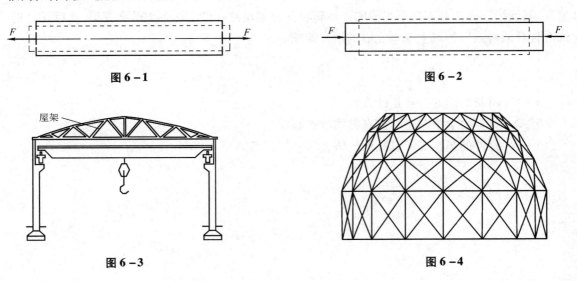

图6-1　　　　　　　　　　　　　　图6-2

图6-3　　　　　　　　　　　　　　图6-4

6.2　轴力与轴力图

1. 轴力

　　为了对杆件进行强度和刚度分析,首先需要确定杆件的内力。根据第5章内力的概念和计算方法,对图6-5(a)所示的杆件求解横截面 $m—m$ 的内力。按截面法求解步骤有:可在此截面处假想将杆截断,保留左部分或右部分为脱离体,移去部分对保留部分的作用用内力来代替,其合力为 F_N,如图6-5(b)或(c)所示。

对于留下部分Ⅰ来说,截面 m—m 上的内力 F_N 就成为外力。由于原直杆处于平衡状态,故截开后各部分仍应维持平衡。根据保留部分的平衡条件 $\sum F_x = 0$,得

$$F_N = F \qquad\qquad (6-1)$$

式中:F_N 为杆件任一截面 m—m 上的内力,其作用线与杆的轴线重合,即垂直于横截面并通过其形心,故称这种内力为**轴力**。

若取部分Ⅱ为脱离体,则由作用与反作用原理可知,部分Ⅱ截开面上的轴力与前述部分上的轴力数值相等而方向相反(图6-5(b)、(c))。同样也可以从脱离体的平衡条件来确定。

对于图6-6(a)所示的杆件,由平衡条件可知 m—m 截面上的轴力方向指向截面(图6-6(b)、(c))。根据变形情况,规定:引起杆件纵向伸长变形的轴力为正,称为拉力,由图6-5(b)、(c)可见拉力是背离截面的;引起杆件纵向缩短变形的轴力为负,称为压力,由图6-6(b)、(c)可见压力是指向截面的。通常在计算截面轴力时,假设为拉力,即取脱离体时,其截面轴力画为拉力。

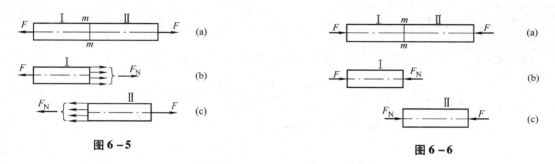

图6-5 　　　　　　　　　　　　　　　　　图6-6

2. 轴力图

当杆受多个轴向外力作用时(图6-7(a)),因为 AB 段的轴力与 BC 段的轴力不相同,求轴力时须分段进行。

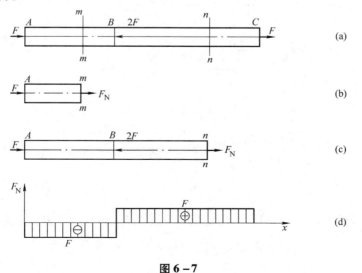

图6-7

要求 AB 段杆内某截面 $m—m$ 的轴力,则假想用一平面沿 $m—m$ 处将杆截开,取左段为脱离体(图 $6-7(b)$),以 F_N 代表该截面上的轴力。于是,根据平衡条件 $\sum F_x = 0$,有

$$F_N = -F$$

负号表示实际方向与所假设的方向相反,即为压力。

要求 BC 段杆内某截面 $n—n$ 的轴力,则假想用一平面在 $n—n$ 处将杆截开,仍取左段为脱离体(图 $6-7(c)$),以 F_N 代表该截面上的轴力。于是,根据平衡条件 $\sum F_x = 0$,有

$$F_N - 2F + F = 0$$

由此得

$$F_N = F$$

在多个力作用时,由于各段杆轴力的大小及正负号各异,所以为了形象地表明各截面轴力的变化情况,通常将其绘成"**轴力图**"(图 $6-7(d)$)。做法:以杆的端点为坐标原点,取平行杆轴线的坐标轴为 x 轴,称为**基线**,其值代表截面位置,取 F_N 轴为纵坐标轴,其值代表对应截面的轴力值。正值绘在基线上方,负值绘在基线下方,如图 $6-7(d)$ 所示。注意基线要与原图对齐,轴力图要标出 $\oplus\ominus$,且注意单位与比例。

例题 $6-1$ 一等直杆及其受力情况如图 $6-8(a)$ 所示,试作杆的轴力图。

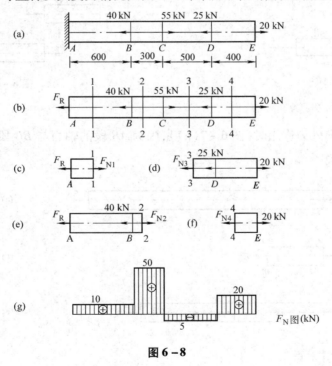

图 $6-8$

解 首先对杆件进行受力分析,求出支反力 F_R(图 $6-8(b)$)。由整个杆的平衡方程

$$\sum F_x = 0, \quad -F_R - 40 + 55 - 25 + 20 = 0$$

得

$$F_R = 10 \text{ kN}$$

在求 AB 段内任一截面上的轴力时,在任一截面 1—1 处截断,取左段为脱离体(图 6 - 8(c)),并设轴力 F_{N1} 为拉力。由平衡方程求出

$$F_{N1} = F_R = 10 \text{ kN}$$

其结果为正值,故 F_{N1} 为拉力。

同理,可求得 BC 段任一截面上的轴力(图 6 - 8(d))为

$$F_{N2} = F_R + 40 = 50 \text{ kN}$$

在求 CD 段内的轴力时,将杆截开后宜取右段为脱离体,因为右段杆比左段杆上包含的外力少,并设轴力 F_{N3} 为拉力(图 6 - 8(e))。由平衡方程

$$\sum F_x = 0, \quad -F_{N3} - 25 + 20 = 0$$

故

$$F_{N3} = -5 \text{ kN}$$

其结果为负值,说明原假定的 F_{N3} 的指向与实际相反,应为压力。

同理,可得 DE 段内任一截面上的轴力(图 6 - 8(f))

$$F_{N4} = F_4 = 20 \text{ kN}$$

按轴力图作图规则,作出杆的轴力图(图 6 - 8(g))。F_{Nmax} 发生在 BC 段内的任一横截面上,其值为 50 kN。

6.3 横截面上的应力

由上一章可知,要判断受力构件能否发生强度破坏,仅知道某个截面上内力的大小是不够的。例如用相同材料制成粗细不同的两根杆,在相同拉力作用下,两根杆的轴力是相同的。但当拉力逐渐加大时,细杆必然先被拉断。这说明杆件的强度不仅与轴力的大小有关,而且与横截面上的内力分布有关,这就需要求出横截面上各点的应力。本节将研究拉(压)杆横截面上的应力。

根据应力与内力的关系及概念,拉(压)杆横截面上的内力为轴力,其方向垂直于横截面,且通过横截面的形心,而截面上各点处应力与微面积 dA 乘积的合成即为该截面上的内力。因而,与轴力相应的只可能是垂直于截面的正应力。但是,由于还不知道正应力在截面上的变化规律,所以无法求出。为此,可考察杆件在受力后表面上的变形情况,并由表及里地作出杆件内部变形情况的几何假设,再根据力与变形间的物理关系,得到应力在截面上的变化规律,然后再通过应力与 dA 乘积的合成即为内力这一静力学关系,得到以内力表示的应力计算公式。

几何关系:图 6 - 9(a)所示为一等截面直杆,假定在未受力前在该杆侧面作相邻的两条横向线 ab 和 cd,然后使杆受拉力 F 作用(图 6 - 9(b))发生变形,并可观察到两横向线平移到 $a'b'$ 和 $c'd'$ 的位置且仍垂直于轴线。这一现象说明:杆件的任一横截面上各点的变形是相同的,即变形前是平面的横截面,变形后仍保持为平面且仍垂直于杆的轴线,即**平面假设**。

物理关系:根据这一假设,拉压杆件变形后两横截面沿杆轴线作相对平移,其间的所有纵向线段的伸长或缩短都相同,也就是说,拉压杆在其任意两个横截面之间的变形是均匀的。根

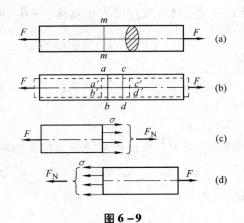

图 6-9

据材料均匀性假定,变形相同时,受力也相同,则横截面上所有各点受力相同,内力均匀分布,内力分布集度为常量,即横截面上各点处的正应力 σ 相等(图 6-9(c)、(d))。

静力学方面:由静力学求合力的概念

$$F_N = \int_A \sigma dA = \sigma \int_A dA = \sigma A$$

即得拉压杆横截面上正应力 σ 计算公式

$$\sigma = \frac{F_N}{A} \qquad (6-2)$$

式中:F_N 为轴力;A 为杆的横截面面积。

由式(6-2)知,正应力的正负号取决于轴力的正负号,若 F_N 为拉力,则 σ 为拉应力,若 F_N 为压力,则 σ 为压应力,并规定拉应力为正,压应力为负。

最后,应当指出,上述结论及计算公式不能用来计算杆件两端外力作用区域附近截面上各点的应力,因为该处外力作用的不同方式引起的变形规律比较复杂,从而应力分布规律及其计算公式亦较复杂,其研究已超出材料力学范围。研究表明,在离杆件端点一定距离(约等于横截面尺寸)处,内力已趋于平均分布,上述公式就可应用,这一结论称为圣维南原理,即力作用于杆端方式的不同,只会使与杆端距离不大于杆的横向尺寸的范围内受到影响。

例题 6-2 图 6-10(a)所示横截面为正方形的砖柱分上、下两段,柱顶受轴向压力 F 作用。上段柱重为 G_1,下段柱重为 G_2。已知 $F = 10$ kN,$G_1 = 2.5$ kN,$G_2 = 10$ kN,试求上、下段柱的底截面 $a—a$ 和 $b—b$ 上的应力。

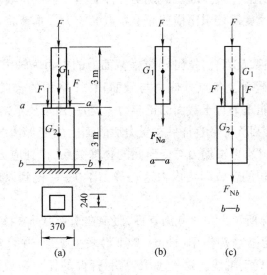

图 6-10

解 (1)先分别求出截面 $a—a$ 和 $b—b$ 的轴力。为此应用截面法,假想用平面在截面

a—a 和 b—b 处截开,分别取上部为脱离体,如图 6 - 10(b)、(c)所示。根据平衡条件可求得

截面 a—a

$$\sum F_y = 0, \quad F_{Na} = -F - G_1 = -10 - 2.5 = -12.5 \text{ kN}$$

负号表示压力;

截面 b—b

$$\sum F_y = 0, \quad F_{Nb} = -3F - G_1 - G_2 = -3 \times 10 - 2.5 - 10 = -42.5 \text{ kN}$$

负号表示压力。

(2)求应力,由式(6-2),分别将截面 a—a 和 b—b 的轴力 F_{Na}、F_{Nb} 和面积 A_a、A_b 代入,得

截面 a—a

$$\sigma_a = \frac{F_{Na}}{A_a} = \frac{-12.5 \times 10^3}{0.24 \times 0.24} = -2.17 \times 10^5 \text{ Pa} = -0.217 \text{ MPa}$$

负号表示压应力;

截面 b—b

$$\sigma_b = \frac{F_{Nb}}{A_b} = \frac{-42.5 \times 10^3}{0.37 \times 0.37} = -3.10 \times 10^5 \text{ Pa} = -0.310 \text{ MPa}$$

负号表示压应力。

例题 6 - 3 图 6 - 11 所示为一简单托架,AB 杆为钢板条,横截面面积为 300 mm²,AC 杆为 10 号槽钢,若 F =65 kN,试求各杆的应力。

解 取节点 A 为脱离体,由节点 A 的平衡方程 $\sum F_x = 0$ 和 $\sum F_y = 0$,不难求出 AB 和 AC 两杆的轴力分别为

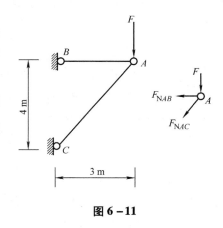

图 6 - 11

$$F_{NAB} = \frac{3}{4} \times 65 = 48.8 \text{ kN}$$

$$F_{NAC} = -\frac{5}{4} \times 65 = -81.3 \text{ kN}$$

AB 杆的横截面面积 A_{AB} =300 mm²,AC 杆为 10 号槽钢,由型钢表(附录Ⅱ,表3)查出横截面面积 A_{AC} = 12.7 cm² = 12.7 × 10⁻⁴ m²。由式(6-2)求出 AB 杆和 AC 杆的应力分别为

$$\sigma_{AB} = \frac{F_{NAB}}{A_{AB}} = \frac{48.8 \times 10^3}{300 \times 10^{-6}} = 163 \times 10^6 \text{ Pa} = 163 \text{ MPa}$$

$$\sigma_{AC} = \frac{F_{NAC}}{A_{AC}} = \frac{-81.3 \times 10^3}{12.7 \times 10^{-4}} = -64 \times 10^6 \text{ Pa} = -64 \text{ MPa}$$

6.4 斜截面上的应力

前面分析了杆件横截面上的正应力。但是,不仅横截面上有应力,在其他方位的截面上,

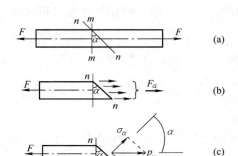

图 6 – 12

即斜截面上也会有应力,所以有必要对全部方位的截面上的应力作一研究,从中找出哪一截面上应力达到最大,以作为强度计算的依据。

现研究与横截面成 α 角的任一斜截面 n—n 上的应力(图 6 – 12(a))。为此,假想用一平面沿该杆的斜截面 n—n 截开,并取左段为脱离体(图 6 – 12(b))。由平衡可求出该截面的轴线方向的内力

$$F_\alpha = F \tag{a}$$

与研究横截面应力的情况一样,轴力 F_α 在斜截面上也是均匀分布的。于是得斜截面上的应力 p_α 为

$$p_\alpha = \frac{F_\alpha}{A_\alpha} \tag{b}$$

式中,A_α 是斜截面面积。设横截面面积为 A,则有

$$A_\alpha = \frac{A}{\cos \alpha} \tag{c}$$

将式(c)代入式(b),并利用式(a),得

$$p_\alpha = \frac{F}{A}\cos \alpha = \sigma \cos \alpha \tag{d}$$

式中,$\sigma = \dfrac{F}{A}$ 即杆件在横截面($\alpha = 0$)上的正应力。

全应力 p_α 可分解为两个分量:一个是沿截面法线方向的正应力 σ_α;另一个是沿截面切线方向的切应力 τ_α(图 6 – 12(c)),它们分别为

$$\sigma_\alpha = p_\alpha \cos \alpha = \sigma \cos^2 \alpha \tag{6 – 3}$$

$$\tau_\alpha = p_\alpha \sin \alpha = \frac{1}{2}\sigma \sin 2\alpha \tag{6 – 4}$$

以上两式给出了拉压杆任一点处不同方位斜截面上正应力和切应力随 α 角的变化规律。通过一点的所有不同方位截面上应力的全部情况,称为该点处的**应力状态**。由此可知,正应力的最大值发生在 $\alpha = 0$ 的截面,即横截面上,其值为

$$\sigma_{\alpha=0} = \sigma_{\max} = \sigma \tag{e}$$

当 $\alpha = \dfrac{\pi}{4}$ 时,对应的斜截面上切应力取得最大值

$$\tau_{\alpha=\frac{\pi}{4}} = \tau_{\max} = \frac{\sigma}{2} \tag{f}$$

此时该斜截面上的正应力不等于零。

6.5 拉压杆的变形、胡克定律

实验表明,杆件在轴向拉力或压力的作用下,沿轴线方向将发生伸长或缩短。同时,横向

(与轴线垂直的方向)必发生缩短或伸长,如图 6 – 13 和图 6 – 14 所示,图中实线为变形前的形状,虚线为变形后的形状。

图 6 – 13　　　　　　　　　　　　　　　　　　图 6 – 14

设 l 与 d 分别为杆件变形前的长度与直径,l_1 与 d_1 分别为变形后的长度与直径,则变形后的长度改变量 Δl 和直径改变量 Δd 分别为

$$\Delta l = l_1 - l \tag{a}$$

$$\Delta d = d_1 - d \tag{b}$$

Δl 和 Δd 分别称为杆件的**绝对纵向伸长**或缩短和**横向缩短**或伸长,单位为 m 或 mm。

纵向伸长 Δl 只反映杆的总变形量,而无法说明沿杆长度方向上的变形程度。对轴力为常量的等直杆,拉杆的伸长是均匀的,因此其变形程度可以用**单位长度的伸长**来表示,即绝对伸长量除以杆件的初始尺寸,即为**线应变**,并用符号 ε 表示,其纵、横方向的线应变分别为

$$\varepsilon = \frac{\Delta l}{l} \tag{6-5}$$

$$\varepsilon' = \frac{\Delta d}{d} \tag{6-6}$$

式中,ε 为**纵向线应变**,ε' 为**横向线应变**。它们都是量纲为"1"的量。

通常规定,Δl 和 Δd 伸长为正,缩短为负;ε 和 ε' 的正负号分别与 Δl 和 Δd 一致,即拉应变为正,压应变为负。

实验表明,在弹性变形范围内,应力不超过某一极限值时杆件的伸长 Δl 与力 F 及杆长 l 成正比,与横截面面积 A 成反比,即

$$\Delta l \propto \frac{Fl}{A} \tag{c}$$

引进比例常数 E,则有

$$\Delta l = \frac{Fl}{EA} \tag{6-7}$$

将 $F = F_N$ 代入,故上式可改写为

$$\Delta l = \frac{F_N l}{EA} \tag{6-8}$$

这一关系式称为**胡克定律**。式中的比例常数 E 称为**弹性模量**,其单位为 Pa,与应力相同。E 值与材料性质有关,是通过实验测定的,其值表征材料抵抗弹性变形的能力。

EA 称为杆的拉伸(压缩)刚度,对于长度相等且受力相同的拉压杆,其拉伸(压缩)刚度越大则杆件的变形越小。

将式(6 – 8)改写成

$$\frac{\Delta l}{l} = \frac{1}{E}\frac{F_N}{A} \qquad\qquad (d)$$

将 $\varepsilon = \dfrac{\Delta l}{l}, \sigma = \dfrac{F_N}{A}$ 代入,可得

$$\varepsilon = \frac{\sigma}{E} \qquad\qquad (6-9a)$$

或

$$\sigma = E\varepsilon \qquad\qquad (6-9b)$$

此式表明,在弹性变形范围内,应力与应变成正比。式(6-7)、式(6-8)、式(6-9)均称为胡克定律。

实验结果表明,在弹性变形范围内,横向线应变与纵向线应变之间保持一定的比例关系,以 ν 代表它们的比值的绝对值

$$\nu = \left|\frac{\varepsilon'}{\varepsilon}\right| \qquad\qquad (6-10)$$

ν 称为泊松比,它是量纲为"1"的常数,其值随材料而异,可由实验测定。

考虑到纵向线应变与横向线应变的正负号恒相反,故有

$$\varepsilon' = -\nu\varepsilon \qquad\qquad (6-11)$$

弹性模量 E 和泊松比 ν 都是材料的弹性常数。表6-1给出了一些材料的 E 和 ν 的约值。

表6-1 弹性模量 E 和泊松比 ν 的约值

材料名称	牌号	E/GPa	ν
低碳钢	Q235	200~210	0.24~0.28
中碳钢	45	205	0.26~0.30
低合金钢	16Mn	200	0.25~0.30
合金钢	40CrNiMoA	210	0.28~0.32
灰口铸铁		60~162	0.23~0.27
球墨铸铁		150~180	0.24~0.27
铝合金	LY12	71	0.33
混凝土		15.2~36	0.16~0.18
木材(顺纹)		9~12	

例题6-4 图6-15所示为一等直钢杆,材料的弹性模量 $E=210$ GPa。试计算:(1)每段的伸长;(2)每段的线应变;(3)全杆总伸长。

解 (1)求出各段轴力,并作轴力图,如图6-15(b)所示。

(2)AB 段的伸长 Δl_{AB},由式(6-8)得

$$\Delta l_{AB} = \frac{F_{NAB}l_{AB}}{EA} = \frac{5\times10^3\times2}{210\times10^9\times\dfrac{\pi\times10^2\times10^{-6}}{4}} = 6.07\times10^{-4}\ \text{m} = 0.607\ \text{mm}$$

BC 段的伸长

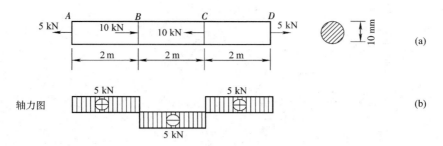

图 6 – 15

$$\Delta l_{BC} = \frac{F_{NBC}l_{BC}}{EA} = \frac{-5 \times 10^3 \times 2}{210 \times 10^9 \times \frac{\pi \times 10^2 \times 10^{-6}}{4}} = -6.07 \times 10^{-4}\ \mathrm{m} = -0.607\ \mathrm{mm}$$

CD 段的伸长

$$\Delta l_{CD} = \frac{F_{NCD}l_{CD}}{EA} = \frac{5 \times 10^3 \times 2}{210 \times 10^9 \times \frac{\pi \times 10^4 \times 10^{-6}}{4}} = 6.07 \times 10^{-4}\ \mathrm{m} = 0.607\ \mathrm{mm}$$

（3）AB 段的线应变 ε_{AB}，由式（6 – 5）得

$$\varepsilon_{AB} = \frac{\Delta l_{AB}}{l_{AB}} = \frac{0.000\ 607}{2} = 3.035 \times 10^{-4}$$

BC 段的线应变

$$\varepsilon_{BC} = \frac{\Delta l_{BC}}{l_{BC}} = \frac{-0.000\ 607}{2} = -3.035 \times 10^{-4}$$

CD 段的线应变

$$\varepsilon_{CD} = \frac{\Delta l_{CD}}{l_{CD}} = \frac{0.000\ 607}{2} = 3.035 \times 10^{-4}$$

（4）全杆总伸长

$$\Delta l_{AD} = \Delta l_{AB} + \Delta l_{BC} + \Delta l_{CD} = 0.607 - 0.607 + 0.607 = 0.607\ \mathrm{mm}$$

例题 6 – 5　试求图 6 – 16（a）所示钢木组合三角架 B 点的位移。已知：$F = 36$ kN；圆截面钢杆 AB 的直径 $d = 28$ mm，弹性模量 $E_1 = 200$ GPa；正方形木杆 BC 的截面边长 $a = 100$ mm，弹性模量 $E_2 = 10$ GPa。

解　（1）求杆 AB 和杆 BC 的轴力。取节点 B 为脱离体，其受力图如图 6 – 16（b）所示。由平衡条件 $\sum F_y = 0$，有

$$F_{N1} \sin \alpha = F$$

$$F_{N1} = \frac{5}{3}F = \frac{5}{3} \times 36 = 60\ \mathrm{kN}$$

由平衡条件 $\sum F_x = 0$，得

$$F_{N2} = -F_{N1} \cos \alpha = -60 \times \frac{4}{5} = -48\ \mathrm{kN}$$

（2）求两杆的伸长。根据胡克定律有

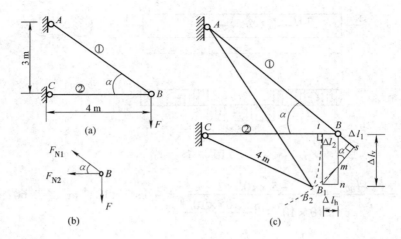

图 6 – 16

$$\Delta l_1 = \frac{F_{N1} l_1}{E_1 A_1} = \frac{60 \times 10^3 \times 5}{200 \times 10^9 \times \frac{\pi}{4} \times 28^2 \times 10^{-6}} = 2.44 \times 10^{-3} \text{ m} = 2.44 \text{ mm}$$

$$\Delta l_2 = \frac{F_{N2} l_2}{E_2 A_2} = \frac{-48 \times 10^3 \times 4}{10 \times 10^9 \times 100^2 \times 10^{-6}} = -1.92 \times 10^{-3} \text{ m} = -1.92 \text{ mm}$$

（3）求节点 B 的位移。变形后钢杆 AB 的新长度为 As，木杆 CB 的长度变为 Ct。分别以 A、C 点为圆心，As、Ct 为半径作圆弧，两圆弧的交点 B_2 即为节点 B 的新位置。在小变形情况下，两杆的变形 Δl 比其原长 l 小得多，为两段极其微小的短弧，故可用切线代替圆弧来确定节点 B 的新位置，即过 s 和 t 分别作 As 和 Ct 的垂线，两垂线的交点 B_1 即为 B 的新位置，如图 6 – 16（c）所示。从图中可看出，B 点的水平位移和垂直位移分别为

$$\Delta l_{\text{h}} = \overline{Bt} = |\Delta l_2| = 1.92 \text{ mm}$$

$$\Delta l_{\text{v}} = \overline{Bn} = \overline{Bm} + \overline{mn} = \frac{\overline{Bs}}{\sin \alpha} + \overline{B_1 n} \cot \alpha = \frac{\Delta l_1}{\sin \alpha} + |\Delta l_2| \cot \alpha$$

$$= 2.44 \times \frac{5}{3} + 1.92 \times \frac{4}{3} = 6.63 \text{ mm}$$

所以 B 点的位移

$$\Delta_B = \overline{BB_1} = \sqrt{\Delta l_{\text{h}}^2 + \Delta l_{\text{v}}^2} = \sqrt{1.92^2 + 6.63^2} = 6.9 \text{ mm}$$

例题 6 – 6 如图 6 – 17（a）所示一等截面砖柱，高度为 l，横截面面积为 A，材料密度为 ρ，弹性模量为 E；在柱顶作用有轴向荷载 F。试求柱底横截面应力及柱的变形。

解 在实际工程中，杆件的自重通常比所受的荷载小得多，在计算强度和变形时，一般都没有考虑杆件自重的影响，但在某些情况下，如土建结构中的桥墩、砖柱以及钻探机的钻杆、矿井升降机的吊缆等，构件自重的影响比较显著，在计算时必须考虑。

（1）计算内力。柱的自重可简化为沿柱高均匀分布的荷载（图 6 – 17（b）），其集度 $q = A\rho g$。为求出距顶面为 x 处的任意横截面 m—m 上的轴力 $F_N(x)$，沿 m—m 截面假想地截出上段作为脱离体，如图 6 – 17（b）所示。由脱离体的平衡方程 $\sum F_x = 0$，可得

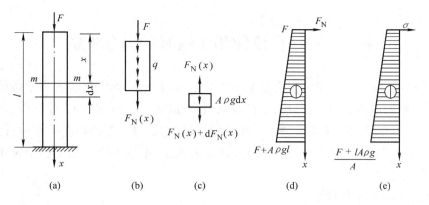

图 6 – 17

$$F_N(x) = -(F + xA\rho g)$$

式中的 $xA\rho g$ 是截面 m—m 以上长度为 x 的一段柱的重量,右边的负号表示截面的轴力实际指向与图 6 – 17(b)中所假设方向相反,即 $F_N(x)$ 为压力。由上式给出柱的轴力图如图 6 – 17(d)所示。由图可见,砖柱横截面上的轴力沿柱高度呈线性变化,最大轴力在底面上,其数值为

$$F_N(l) = -(F + lA\rho g)$$

(2)计算应力。由式(6 – 2),x 截面的正应力

$$\sigma(x) = \frac{F_N(x)}{A} = -\frac{F + xA\rho g}{A}$$

由上式看出,σ 沿柱高也呈线性变化,其分布图如图 6 – 17(e)所示。由该图可见,最大压应力出现在柱的底面,其值为

$$\sigma(l) = \frac{F_N(l)}{A} = -\frac{F + lA\rho g}{A}$$

(3)计算变形。考虑杆件自重影响时,轴力沿杆轴线连续变化,故应首先研究从杆中取出的任一微段的变形。在距柱顶为 x 处取出长为 dx 的微段,其受力图如图 6 – 17(c)所示。微段自重 $A\rho g dx$ 对微段变形的影响甚小而略去不计,这相当于认为微段受到不变轴力 $F_N(x)$ 的作用。于是,根据式(6 – 8)可得微段的伸长量

$$d(\Delta l) = \frac{F_N(x)dx}{EA} = \frac{-(F + xA\rho g)dx}{EA}$$

对整个柱积分,可得到整个柱的变形——伸长量,即

$$\Delta l = \int_0^l \frac{F_N(x)}{EA}dx = \int_0^l \frac{-(F + xA\rho g)}{EA}dx = -\left(\frac{Fl}{EA} + \frac{A\rho g l^2}{2EA}\right)$$

式中负号表示柱的实际变形为压缩变形。

本例介绍了轴力沿杆轴线变化时,等直杆的应力和变形计算方法,它们对于横截面尺寸沿轴线连续平缓变化的变截面杆件均适用。因此,在轴力和横截面均沿轴线变化的情况下,拉(压)杆任意横截面上的应力 $\sigma(x)$ 和全杆的变形 Δl 可按下面的公式计算:

$$\sigma(x) = \frac{F_N(x)}{A(x)}, \Delta l = \int_0^l \frac{F_N(x)}{EA}dx$$

6.6 材料在拉伸和压缩时的力学性能

材料在外力作用下所呈现的有关强度和变形方面的特性,称为材料的力学性能。在前面讨论的拉(压)杆的应力、变形计算中,已涉及材料在轴向拉伸(压缩)的力学性能,例如发生弹性变形的应力某一极限值、弹性模量等。在后面讲述的拉(压)杆的强度计算中,还将涉及另外一些力学性能。材料的力学性能都要通过试验来测定,本节主要介绍工程中常用材料在拉伸和压缩时的力学性能。

1. 低碳钢拉伸时的力学性能

低碳钢是工程上应用较广泛的金属材料,低碳钢试件在拉伸试验中所表现的力学性质比较全面和典型,所以首先以低碳钢为例来说明。

（1）试件

把低碳钢制成一定尺寸的杆件,称为试件。在进行拉伸试验时,应将材料做成标准试件,使其几何形状和受力条件都能符合轴向拉伸的要求。常用的试件有圆截面和矩形截面两种,如图 6－18 所示。为了避开试件两端受力部分对测试结果的影响,取试件中间长 l 的一段（应是等直杆）作为测量变形的计算长度（或工作长度）,称为**标距**。通常将圆截面标准试件的标距 l 与其横截面直径 d 的比值规定为 $l=10d$ 或 $l=5d$;矩形截面标准试件则规定标距 l 与横截面面积 A 的关系为 $l=11.3\sqrt{A}$ 或 $l=5.65\sqrt{A}$。

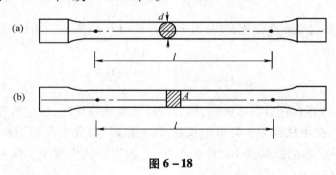

图 6－18

（2）试验设备

目前,拉伸或压缩试验主要使用的设备为电子万能试验机（图 6－19）,该试验机广泛用于金属和非金属材料的拉、压、弯剪等力学性能试验;配以种类繁多的附具,还可用于型材和构件的力学性能试验。在试件变形大,试验速度快的绳、带、丝、橡胶、塑料等材料试验领域,同样具有非常广泛的应用前景。它可以自动完成试验过程、判断破型,自动记录保存试验数据,同时记录力—时间、变形—时间、位移—时间试验曲线,可随时切换观察,任意放大或缩小,水平或垂直移动,高效的试验数据管理功能能按多种方式实现试验数据的快速查询、加载与删除;试验结束系统自动分析、统计试验结果,分析方式可由用户自行设定;灵活的报表编辑功能,为用户提供了面向图形排版的专用报表编辑工具,简单易学,能方便的打印试验曲线及相关图片、文字。

（3）低碳钢试件的应力—应变曲线及其力学性能

一般万能试验机上备有自动绘图设备，可以绘出试件在试验过程中工作段的伸长和荷载的定量关系曲线。此曲线通常以横坐标代表试件工作段的伸长量 Δl，而以纵坐标代表万能试验机上的荷载（即试件的抗力）F，习惯上称其为试件的**拉伸图**。

图 6-20 所示为低碳钢试件的拉伸图，它描述了荷载与变形间的关系。若将拉伸图的纵坐标即荷载 F 除以试件横截面的原面积 A，将其横坐标即伸长量 Δl 除以试件工作段的原长 l，这样得到的曲线即与试件的尺寸无关，代表了材料的力学性能，称为**应力—应变曲线**或 σ—ε **曲线**。

图 6-21 所示 σ—ε 曲线是根据图 6-20 而得的，其纵坐标实质上是名义应力，并不是横截面上的实际应力；横坐标实质上也是名义应变，也不能代表试件的实际应变。

图 6-19

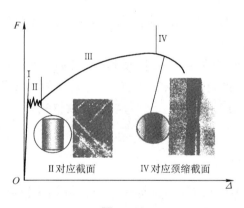

图 6-20

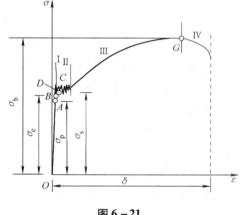

图 6-21

下面对低碳钢拉伸试验所得到的 σ—ε 曲线（图 6-21）进行研究，大致可分为以下四个阶段。

第 I 阶段——弹性阶段　试件的变形完全是弹性的，全部卸除荷载后，试件将恢复其原长，因此称这一阶段为弹性阶段。

在弹性阶段内，A 点是应力与应变成正比即符合胡克定律的最高限，与之对应的应力则称为材料的**比例极限**，用 σ_p 表示。弹性阶段的最高点 B 是卸载后不发生塑性变形的极限，而与之对应的应力则称为材料的**弹性极限**，并以 σ_e 表示。由于这两个极限应力在数值上相差不大，通常在工程实际并不区分材料的这两个极限应力，而统称弹性极限。

第 II 阶段——屈服阶段　超过弹性极限以后，应力 σ 有幅度不大的波动，应变急剧地增加，这一现象通常称为**屈服**或**流动**，这一阶段则称为屈服阶段或流动阶段。在此阶段，试件表面上将可看到大约与试件轴线成 45° 方向的条纹,它们是由于材料沿试件的最大切应力面发生滑移而出现的,故通常称为**滑移线**。

在屈服阶段内,其最高点 C 的应力称为上屈服极限,而最低点 D 的应力则称为下屈服极限(图 6－21),上屈服极限的数值不稳定,而下屈服极限则较为稳定。因此,通常将下屈服极限称为材料的**屈服极限**或**流动极限**,并以 σ_s 表示。

第Ⅲ阶段——强化阶段 应力经过屈服阶段后,由于材料在塑性变形过程中不断发生强化,使试件主要产生塑性变形,且比在弹性阶段内变形大得多,可以较明显地看到整个试件的横向尺寸在缩小。因此,这一阶段称为强化阶段。σ—ε 曲线中的 G 点是该阶段的最高点,即试件中的名义应力达到了最大值,G 点的名义应力称为材料的**强度极限**,以 σ_b 表示。

第Ⅳ段——局部变形阶段 当应力达到强度极限后,试件某一段内的横截面面积将显著地收缩,出现如图 6－20 所示的"**颈缩**"现象。颈缩出现后,使试件继续变形所需的拉力减小,应力—应变曲线将随之下降,最后导致试件在颈缩处断裂。

对低碳钢来讲,屈服极限 σ_s 和强度极限 σ_b 是衡量材料强度的两个重要指标。

为了衡量材料塑性性质的好坏,通常以试样断裂后标距的残余伸长量 Δl_1(即塑性伸长)与标距 l 的比值 δ(百分数形式)来表示:

$$\delta = \frac{\Delta l_1}{l} \times 100\%$$

δ 称为**伸长率**,低碳钢的 $\delta = 20\% \sim 30\%$。此值的大小表示材料在拉断前所能发生最大塑性变形的程度,它是衡量材料塑性的一个重要指标。

不同的材料,伸长率是不一样的。伸长率大,表明塑性性质好;伸长率小,表明塑性性质差。钢材、铜、铝等伸长率较大,故塑性性质好,称为塑性材料;铸铁、混凝土、砖石等伸长率很小,称为脆性材料。工程上,一般将 $\delta < 5\%$ 的材料定为脆性材料,$\delta \geqslant 5\%$ 定为塑性材料。

另一个衡量塑性性质好坏的指标:

$$\psi = \frac{A - A_1}{A} \times 100\%$$

式中:A_1 是拉断后颈缩处的截面面积;A 是变形前标距范围内的截面面积;ψ 称为**断面收缩率**,低碳钢的 $\psi = 60\% \sim 70\%$。

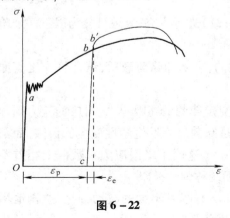

图 6－22

在强化阶段中停止加载,并逐渐卸除荷载,则可看到在这一过程中试件的应力—应变之间遵循着直线关系,此直线 bc 与弹性阶段内的直线 Oa(图 6－22)近乎平行。由此可见,在强化阶段中,试件的应变包括了弹性应变 ε_e 和塑性应变 ε_p 两部分(图 6－22)。在卸载过程中,弹性变形逐渐消失,只留下塑性变形。

如果卸载后立即重新加载,则应力—应变基本上仍遵循卸载时的同一直线关系,一直到开始卸载时的应力为止,然后则大体上遵循原来的应力—应变曲线关系。此时,其屈服极限得到提高,但其塑性变形将减小,这一现象通常称为材料的**冷作硬化**。在工程上常利用冷作硬化来提高钢筋和铜缆绳等构件在线弹性范围内所能承受的最大荷载。

若试件拉伸至强化阶段后卸载,经过一段时间后再重新加载,则其屈服极限将进一步提高,强度极限也将提高,伸长率将降低,如图 6 – 22 中实线 cb' 所示。这种现象称为材料的**冷拉时效**。冷作时效使材料的强度提高、塑性降低。

2. 其他几种材料在拉伸时的力学性能

锰钢以及另外一些高强度低合金钢等材料与低碳钢在 $\sigma—\varepsilon$ 曲线上相似,它们与低碳钢相比,屈服极限和强度极限都显著提高,而屈服阶段稍短且伸长率略低。

对于其他金属材料,$\sigma—\varepsilon$ 曲线并不都像低碳钢那样具备四个阶段。有些材料例如铝合金和退火球墨铸铁没有屈服阶段,而其他三个阶段却很明显;另外一些材料例如锰钢则仅有弹性阶段和强化阶段,而没有屈服阶段和局部变形阶段。这些材料的共同特点是伸长率 δ 均较大,属于塑性材料。

对于没有明显屈服阶段的塑性材料,国家标准规定,取塑性应变为 0.2% 时所对应的应力值作为**名义屈服极限**,以 $\sigma_{p0.2}$ 表示(图 6 – 23)。

图 6 – 24 所示是脆性材料灰口铸铁在拉伸时的 $\sigma—\varepsilon$ 曲线。这是一条微弯曲线,即应力与应变不成正比。实用中以割线(图中虚线)代替曲线,这样可将 σ 与 ε 的关系表示成胡克定律的形式,并以此来确定弹性模量。一般来说,脆性材料在受拉过程中没有屈服阶段,也不会发生颈缩现象。其断裂时的应力即为拉伸强度极限,它是衡量脆性材料拉伸强度的唯一指标。

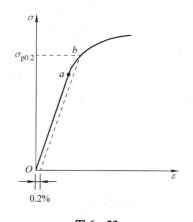

图 6 – 23

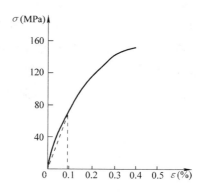

图 6 – 24

3. 复合材料的拉伸力学性能

随着科学技术的发展,复合材料得到广泛应用。复合材料具有强度高、刚度大与密度小的特点。由增强纤维(碳纤维、玻璃纤维等)与基体材料(树脂、陶瓷等)制成的复合材料是一种常用复合材料。图 6 – 25 所示为某种碳/环氧复合材料沿纤维方向与垂直纤维方向的拉伸应力—应变曲线。

4. 金属材料压缩时的力学性质

材料受压时的力学性能由压缩试验测定。考虑到细长试件压缩时容易失稳,因此用金属材料作压缩试验时,试件一般做成短圆柱形,长度为直径的 1.5~3 倍。

低碳钢 把低碳钢压缩试件放到试验机中,施加轴向压力,记录下荷载及相应的变形值,可得到压缩时的 $\sigma—\varepsilon$ 曲线。图 6–26 为低碳钢压缩时的 $\sigma—\varepsilon$ 曲线。图中虚线为拉伸时的 $\sigma—\varepsilon$ 曲线。试验表明,其弹性模量、弹性极限及屈服极限等值与拉伸时基本相同,在这段范围内,压缩的 $\sigma—\varepsilon$ 曲线与拉伸的 $\sigma—\varepsilon$ 曲线基本重合。但过了屈服阶段后,试件在压缩时名义应力的增大率随着 ε 的增加而越来越大。因为到了强化阶段,试件的横截面面积逐渐增大,而计算名义应力时仍采用试件的原来面积。此外,由于试件的横截面面积越压越大,试件不可能产生断裂,所以低碳钢试件的压缩强度极限无法测定。

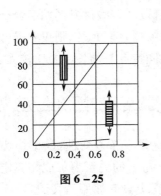

图 6–25

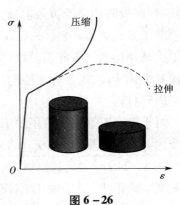

图 6–26

多数金属都有类似上述的性质,所以塑性材料压缩时,在屈服阶段以前的力学参数,如弹性极限、屈服极限及弹性模量等,都可用拉伸时的参数值来代替。但也有一些金属例如铬钼硅合金钢,在拉伸和压缩时的屈服极限并不相同,所以对这种材料就需要做压缩试验,以确定其压缩屈服极限。某种铜合金如铝青铜合金,其伸长率为 13%~14%,但在压缩时也能压断。

铸铁 图 6–27 为典型脆性材料——铸铁压缩时的 $\sigma—\varepsilon$ 曲线。为了比较,图 6–27 中还给出了拉伸时的 $\sigma—\varepsilon$ 曲线(虚线)。由图可见,脆性材料压缩时的力学性质与拉伸时有较大区别,主要是它们的压缩强度极限要比拉伸强度极限高得多。

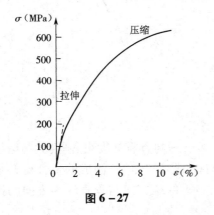

图 6–27

图 6–28

由图 6–27 铸铁压缩时的 $\sigma—\varepsilon$ 曲线可以看出:①没有明显的直线阶段,所以 $\sigma—\varepsilon$ 关系也只是近似地符合胡克定律;②压坏时塑性变形及强度极限比拉断时要大得多,如拉断时的

σ_b 约为 200 MPa,而压坏时的 σ_{bc} = 600 MPa,铸铁试件压坏时,其破坏面的方向与试件轴线成 35°~40°,如图 6-28 所示。

5. 几种非金属材料的力学性质

混凝土 混凝土是由水泥、石子和沙加水搅拌均匀经水化作用而成的人造材料。由于石子粒径较构件尺寸要小得多,故可看作匀质、各向同性材料。由图 6-29(a)混凝土压缩时的 $\sigma-\varepsilon$ 曲线可知,混凝土的压缩强度极限要比拉伸强度极限大十倍左右。混凝土试件通常做成正立方体,两端由压板传递压力,压坏时有两种现象:一种是压板与试块端面间不加润滑剂,由于摩擦力大,压坏时是靠近中间剥落而形成两个锥截体(图 6-29(b));另一种是压板与试块端面间加润滑剂以减少摩擦力,压坏时是沿纵向开裂(图 6-29(c))。

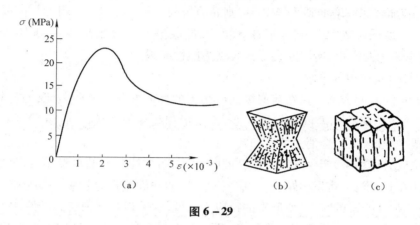

(a)　　　　　　(b)　　　　(c)

图 6-29

由于有些脆性材料压缩强度极限比拉伸强度极限高得多,且价格较钢材低得多,所以工程中长期受压的构件往往采用脆性材料,如机床的机座、桥墩、建筑物的基础等,主要采用混凝土。

木材 木材的力学性能随应力方向与木纹方向间倾角的不同而有很大的差异,即木材属各向异性材料。由于木材的组织结构对于平行于木纹(顺纹)和垂直于木纹(横纹)的方向基本上具有对称性,其力学性能也具有对称性。图 6-30 所示为木材的几项试验结果。由图可见,顺纹压缩的强度要比横纹压缩的高,顺纹拉伸的强度要比横纹拉伸的高得多。至于与木纹成斜向压缩的强度性质,则介于顺纹与横纹之间,其变化规律可参阅木结构设计规范。表示木材强度性质的指标是比例极限、弹性模量及强度极限。其中,前两项是近似值,因为木材的 $\sigma-\varepsilon$ 曲线没有明显的直线阶段。此外,拉伸时的弹性模量与压缩时的弹性模量不同。

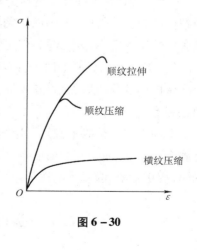

图 6-30

6. 影响材料力学性质的因素

上述力学性质都是在常温、静载(加载速度缓慢)下取得的结果。试验表明,试验条件改变将会影响材料的力学性质,这些因素主要有以下四个。

(1)温度

一般钢材的力学性质随温度改变而变化,其中 σ_p、σ_s 及 E 均随温度升高而逐渐降低。但 δ 和 ψ 值在 $200 \sim 280$ ℃ 以前随温度的升高而降低,在 $200 \sim 280$ ℃ 以后则随温度的升高而增高。

此外,钢材在低温时,其强度指标如 σ_p、σ_s 等将提高,但 δ 值将降低,钢材塑性性质将降低,即钢材变脆。所以,在严寒地区的冬季,易发生脆性断裂。

(2)变形速率

试验表明,变形速率的快慢对材料的力学性质有影响,用钢材做静力试验时,加载速率约为 10 MPa/s,若加载速率增加到 85 MPa/s,则屈服极限将增加约 20%,但伸长率要降低,即塑性性质降低。在冲击荷载作用下,变形速率更大,屈服极限可增加 50% ~ 100%,但由于时间太短,塑性变形来不及产生,所以断裂形式表现为脆性断裂。

(3)荷载长时间作用的影响

上面所提到的温度影响是指在荷载短期作用下的性质变化。试验表明,当材料在荷载长时间作用下时,虽然荷载和温度都保持不变,但变形却缓慢地继续进行,这种现象称为**蠕变**。蠕变变形为塑性变形,是不会消失的。

杆件在拉应力作用下,产生弹性变形。此时,若限制弹性变形的总量不变,例如将杆件两端固定,随着时间的增长,将发生蠕变,而蠕变所产生的塑性变形将顶替一部分原有的弹性变形。这样,由于弹性变形的减少,使原有的拉应力降低,这种现象称为**应力松弛**,或简称**松弛**。

作为实例,在预应力钢筋混凝土构件中,预应力钢筋在长期应力作用下将发生蠕变变形。同时,其预应力将发生松弛,所以应考虑这种因素。

(4)应力性质的影响

试验表明,在不同性质的应力作用下,材料的力学性质表现不同。例如塑性材料低碳钢在受到拉压交变应力(气缸内的钢制活塞杆在气体压力推动下作往复运动时,活塞杆受到周期性变化的拉压应力作用,即为交变应力的例子)作用时,其强度极限将降到在静载试验时屈服极限的 70% 左右,且断裂时塑性变形很小,属脆性断裂。又如将铸铁试件放在周围介质的高压下做拉伸试验(这时试件在不同方向受到大小不同的拉应力和压应力的作用),试件将发生塑性变形。

上面仅非常简略地叙述了影响材料力学性质的不同因素,但足以说明材料的力学性质不是固定不变的,而是随所处的条件不同而改变。通常所说的代表力学性质的一些数据,若未加说明,均指常温、静载下的数据。

6.7　强度计算、许用应力和安全因数

前面已介绍了杆件在拉伸或压缩时最大应力的计算,判断杆件是否会因强度不足而发生破坏,需要考虑材料的强度,即需要与材料在荷载作用下所表现出的力学性质联系起来。现在来讨论杆件的强度计算。

1. 极限应力

材料丧失正常工作能力时的应力,称为**极限应力**,以 σ_u 表示。对于塑性材料,当应力达到屈服极限 σ_s 时,将发生较大的塑性变形,此时虽未发生破坏,但因变形过大将影响构件的正常工作,引起构件失效,所以把 σ_s 定为极限应力,即 $\sigma_u = \sigma_s$。对于脆性材料,因塑性变形很小,断裂就是破坏的标志,故以强度极限作为极限应力,即 $\sigma_u = \sigma_b$。

2. 安全因数及许用应力

为了保证构件有足够的强度,它在荷载作用下所引起的应力(称为**工作应力**)的最大值应低于极限应力,在设计计算时的一些近似因素,如荷载值的确定是近似的;计算简图不能精确地符合实际构件的工作情况;实际材料的均匀性不能完全符合计算时所作的理想均匀假设;公式和理论都是在一定的假设下建立起来的,所以有一定的近似性;结构在使用过程中偶尔会遇到超载的情况,即受到的荷载超过设计时所规定的标准荷载等诸多因素的影响,都会造成偏于不安全的后果。所以,为了安全起见,应把极限应力打一折扣,即除以一个大于 1 的系数,以 n 表示,称为**安全因数**,所得结果称为**许用应力**,以 $[\sigma]$ 表示,即

$$[\sigma] = \frac{\sigma_u}{n} \tag{6-12}$$

对于塑性材料有

$$[\sigma] = \frac{\sigma_s}{n_s} \tag{6-13}$$

对于脆性材料有

$$[\sigma] = \frac{\sigma_b}{n_b} \tag{6-14}$$

式中:n_s 和 n_b 分别为塑性材料和脆性材料的安全因数。

安全因数的选取直接影响许用应力的大小,也就影响使用材料的数量。安全因数取得过大必然造成材料的浪费,取得过小则可能发生事故。因此,安全因数的确定并不单纯是个力学问题,这里面同时还包括了工程上的考虑以及复杂的经济问题,通常由国家指定的专门机构制定。常用材料的许用应力值见表 6-2。

表 6-2　常用材料的许用应力值

材料名称	牌号	许用应力/MPa	
		轴向拉伸	轴向压缩
低碳钢	Q235	170	170
低合金钢	16Mn	230	230
灰口铸铁		34~54	160~200
混凝土	C20	0.44	7
混凝土	C30	0.6	10.3
木材(顺纹)		6.4	10

3. 强度条件

为了确保拉(压)杆件不致因强度不足而破坏,其强度条件为

$$\sigma_{max} \leqslant [\sigma] \tag{6-15}$$

即杆件的最大工作应力不许超过材料的许用应力。

对于等截面直杆,拉伸(压缩)时的强度条件可改写为

$$\frac{F_{Nmax}}{A} \leq [\sigma] \tag{6-16}$$

根据上述强度条件,可以解决下列三种强度计算问题。

①强度校核。已知荷载、杆件尺寸及材料的许用应力,根据式(6-15)检验杆件能否满足强度条件。

②截面选择。已知荷载及材料的许用应力,按强度条件选择杆件的横截面面积或尺寸,即确定杆件所需的最小横截面面积。此时式(6-16)可改写为

$$A \geq \frac{F_{Nmax}}{[\sigma]} \tag{6-17}$$

③确定许用荷载。已知杆件的横截面面积及材料的许用应力,确定许用荷载。先由式(6-16)确定最大轴力,即

$$F_{Nmax} \leq [\sigma]A \tag{6-18}$$

然后再求许用荷载。

强度计算过程中如果最大应力略大于许用应力,而超出部分小于许用应力的5%,仍认为满足强度条件。

例题6-7 图6-31(a)所示为一三铰屋架的计算简图,屋架的上弦杆 AC 和 BC 承受竖向均布荷载 q 作用,q = 4.5 kN/m;下弦杆 AB 为圆截面钢拉杆,材料为 Q235 钢,其长 l = 8.5 m,直径 d = 16 mm,屋架高度 h = 1.5 m,Q235 钢的许用应力[σ] = 170 MPa。试校核拉杆的强度。

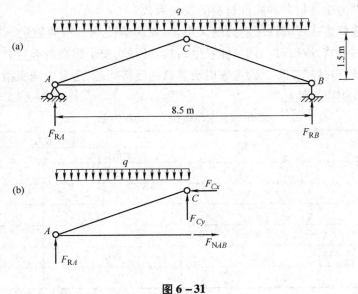

图6-31

解 (1)求支反力。由屋架整体的平衡条件可得

$$\sum M_A = 0, \quad F_{RB}l - \frac{1}{2}ql^2 = 0$$

故
$$F_{RB} = \frac{1}{2}ql = 0.5 \times 4.5 \times 8.5 = 19.125 \times 10^3 \text{ N} = 19.125 \text{ kN}$$

根据结构对称有
$$F_{RA} = F_{RB} = 19.125 \text{ kN}$$

(2)求拉杆的轴力 F_{NAB}。用截面法,取半个屋架为脱离体(图6-31(b)),由平衡方程

$$\sum M_C = 0, \quad F_{NAB}h + \frac{1}{2}q(\frac{l}{2})^2 - F_{RA}\frac{l}{2} = 0$$

故
$$F_{NAB} = (-0.5 \times 4.5 \times 4.25^2 + 19.125 \times 4.25)/1.5 = 27.1 \text{ kN}$$

(3)求拉杆横截面上的工作应力。

$$\sigma = \frac{F_{NAB}}{A} = \frac{27.1 \times 10^3}{\frac{\pi}{4}(16 \times 10^{-3})^2} = 134.85 \times 10^6 \text{ Pa} = 134.85 \text{ MPa}$$

(4)强度校核:

$$\sigma = 134.85 \text{ MPa} < [\sigma]$$

满足强度条件,故拉杆是安全的。

例题 6-8 图6-32(a)所示为一钢屋架的计算简图,采用材料均为Q235钢,尺寸及荷载如图所示。已知 $F = 16$ kN,钢的许用应力 $[\sigma] = 170$ MPa。试选择拉杆 DI 的直径 d。

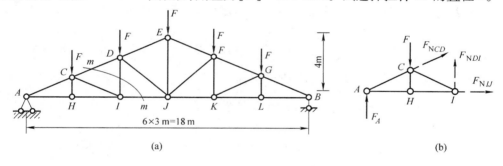

(a)　　　　　　　　　　(b)

图 6-32

解 (1)求拉杆 DI 的轴力 F_N。由截面法,取 m—m 截面截取桁架 ACI 部分(图6-32 (b)),由其平衡条件可得

$$\sum M_A = 0, \quad F_{NDI} \times 6 - F \times 3 = 0$$

故
$$F_{NDI} = \frac{F}{2} = 8 \text{ kN}$$

为了满足强度条件,拉杆 DI 所必需的横截面面积

$$A \geqslant \frac{F_{NDI}}{[\sigma]} = \frac{8 \times 10^3}{170 \times 10^6} = 0.471 \times 10^{-4} \text{ m}^2$$

则该杆的直径

$$d \geqslant \sqrt{\frac{4A}{\pi}} = \sqrt{\frac{4}{\pi} \times 0.471 \times 10^{-4}} = 0.77 \times 10^{-2} \text{ m} = 7.7 \text{ mm}$$

由于用作钢拉杆的圆钢的最小直径为 10 mm，故取 $d = 10$ mm。

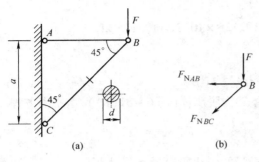

例题 6 - 9 图 6 - 33(a)所示三角架中，AB 杆为空心圆截面，其外径 $D_{AB} = 40$ mm，内径 $d_{AB} = 0.8 D_{AB}$；BC 杆为圆截面，其直径 $d_{BC} = 30$ mm，材料均为 Q235 钢。已知 $a = 1$ m，材料的许用应力 $[\sigma] = 170$ MPa，试求此三角架所能承受的最大许用荷载 $[F]$。

图 6 - 33

解 （1）截取节点 B 为脱离体（图 6 - 33(b)），求出两杆内力与 F 的关系：

$$\sum F_x = 0, \quad F_{NAB} + F_{NBC} \cos 45° = 0$$

$$\sum F_y = 0, \quad F + F_{NBC} \sin 45° = 0$$

联立解出

$$F_{NAB} = F$$

$$F_{NBC} = -\sqrt{2} F$$

（2）分别由强度条件求出两杆的许用轴力。

对于 AB 杆，轴力为拉力，则许用轴力

$$[F_{NAB}] = [\sigma] A_{AB} = 170 \times 10^6 \times \frac{\pi}{4}(D_{AB}^2 - d_{AB}^2)$$

$$= 170 \times 10^6 \times \frac{\pi}{4} \times (1 - 0.8^2) \times 40^2 \times 10^{-6} = 76\,867.2 \text{ N} = 76.87 \text{ kN}$$

对于 BC 杆，轴力为压力，取绝对值，则许用轴力

$$[F_{NBC}] = [\sigma] A_{BC} = 170 \times 10^6 \times \frac{\pi}{4} d_{BC}^2$$

$$= 170 \times 10^6 \times \frac{\pi}{4} \times 30^2 \times 10^{-6} = 120\,105 \text{ N} = 120.1 \text{ kN}$$

（3）确定许用荷载。根据 AB 杆的许用轴力确定的许用荷载

$$[F]_1 = [F_{NAB}] = 76.87 \text{ kN}$$

根据 BC 杆的许用轴力确定的许用荷载

$$[F]_2 = \frac{[F_{NBC}]}{\sqrt{2}} = 84.92 \text{ kN}$$

从上述两杆的对应的许用荷载选取最小的即为结构的许用荷载，即

$$[F] = 76.87 \text{ kN}$$

6.8　拉伸与压缩的超静定问题

在以上所介绍的杆或杆系问题中，支反力或轴力都能通过静力学的平衡方程求解。这类问题属于静定问题。在工程实际中，也会遇到另一种情况。例如，若计算图 6 - 34(a)所示两

端固定杆,在杆的中部受轴向力的作用,欲求此杆两端的反力 F_{RA} 和 F_{RB},仅用平衡条件就无法解决。因为反力 F_{RA}、F_{RB} 和 F 是共线力系(图 6-34(b)),所以只能有一个独立平衡方程,显然仅由静力学平衡方程不可能求出全部的未知反力。这类不能单凭静力学平衡方程求解的问题,称为**超静定问题**。

在超静定问题中,都存在多于维持平衡所必需的支座或杆件,习惯上称其为"**多余**"约束(这里所谓"多余",是指对维持结构的平衡而言是多余的,但对增强结构的强度和刚度是有用的)。由于多余约束的存在,未知力的数目必然多于能够建立的独立平衡方程的数目。未知力的个数超过独立平衡方程数的数目,称为**超静定的次数**。与多余约束相对应的支反力或内力,习惯上称为**多余未知力**。因此,超静定的次数就等于多余约束或多余未知力的数目。

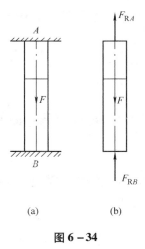

图 6-34

为求解超静定问题,除了平衡方程之外,必须补充与超静定次数相同个数的有效方程,称为**补充方程**。将补充方程与平衡方程联立求解,即可求得全部未知力。

由于有多余约束的存在,杆件(或结构)的变形受到了附加限制,这为求解超静定问题建立补充方程提供了条件。下面以图 6-35(a)所示的两端固定杆为例,说明求解超静定问题的方法。求解超静定问题,必须从静力、几何、物理三方面进行。

①静力方面。杆的受力图如图 6-35(b)所示。其平衡方程为

$$F_{RA} + F_{RB} - F = 0 \tag{6-19}$$

由上式不能求解出两个反力,此结构为一次超静定结构。

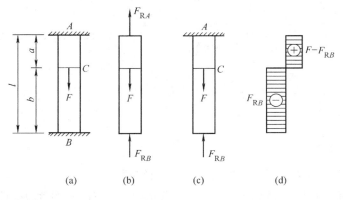

图 6-35

②几何方面。由于是一次超静定,所以有一个多余约束,去掉固定端 B(也可去掉上固定端 A)用多余力 F_{RB} 来代替此约束对杆 AB 的作用,则可看作静定杆受已知力 F 和未知力 F_{RB} 作用,并引起变形,如图 6-35(c)所示。AB 杆的伸长 Δl_{AB} 就等于 B 端的位移,而 B 端的位移 Δ_B =0,即有

$$\Delta_B = \Delta l_{AC} + \Delta l_{CB} = 0 \tag{a}$$

称为变形协调方程。

③物理方面。首先作杆轴力图,如图 6 – 35(d)所示。根据胡克定律,则有

$$\left.\begin{array}{l} \Delta l_{AC} = \dfrac{F - F_{RB}}{EA}a \\[3mm] \Delta l_{CB} = \dfrac{-F_{RB}}{EA}b \end{array}\right\} \qquad (b)$$

式(b)称为**物理方程**。将式(b)代入式(a),得

$$\dfrac{F - F_{RB}}{EA}a + \dfrac{-F_{RB}}{EA}b = 0$$

即为**补充方程**,它表达了多余未知力与已知力——荷载 F 之间的关系,并由此方程求解出多余力,即

$$F_{RB} = \dfrac{Fa}{l}$$

最后,由平衡方程(6 – 19)解出

$$F_{RA} = \dfrac{Fb}{l}$$

将 F_{RB} 代入轴力图中,便可得到 AC 段和 CB 段的轴力。

例题 6 – 10 图 6 – 36(a)所示结构由刚性杆 AB 及两弹性钢制空心管 EC 及 FD 组成,在 B 端受力 F 作用。两弹性杆由相同的材料组成,且长度相等,横截面面积均为 A,弹性模量为 E。试求出两弹性杆的轴力。

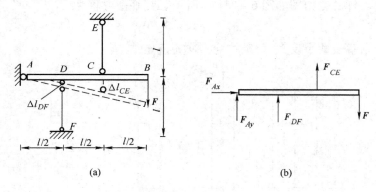

(a)   （b)

图 6 – 36

解 该结构为一次超静定,需要建立一个补充方程。

(1)静力方面。取脱离体如图 6 – 36(b)所示,F_{DF} 为 DF 杆的轴力,且以实际方向压力给出;F_{CE} 是 CE 杆的轴力,为拉力。建立有效的平衡方程为

$$\sum M_A = 0, \; F_{DF}\dfrac{l}{2} + F_{CE}l - F\dfrac{3}{2}l = 0 \qquad (a)$$

(2)几何方面。刚性杆 AB 在 F 作用下变形如图 6 – 36(a)所示,CE 杆的伸长 Δl_{CE} 与 DE 杆的缩短 Δl_{DF} 的几何关系为

$$\Delta l_{DF} = \dfrac{1}{2}\Delta l_{CE} \qquad (b)$$

这里,DF 杆的变形为缩短,取其绝对值。

（3）物理方面。根据胡克定律,有

$$\Delta l_{DF} = \frac{F_{DF}}{EA}, \Delta l_{CE} = \frac{F_{CE}}{EA}$$

将其代入式（b）,得

$$F_{DF} = \frac{1}{2} F_{CE}$$

此式为补充方程。与平衡方程（a）联立求解,即得

$$F_{DF} = \frac{3}{5} F, F_{DE} = \frac{6}{5} F$$

此时,CE 杆轴力为拉力,DF 杆轴力为压力。

例题 6－11　图 6－37（a）所示为三杆组成的结构,在节点 A 受力 F 作用。设杆①和②的刚度同为 $E_1 A_1$,杆③的刚度为 $E_3 A_3$。试求三杆的内力。

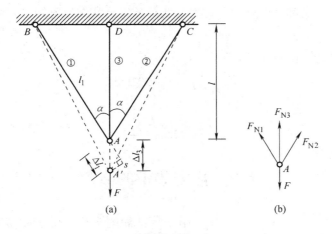

图 6－37

解　分析此结构的受力情况可知,共有三个未知轴力,这三个轴力与力 F 共同组成平面汇交力系,只有两个平衡方程,所以是一次超静定,需找一个补充方程。为此,从下列三方面着手。

（1）静力方面。截取节点 A 为脱离体,设三杆轴力分别为 F_{N1}、F_{N2} 和 F_{N3},如图 6－37（b）所示。建立平衡方程

$$\left. \begin{aligned} \sum F_x = 0, F_{N1} - F_{N2} = 0 \\ \sum F_y = 0, F_{N3} + 2F_{N1} \cos \alpha - F = 0 \end{aligned} \right\} \tag{a}$$

（2）几何方面。结构受力 F 后,三杆均将产生伸长,于是节点 A 将移动到 A'（图 6－37（a）中虚线）。根据结构的对称性,杆①和②的伸长相等,即 $\Delta l_1 = \Delta l_2$;而位移 AA' 即等于杆③的伸长 Δl_3。由于变形是很小的,所以可以由点 A' 作 BA 的垂线,与 BA 的延线交于 s 点,线段 sA 即为杆①的伸长 Δl_1,也等于杆②的伸长 Δl_2。由图可知,Δl_1 与 Δl_3 之间有下列几何关系:

$$\Delta l_1 = \Delta l_3 \cos \alpha \tag{b}$$

即为变形协调方程。

（3）物理方面。由胡克定律，有

$$\Delta l_1 = \frac{F_{N1} l_1}{E_1 A_1} = \frac{F_{N1} l}{E_1 A_1 \cos \alpha}, \Delta l_3 = \frac{F_{N3} l}{E_3 A_3}$$

此式即为物理方程。

将上式代入式（b），得

$$\frac{F_{N1} l}{E_1 A_1 \cos \alpha} = \frac{F_{N3} l}{E_3 A_3} \cos \alpha$$

此式即为补充方程。与平衡方程（a）联立求解，得

$$F_{N1} = F_{N2} = \frac{F E_1 A_1 \cos^2 \alpha}{2 E_1 A_1 \cos^3 \alpha + E_3 A_3}$$

$$F_{N3} = \frac{F E_3 A_3}{2 E_1 A_1 \cos^3 \alpha + E_3 A_3}$$

结果为正，说明所设杆①和②的轴力为拉力与实际相符。从结果可知，杆件的轴力与其刚度成正比。

作为特例，若三杆刚度均相同，则

$$F_{N1} = F_{N2} = \frac{F \cos^2 \alpha}{2 \cos^3 \alpha + 1}$$

$$F_{N3} = \frac{F}{2 \cos^3 \alpha + 1}$$

6.9 应力集中的概念

6.3 节中的应力计算公式（6-2）只适用于等截面的直杆。对于横截面平缓地变化的拉（压）杆，按等截面直杆的应力计算公式进行计算，在工程计算中一般是允许的。但在工程实际中，由于结构或工艺上的要求，经常会碰到一些截面有骤然改变的杆件，例如具有螺栓孔的钢板、带有螺纹的拉杆等。在杆件的截面突然变化处，将出现局部的应力骤增现象。如图6-38所示，具有小圆孔的均匀拉伸板，在通过圆心的横截面上的应力分布就不再是均匀的，在孔的附近处应力骤然增加，而离孔稍远处应力就迅速下降并趋于均匀。这种由杆件截面骤然变化（或几何外形局部不规则）而引起的局部应力骤增现象，称为**应力集中**。

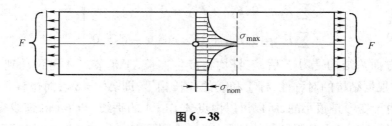

图 6-38

在杆件外形局部不规则处的最大局部应力 σ_{max} 必须借助于弹性理论、计算力学或试验应

力分析的方法求得。在工程实际中,应力集中的程度用最大局部应力 σ_{max} 与该截面上的名义应力 σ_{nom}(轴向拉压时即为截面上的平均应力)的比值来表示,即

$$K_{t\sigma} = \frac{\sigma_{max}}{\sigma_{nom}} \tag{6-20}$$

$K_{t\sigma}$ 称为理论应力集中因数,其下标 σ 表示是正应力。

值得注意的是,应力集中并不是单纯由横截面面积的减小所引起的,杆件外形的骤然变化也是造成应力集中的主要原因。一般来说,杆件外形的骤变越是剧烈(即相邻截面的刚度差越大),应力集中的程度就越是严重。同时,应力集中是一种局部的应力骤增现象,如图 6-38 中具有小圆孔的均匀受拉平板,在孔边处的最大应力约为平均应力的 3 倍。而且,应力集中处不仅最大应力急剧增长,其应力状态也与无应力集中时不同。

由塑性材料制成的杆件受静荷载作用时,由于一般塑性材料存在屈服阶段,当局部的最大应力达到材料的屈服极限时,若继续增加荷载,则其应力不增加,应变可继续增大,而所增加的荷载将由其余部分的材料来承受,直至整个截面上各点处的应力都达到屈服极限时,杆件才因屈服而丧失正常的工作能力。因此,由塑性材料制成的杆件,在静荷载作用下通常可不考虑应力集中的影响。对于由脆性材料或塑性差的材料(例如高强度钢)制成的杆件,在静荷载作用下,局部的最大应力可能引起材料的开裂,因而应按局部的最大应力来进行强度计算。但是,脆性材料中的铸铁由于其内部组织很不均匀,本身就存在气孔、杂质等引起应力集中的因素,因此外形骤变引起的应力集中的影响反而很不明显,可以不考虑应力集中的影响。但在动荷载作用下,则不论是塑性材料还是脆性材料制成的杆件,都应考虑应力集中的影响。

6.10* 薄壁容器的应力计算

在工程实际中,常常使用承受内压的薄壁容器,如气瓶、锅炉等,当壁厚 t 与容器内径 D 之比小于或等于 1/20 时,可以认为轴向与径向应力均沿壁厚均匀分布,即可按本节所述近似方法计算。

可以看出:作用在两端筒底的压力(图 6-39(a)),在圆筒横截面上引起轴向正应力 σ_x(图 6-39(c));而作用在筒壁的压力(图 6-39(b)),则在圆筒径向纵截面上引起周向正应力 σ_t(图 6-39(d))。

① 求横截面上的应力——轴向正应力 σ_x。

假想用平面 n—n 将容器沿横向截开,取右部为脱离体,如图 6-39(c)所示,则作用在两端筒底的总压力为 $p\pi D^2/4$,横截面上的轴力为 F_{Nx},由平衡条件 $\sum F_x = 0$,得

$$F_{Nx} - p\pi D^2/4 = 0$$

由此得

$$F_{Nx} = \frac{p\pi D^2}{4} \tag{6-21}$$

应力

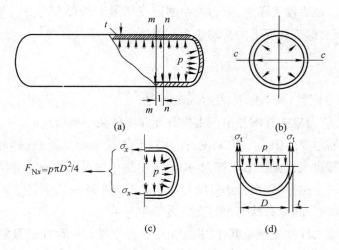

图 6 – 39

$$\sigma_x = \frac{F_{Nx}}{\pi D t} = \frac{pD}{4t} \tag{6-22}$$

②求纵截面上的应力——周向正应力 σ_t。

假想用两个平行平面沿 $m—m$ 和 $n—n$ 横向截取长为(一个)单位的一段来考虑,如图 6 – 39(a)、(b)所示,该段受压强为 p 的气体压力作用。再用一直径平面 $c—c$ 一截为二,取上半部为脱离体,如图 6 – 39(d)所示。由图可见,作用在保留部分上的总压力为 pD,它与径向纵截面上的内力 $2F_{Nt} = 2\sigma_t t$ 所平衡,即

$$2\sigma_t t - pD = 0$$

由此得

$$\sigma_t = \frac{pD}{2t} \tag{6-23}$$

此式表明,薄壁容器的圆筒部分,其纵截面上的应力较横截面上的应力大一倍。所以,圆筒发生强度破坏时,将沿纵向发生裂缝。

例题 6 – 12 图 6 – 40 所示为一圆柱形压力容器,圆筒内径 $D = 600$ mm,钢板厚度 $t = 10$ mm,内压 $p = 2$ MPa。试求压力容器轴向与周向的正应力。

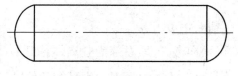

图 6 – 40

解 压力容器的壁厚与内径的比值为

$$\frac{t}{D} = \frac{10}{600} = \frac{1}{60} < \frac{1}{20}$$

因此,可按薄壁圆筒公式计算应力。

由式(6 – 22)与式(6 – 23),得压力容器的轴向与周向正应力分别为

$$\sigma_x = \frac{pd}{4t} = \frac{2 \times 10^6 \times 600 \times 10^{-3}}{4 \times 10 \times 10^{-3}} = 3.0 \times 10^7 \text{ Pa} = 30 \text{ MPa}$$

$$\sigma_t = \frac{pd}{2t} = \frac{2 \times 10^6 \times 600 \times 10^{-3}}{2 \times 10 \times 10^{-3}} = 6.0 \times 10^7 \text{ Pa} = 60 \text{ MPa}$$

思 考 题

6-1 两根直杆的长度和横截面面积均相同,两端所受的力也相同,其中一根为钢杆,另一根为木杆。试问:

（1）两杆的内力是否相同;

（2）两杆的应力是否相同,强度是否相同;

（3）两杆的应变、伸长、刚度是否相同。

6-2 三根等直杆,长度和横截面面积均相同,由①、②、③三种不同材料制成,其拉伸时的σ—ε曲线如图所示。试问:

（1）哪根杆的强度最高;

（2）哪根杆的刚度最大;

（3）哪根杆的塑性最好。

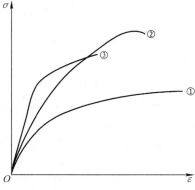

思考题 6-2

6-3 两根等直杆 AB 和 CD 均受自重作用,两杆的材料和长度均相同,横截面面积分别为 A 和 2A。试问:

（1）两杆的最大轴力是否相等;

（2）两杆的最大应力是否相等;

（3）两杆的最大应变是否相等。

6-4 在轴向拉压变形中,产生最多切应力斜截面上的正应力是否为零?

6-5 伸长率δ和断裂时的Δl有何不同?

6-6 试问在低碳钢试件的拉伸图上,试件被拉断时的应力为什么反而比强度极限低?

6-7 材料的许用应力与极限应力是否相同?脆性材料极限应力与塑性材料极限应力是否相同?

本章习题和习题答案请扫二维码。

第7章 剪 切

7.1 剪切的概念及工程实例

1. 剪切的概念

剪切变形是杆件的基本变形之一。如图7-1(a)所示,当杆件受到一对垂直于杆轴、大小相等、方向相反、作用线相距很近的力 F 作用时,力 F 作用线之间的各横截面都将发生相对错动,即剪切变形。若力 F 过大,杆件将在力 F 作用线之间的某一截面 m—m 处被剪断,截面 m—m 称为**剪切面**。如图7-1(b)所示,截面 b—b 相对于截面 a—a 发生错动。

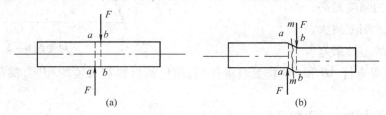

图7-1

2. 工程实例

工程中以剪切变形为主的构件很多,如在构件之间起连接作用的铆钉(图7-2)、螺栓、销钉(图7-3)、焊缝(图7-4)、键块(图7-5)等都称为连接件。在结构中,它们的体积虽然都比较小,但对保证整个结构的安全却起着重要作用。

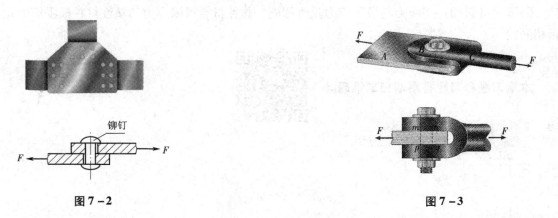

图7-2   图7-3

根据试验及理论分析,在外力作用下,螺栓、铆钉、键块等连接件在发生剪切变形的同时往往伴随着其他变形,在它们内部所引起的应力,不论其性质、分布规律及大小等都很复杂。因

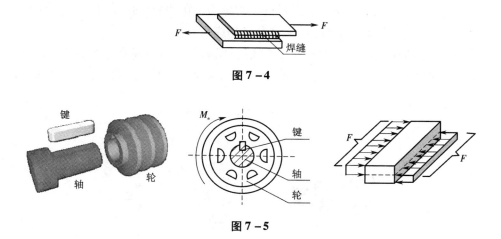

图 7－4

图 7－5

此,工程中为了便于计算,在试验的基础上,往往对它们作一些近似的假设,并采用实用计算的方法。

7.2　剪切的实用计算

如图7－6(a)所示,用铆钉连接两块钢板,当钢板受到轴力 F 的作用时,铆钉受到与轴线垂直、大小相等、方向相反、彼此相距很近的两组力的作用(图7－6(b))。在这两组力的作用下,铆钉在 m—m 截面处发生剪切变形(图7－6(c)),m—m 截面为**剪切面**。

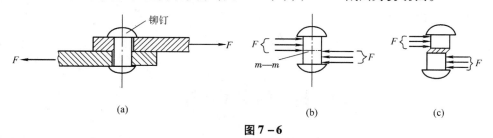

(a)　　　　　　　　　(b)　　　　　　　　　(c)

图 7－6

用截面法可以计算铆钉在剪切面上的内力。如图7－7(a)所示,假想铆钉沿 m—m 面切断,取下部为脱离体来研究。设剪切面 m—m 上的内力为 F_S,根据静力平衡条件得

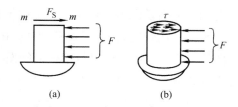

(a)　　　　(b)

图 7－7

$$F_S = F$$

作用在剪切面上平行于截面的内力 F_S 称为**剪力**,其与 F 大小相等、方向相反。

在剪切面上切应力的分布是比较复杂的,对于可能发生剪切破坏的构件,在工程中采用实用计算的方法计算其剪切强度,假定剪切面上切应力是均匀分布的(图7－7(b)),即

$$\tau = \frac{F_S}{A_S} \tag{7-1}$$

式中:F_S 为剪切面上的剪力;A_S 为剪切面面积。切应力 τ 的方向与剪力 F_S 一致,实质上就是截面上的平均切应力,称为**计算切应力**(又称名义切应力)。

必须指出,以上所述是对搭接方式连接的实用计算,每个铆钉只有一个剪切面,称为单剪。如果采用对接方式连接(图 7-8),则每个铆钉有两个剪切面,称为双剪,每个剪切面上的剪力为

$$F_S = \frac{F}{2} \tag{a}$$

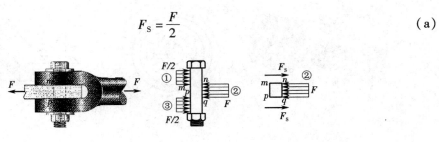

图 7-8

要判断构件是否会发生破坏,还需要建立剪切强度条件。材料的极限切应力 τ_b 是按计算切应力公式,根据图 7-8 双剪试验所得破坏荷载而得来的:

$$\tau_b = \frac{F_{断}}{2A_S} \tag{b}$$

选择适当的安全因数 n,得许用切应力

$$[\tau] = \frac{\tau_b}{n} \tag{c}$$

于是,剪切强度条件为

$$\tau = \frac{F_S}{A_S} \leqslant [\tau] \tag{7-2}$$

7.3 挤压的实用计算

连接件在发生剪切变形的同时,还伴随着局部受压现象,这种现象称为**挤压**。作用在承压面上的压力称为**挤压力**。在承压面上由于挤压作用而引起的应力称为**挤压应力**。挤压应力的实际分布情况比较复杂,在工程实际计算中,采用实用计算的方法。

图 7-9(a)所示的铆钉与钢板之间发生挤压,接触面为半圆柱面,实际挤压应力在此接触面是不均匀分布的,其分布规律比较复杂,如图 7-9 (b)所示。在挤压的实用计算中,假设**计算挤压应力**在**计算挤压面**上均匀分布,计算挤压面为承压面在垂直于挤压力方向的平面上的投影。计算挤压应力的公式为

$$\sigma_{bs} = \frac{F_{bs}}{A_{bs}} \tag{7-3}$$

式中:F_{bs} 为接触面上的挤压力;A_{bs} 为计算挤压面的面积。

计算挤压应力与实际挤压应力的最大值是接近的。

当接触面是半圆柱面时,取直径平面面积为挤压面积,如图 7-9(c)所示。

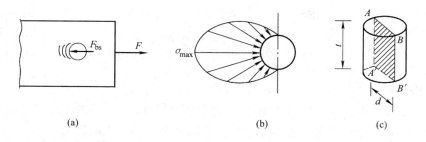

图 7 - 9

为了确定连接件的许用挤压应力,可以通过连接件的破坏试验测定挤压极限荷载,然后按照计算挤压应力的实用计算公式可以算出挤压极限应力,再除以适当的安全因数就可以得到连接件的许用挤压应力。于是建立挤压强度条件如下:

$$\sigma_{bs} = \frac{F_{bs}}{A_{bs}} \leqslant [\sigma_{bs}] \qquad (7-4)$$

式中:$[\sigma_{bs}]$ 为许用挤压应力。

试验表明,许用挤压应力 $[\sigma_{bs}]$ 比许用应力 $[\sigma]$ 要大,对于钢材,可取 $[\sigma_{bs}]$ 为 $[\sigma]$ 的 1.7 ~ 2.0 倍。

下面以图 7 - 10 及图 7 - 11 所示的铆钉连接两块钢板为例,讨论用铆钉连接的拉压构件的强度计算。铆钉连接的破坏有下列三种形式:①铆钉沿其剪切面被剪断;②铆钉与钢板之间的挤压破坏;③钢板沿被削弱的横截面被拉断。为了保证铆钉连接的正常工作,就必须避免上述三种破坏的发生,根据强度条件分别对以下三种情况作实用强度计算。

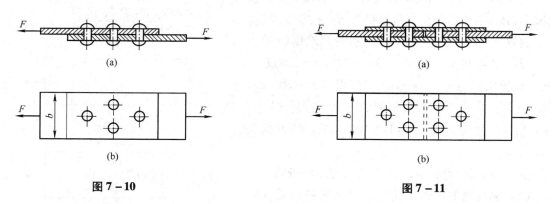

图 7 - 10   图 7 - 11

1. 铆钉的剪切实用计算

以图 7 - 10 为例,设铆钉个数为 n,铆钉直径为 d,接头所受的拉力为 F,采用前面铆钉的剪切实用计算方法,假定铆钉只受剪切作用,切应力沿剪切面均匀分布,并且每个铆钉所受的剪力相等,即所有铆钉平均分担接头所承受的拉力 F。

每个铆钉剪切面上的剪力

$$F_S = \frac{F}{n}$$

根据剪切的实用计算式(7 - 1),得强度条件为

$$\tau = \frac{F_S}{A_S} = \frac{\dfrac{F}{n}}{\dfrac{\pi d^2}{4}} = \frac{4F}{n\pi d^2} \leqslant [\tau] \qquad (7-5)$$

式中:$[\tau]$为铆钉的许用切应力;A_S为剪切面面积。

以上所述是对搭接方式连接的实用计算,每个铆钉只有一个剪切面。如果采用对接方式连接(图7-11),则每个铆钉有两个剪切面(图7-12),每个剪切面上的剪力

$$F_S = \frac{F}{2n}$$

其他计算与以上类似。

2. 铆钉与钢板孔壁之间的挤压实用计算

以图7-10为例,采用前面铆钉与钢板孔壁之间的挤压实用计算方法,假设挤压应力在计算挤压面上是均匀分布的。

根据挤压应力的实用计算式(7-3),得挤压抗拉强度条件为

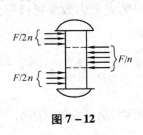

图7-12

$$\sigma_{bs} = \frac{F_{bs}}{A_{bs}} = \frac{F}{ndt} \leqslant [\sigma_{bs}] \qquad (7-6)$$

对于搭接方式连接的情况(图7-11),应分别校核中间钢板及上下钢板与铆钉之间的挤压强度。

3. 钢板的抗拉强度校核

由于铆钉孔的存在,钢板在开孔处的横截面面积有所减小,必须对钢板被削弱的截面进行抗拉强度校核。

例题7-1 图7-13(a)所示为两块钢板搭接连接而成的铆接接头。钢板宽度 $b = 200$ mm,厚度 $t = 8$ mm。设接头拉力 $F = 200$ kN,铆钉直径 $d = 20$ mm,许用切应力$[\tau] = 160$ MPa,钢板许用拉应力$[\sigma] = 170$ MPa,挤压许用应力$[\sigma_{bs}] = 340$ MPa。试校核此接头的强度。

解 为保证接头强度,需作出三方面的校核。

(1)铆钉的剪切强度校核。每个铆钉所受到的力等于$F/4$。根据剪切强度条件式(7-2),得

$$\tau = \frac{F_S}{A_S} = \frac{F/4}{\pi d^2/4} = \frac{200 \times 10^3/4}{\pi \times (20 \times 10^{-3})^2/4}$$

$$= 159.15 \times 10^6 \text{Pa} = 159.15 \text{ MPa} < [\tau]$$

满足剪切强度条件。

(2)铆钉的挤压强度校核。上、下侧钢板与每个铆钉之间的挤压力均为 $F_{bs} = F/4$,由于上、下侧钢板厚度相同,所以只校核下侧钢板与每个铆钉之间的挤压强度。根据挤压强度条件式(7-4),得

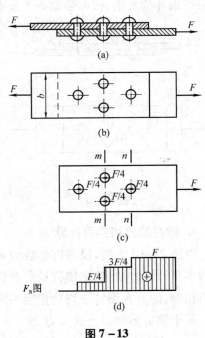

图7-13

$$\sigma_{bs} = \frac{F_{bs}}{A_{bs}} = \frac{F/4}{dt} = \frac{200 \times 10^3}{20 \times 10^{-3} \times 8 \times 10^{-3} \times 4}$$

$$= 312.5 \times 10^6 \text{ Pa} = 312.5 \text{ MPa} < [\sigma_{bs}]$$

满足挤压强度条件。

（3）钢板的抗拉强度校核。由于上、下侧钢板厚度相同,故验算下侧钢块即可,画出它的受力图及轴力图(图7-13(c)、(d))。

对于截面 $m—m$：

$$A = (b - md)t = (0.2 - 2 \times 0.02) \times 0.008 = 12.8 \times 10^{-4} \text{ m}^2$$

$$\sigma = \frac{F_N}{A} = \frac{200 \times 10^3 \times 3/4}{12.8 \times 10^{-4}} = 117.2 \times 10^6 \text{ Pa} = 117.2 \text{ MPa} < [\sigma]$$

满足抗拉强度条件。

对于截面 $n—n$：

$$A = (0.2 - 1 \times 0.02) \times 0.008 = 14.4 \times 10^{-4} \text{ m}^2$$

$$\sigma = \frac{F_N}{A} = \frac{200 \times 10^3}{14.4 \times 10^{-4}} = 138.9 \times 10^6 \text{ Pa} = 138.9 \text{ MPa} < [\sigma]$$

满足抗拉强度条件。

综上所述,该接头是安全的。

例题 7-2 图7-14(a)、(b)所示为受拉力 $F = 150$ kN 作用的对接接头,其中主板宽度 $b = 170$ mm,厚度 $t_1 = 10$ mm,上、下盖板的厚度 $t_2 = 6$ mm。已知材料的许用拉应力 $[\sigma] = 160$ MPa,许用切应力 $[\tau] = 100$ MPa,许用挤压应力 $[\sigma_{bs}] = 300$ MPa。试确定铆钉的直径。

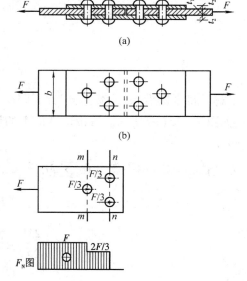

图 7-14

解 对接口一侧有3个铆钉,则每个铆钉受力如图7-12所示。

（1）由剪切强度条件,有

$$\tau = \frac{F_S}{A_S} = \frac{F/2n}{\pi d^2/4} \leqslant [\tau]$$

得

$$d \geqslant \sqrt{\frac{2F}{n\pi[\tau]}} = \sqrt{\frac{2 \times 150 \times 10^3}{3 \times \pi \times 100 \times 10^6}}$$

$$= 17.8 \times 10^{-3} \text{ m} = 17.8 \text{ mm}$$

（2）校核挤压强度：

$$\sigma_{bs} = \frac{F_{bs}}{A_{bs}} = \frac{F/n}{dt_1} = \frac{150 \times 10^3/3}{17.8 \times 10^{-3} \times 10 \times 10^{-3}} = 280 \times 10^6 \text{ Pa} = 280 \text{ MPa} < [\sigma_{bs}]$$

选择铆钉的直径为 18 mm。

（3）钢板的抗拉强度校核。两块盖板的厚度之和大于主板的厚度,故只校核主板的抗拉强度即可。主板的受力和轴力图如图7-14(c)所示。

对于截面 m—m：

$$A = (b - md)t_1 = (0.17 - 1 \times 0.018) \times 0.01 = 15.2 \times 10^{-4} \ \mathrm{m}^2$$

$$\sigma = \frac{F_N}{A} = \frac{150 \times 10^3}{15.2 \times 10^{-4}} = 98.7 \times 10^6 \ \mathrm{Pa} = 98.7 \ \mathrm{MPa} < [\sigma]$$

对于截面 n—n：

$$A = (0.17 - 2 \times 0.018) \times 0.01 = 13.4 \times 10^{-4} \ \mathrm{m}^2$$

$$\sigma = \frac{F_N}{A} = \frac{150 \times 10^3 \times 2/3}{13.4 \times 10^{-4}} = 74.6 \times 10^6 \ \mathrm{Pa} = 74.6 \ \mathrm{MPa} < [\sigma]$$

钢板满足抗拉强度条件。

最终选择铆钉直径为 18 mm。

例题 7-3 图 7-15(a)所示齿轮用平键与轴连接。已知轴的直径 $d = 70$ mm，键的尺寸为 $b \times h \times l = 20$ mm $\times 12$ mm $\times 100$ mm，传递的扭转力偶矩 $M_e = 2$ kN·m，键的许用切应力 $[\tau] = 60$ MPa，许用挤压应力 $[\sigma_{bs}] = 150$ MPa。试校核键的剪切强度。

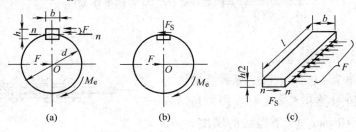

图 7-15

解 将平键沿 n—n 截面分为两部分，并把 n—n 截面以下的部分和轴作为一个整体来考虑，如图 7-15(b)所示。假设该截面上的切应力是均匀分布的，该截面上剪切面积

$$A_S = bl$$

剪力对轴心取矩，由平衡方程 $\sum M_O = 0$，得

$$F_S \frac{d}{2} = M_e$$

$$F_S = \frac{2M_e}{d} = \frac{2 \times 2 \times 10^3}{70 \times 10^{-3}} = 57.1 \ \mathrm{kN}$$

故

$$\tau = \frac{F_S}{A_S} = \frac{F_S}{bl} = \frac{57.1 \times 10^3}{0.02 \times 0.1} = 28.6 \times 10^6 \ \mathrm{Pa} = 28.6 \ \mathrm{MPa} < [\tau]$$

满足剪切强度条件。

挤压力 $F_{bs} = F_S$，挤压面积 $A_{bs} = \dfrac{hl}{2}$，由挤压强度条件

$$\sigma_{bs} = \frac{F_{bs}}{A_{bs}} = \frac{2F_S}{hl} = \frac{2 \times 57.1 \times 10^3}{0.012 \times 0.1} = 95.2 \ \mathrm{MPa} < [\sigma_{bs}]$$

满足挤压强度条件,因此键是安全的。

<h2 style="text-align:center">思 考 题</h2>

7-1 挤压面积和承压面积之间有何关系?

7-2 挤压变形是否只在发生剪切变形时才出现?举例说明。

7-3 剪切和挤压应力计算式得到的是名义应力,不是真实应力,为什么能用名义应力建立强度条件?

7-4 木接头如图所示,$a = b = 12$ cm,$h = 35$ cm,$c = 4.5$ cm,$F = 40$ kN。指出图中哪一个面是剪切面,哪一个面是挤压面,并求接头的切应力和挤压应力。

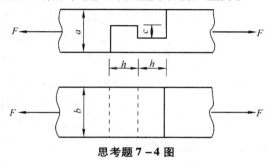

思考题 7-4 图

7-5 如图所示,螺栓受拉力 F 作用,材料的许用切应力为 $[\tau]$,许用拉应力为 $[\sigma]$,已知 $[\tau] = 0.7[\sigma]$,试确定螺栓头高度 h 的合理比例。

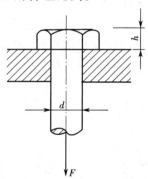

思考题 7-5 图

本章习题和习题答案请扫二维码。

第8章 扭 转

8.1 扭转的概念及实例

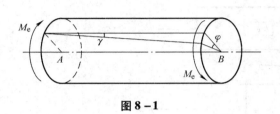

图8-1

扭转变形是杆件的基本变形形式之一。扭转变形的基本特征是杆件在两端垂直于轴线的平面内作用一对大小相等且方向相反的力偶,使其横截面产生相对转动(图8-1)。圆杆表面的纵向线变成了螺旋线,螺旋线的切线与原纵向线的夹角 γ 称为**剪切角**。截面 B 相对于截面 A 转动的角度 φ 称为**相对扭转角**。

在工程中,发生扭转变形的杆件很多。例如图8-2(a)所示汽车转向轴 AB,其 A 端受到汽车方向盘的力偶作用,B 端受到与方向盘转向相反的力偶作用,使转向轴产生扭转变形。又如机器中的传动轴(图8-2(b))、钻杆(图8-2(c))、搅拌机的主轴等都是以扭转为主要变形的构件。而在工程中单纯受扭转的构件并不多,通常还伴有弯曲变形,如雨篷梁(图8-2(d))、房屋的圆弧梁等。雨篷板的荷载引起梁的扭转,而梁上墙体的荷载及雨篷板传递的荷载会引起梁的弯曲。对这类弯曲和扭转同时存在的构件将在组合变形中作研究。

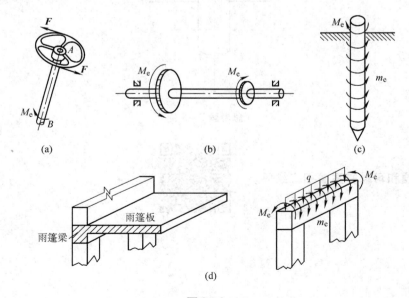

(a)   (b)   (c)

(d)

图8-2

本章着重讨论扭转变形中等直圆杆受扭时的强度和刚度计算,它是扭转中的最基本问题。对于非圆截面杆的扭转只作简单介绍。

8.2 外力偶矩、扭矩、扭矩图

1. 功率、转速和外力偶矩的关系

在工程实际中,作用在机器传动轴上的外力偶矩往往不是直接给出的,而是给出轴所传递的功率和轴的转速,需要将其换算为力偶矩。

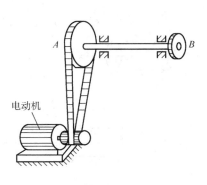

如图 8-3 所示带轮传动轴,电动机带动轮 A 转动,轮 A 通过轴 AB 带动轮 B 转动。电动机的功率为 P(kW),传动轴的转速为 n(r/min)。当电动机运转时,轮 A 和轮 B 处受力偶作用,其力偶矩为 M_e。在单位时间内力偶所做的功 W 应等于电动机做的功 W'。

图 8-3

轴转动 1 min 力偶所做的功为

$$W = 2\pi n M_e$$

电动机每分钟所做的功为

$$W' = 60 \times 1\,000 P$$

由 W = W' 得

$$M_e = \frac{60\,000 P}{2\pi n} = 9\,550\,\frac{P}{n} \tag{8-1}$$

式中:n 为转速(r/min);P 为功率(kW);M_e 为外力偶矩(N·m)。

2. 扭矩和扭矩图

当杆件受到外力偶作用发生扭转变形时,在杆件的横截面上会产生内力。如图 8-4(a)所示圆轴受到一对外力偶 M_e 的作用而产生了扭转变形,求任一横截面 n—n 上的内力,可以采用截面法。设想将杆件沿 n—n 截面截成两段,并取左段为脱离体,如图 8-4(b)所示。那么 n—n 截面上必有一内力偶作用。由静力平衡方程 $\sum M_x = 0$,得

$$T = M_e$$

该内力偶矩称为扭矩,用 T 表示,单位是 N·m 或 kN·m。通常对扭矩的正负号作如下规定:采用右手螺旋法则,若以右手的四指表示扭矩的转向,则拇指指向与截面外法线方向一致时,扭矩为正,反之为负;或者扭矩矢量与截面外法线方向一致为正(图 8-5)。图 8-5(a)、(c)所示扭矩均为正。

以杆的端点为坐标原点,沿杆件轴的坐标轴为 x 轴,即基线,取扭矩 T 为纵坐标轴,以基线上方为正,基线下方为负。

如图 8-4(d)所示,注意作扭矩图时基线上的位置应与原图中各个截面一一对正,扭矩图中应标出单位、⊕和⊖、扭矩的大小,并注意比例关系。在集中力偶作用处扭矩图上相应位置有突变,突变的大小等于力偶矩的大小。

当杆件上作用多个外力偶时,应分段用截面法计算各截面上的扭矩,并绘制扭矩图。绘制方法与轴力图的做法类似。

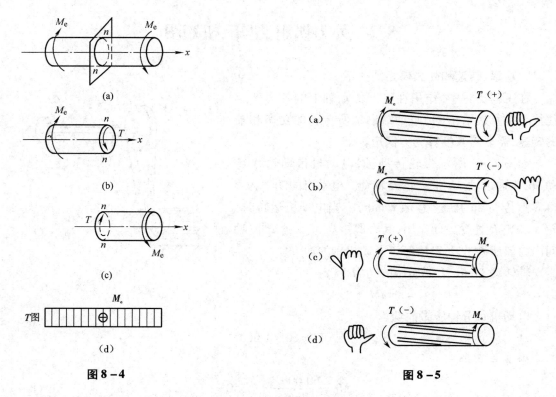

图 8-4

图 8-5

例题 8-1 图 8-6(a)所示 AD 杆,同时受到外力偶矩 M_{e1}、M_{e2}、M_{e3} 和 M_{e4} 的作用,$M_{e1}=4$ kN·m,$M_{e2}=2$ kN·m,$M_{e3}=9$ kN·m,$M_{e4}=3$ kN·m。试用截面法求出图示圆轴各段内的扭矩,并作出扭矩图。

解 (1)AB 段:在截面 Ⅰ—Ⅰ 处将轴截开,取左段为脱离体(图 8-6(b)),列平衡方程得

$$\sum M_x = 0, \quad T_1 - M_{e1} = 0$$

故

$$T_1 = M_{e1} = 4 \text{ kN·m}$$

(2)BC 段:在截面 Ⅱ—Ⅱ 处将轴截开,取左段为脱离体(图 8-6(c)),列平衡方程得

$$\sum M_x = 0, \quad T_2 - M_{e1} - M_{e2} = 0$$

故

$$T_2 = M_{e1} + M_{e2} = 6 \text{ kN·m}$$

(3)CD 段:在截面 Ⅲ—Ⅲ 处将轴截开,取左段为脱离体(图 8-6(d)),列平衡方程得

$$\sum M_x = 0, \quad T_3 - M_{e1} - M_{e2} + M_{e3} = 0$$

得

$$T_3 = M_{e1} + M_{e2} - M_{e3} = -M_{e4} = -3 \text{ kN·m}$$

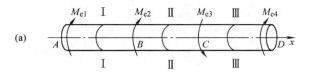

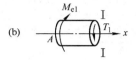

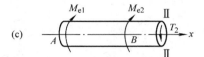

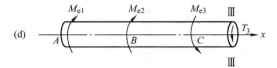

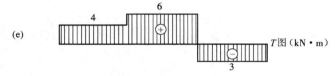

图 8 – 6

绘出扭矩图,如图 8 – 6(e)所示。由图可知,最大扭矩在 BC 段,其值为 6 kN·m。

例题 8 – 2 如图 8 – 7(a)所示的传动轴,主动轮输入的功率 $P_1 = 500$ kW,三个从动轮输出的功率分别为 $P_2 = P_3 = 150$ kW,$P_4 = 200$ kW,轴的转速 $n = 300$ r/min。试作出轴的扭矩图。

解 传动轴的计算简图如图 8 –7(b)所示,按式(8 –1)计算外力偶矩:

$$M_{e1} = 9\,550\,\frac{P}{n} = 9\,550 \times \frac{500}{300} = 1.592 \times 10^4 \text{ N} \cdot \text{m} = 15.92 \text{ kN} \cdot \text{m}$$

$$M_{e2} = M_{e3} = 9\,550 \times \frac{150}{300} = 4.775 \times 10^3 \text{ N} \cdot \text{m} = 4.775 \text{ kN} \cdot \text{m}$$

$$M_{e4} = 9\,550 \times \frac{200}{300} = 6.37 \times 10^3 \text{ N} \cdot \text{m} = 6.37 \text{ kN} \cdot \text{m}$$

再用截面法即可计算出各段的扭矩。

(1)AB 段:在截面 Ⅰ—Ⅰ 处将轴截开,取左段为脱离体(图 8 –7(c)),列平衡方程得

$$\sum M_x = 0, \quad T_1 + M_{e4} = 0$$

故

$$T_1 = -M_{e4} = -6.37 \text{ kN} \cdot \text{m}$$

(2)BC 段:在截面 Ⅱ—Ⅱ 处将轴截开,取左段为脱离体(图 8 –7(d)),列平衡方程得

$$\sum M_x = 0, \quad T_2 + M_{e4} - M_{e1} = 0$$

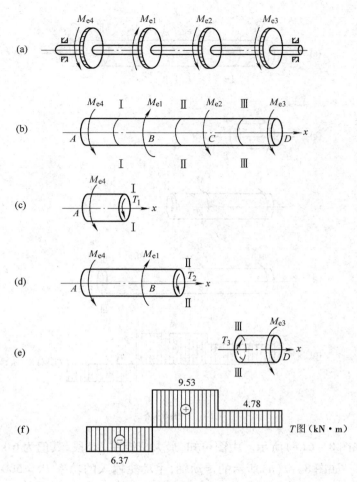

图 8 - 7

故

$$T_2 = -M_{e4} + M_{e1} = -6.37 + 15.92 = 9.55 \text{ kN} \cdot \text{m}$$

(3) CD 段：在截面Ⅲ—Ⅲ处将轴截开，取右段为脱离体（图 8 - 7(e)），列平衡方程得

$$\sum M_x = 0, \quad T_3 - M_{e3} = 0$$

故

$$T_3 = M_{e3} = 4.775 \text{ kN} \cdot \text{m}$$

其扭矩图如图 8 - 7(f)所示。由图可知，最大扭矩在 BC 段内，其值为 9.55 kN·m。

8.3 薄壁圆管扭转时横截面上的切应力

如图 8 - 8 所示，取一等截面薄壁圆管，其横截面平均半径为 R，壁厚为 t（图 8 - 9），为了便于观察其变形情况，在圆管表面画一系列与轴线平行的纵向线和一系列圆周线。然后在圆管两端垂直于轴线的平面内作用一对大小相等而方向相反的外力偶，则圆管发生扭转变形。

可以看到以下现象：

①所有纵向线均倾斜了相同的角度 γ,变为平行的螺旋线;

②所有的圆周线均绕杆轴线旋转了不同的角度,但仍保持为圆形,且在原来的平面内。

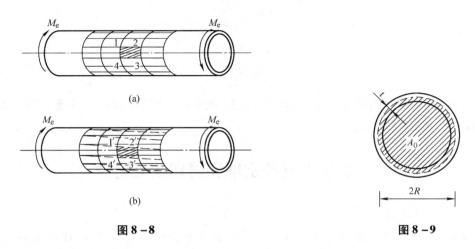

图 8 – 8   图 8 – 9

如果从靠近薄壁圆管的表面处取一正六面体如图 8 – 10 所示,单元体的左右面为薄壁圆管的横截面,假设该单元体的左横截面不动,那么右横截面 2673 沿圆周线切线方向错动,正六面体变为平行六面体,而两横截面的间距没有变化。从变形情况可以推断出：

①所有的横截面变形后仍保持为平面;

②横截面上只有切应力而没有正应力,切应力的方向垂直于半径。

下面来计算切应力。如图 8 – 11 所示圆管上用相距为 $\mathrm{d}x$ 的两横截面 m—m 和 n—n 截取出一段圆管。n—n 横截面上的切应力方向垂直于半径,因为薄壁圆管的厚度 t 与平均半径 R 相比很小,可以认为切应力沿壁厚是均匀分布的。在 n—n 截面上取微面积 $\mathrm{d}A = tR\mathrm{d}\alpha$,$\mathrm{d}A$ 上的内力 $\tau\mathrm{d}A$ 对截面形心的矩为 $R\tau\mathrm{d}A$,n—n 截面上每个微面积上的内力对截面形心矩的总和等于截面的扭矩。由此得出

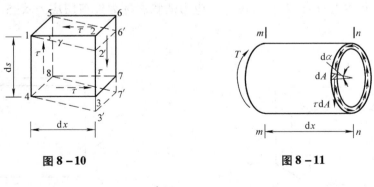

图 8 – 10   图 8 – 11

$$\int_A R\tau\mathrm{d}A = T$$

即

$$\int_0^{2\pi} \tau t R^2 \, d\alpha = T$$

积分得

$$\tau = \frac{T}{2tR^2\pi}$$

即

$$\tau = \frac{T}{2A_0 t} \tag{8-2}$$

式中：$A_0 = \pi R^2$ 为由圆环的平均半径 R 计算的面积(图 8-9 中阴影部分)，这就是薄壁圆环受扭转时横截面上切应力计算公式。

8.4 切应力互等定理和剪切胡克定律

1. 切应力互等定理

如图 8-12 所示，从薄壁圆管中截取一边长分别为 dx、dy、dz 的单元体，让单元体的左、右两侧面在圆筒的横截面上，上、下两侧面为径向截面，前、后两侧面为环向截面。

在左、右两侧面上只有切应力 τ，其方向与 y 轴平行，在前、后两侧面上无应力。根据平衡条件，左、右两侧面上内力 $\tau dy dz$ 大小相等、指向相反，形成一对力偶；上、下两侧面上内力 $\tau' dz dx$ 大小相等、指向相反，形成一对力偶，其力偶矩与左、右两侧面上的力偶矩平衡，其力偶矩为 $\tau dy dz dx$。列平衡方程得

$$\sum M_z = 0, \quad \tau dy dz dx - \tau' dz dx dy = 0$$

故

$$\tau = \tau' \tag{8-3}$$

上式表明，对一个单元体，在相互垂直的两个截面上，垂直于两平面交线作用的切应力必成对出现，且大小相等，方向都指向(或都背离)两平面的交线(图 8-13)，这个关系称为**切应力互等定理**。单元体上只有切应力，没有正应力的状态称为**纯剪切应力状态**，如图 8-13 所示。

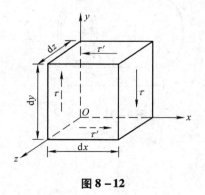

图 8-12

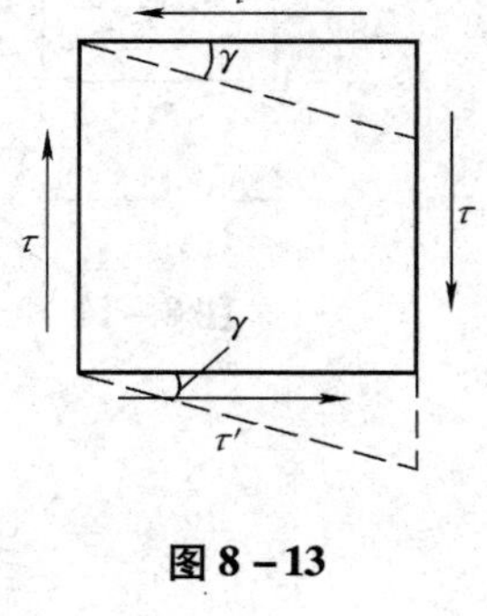

图 8-13

2. 剪切胡克定律

单元体在纯剪切应力状态下会发生剪切变形,即相互平行的面将发生相对错动,从而使原有的直角都改变了一个角度 γ,γ 称为"**切应变**"或"**角应变**"。

通过薄壁圆筒的扭转试验可以研究材料在纯剪切状态下切应力 τ 与切应变 γ 之间的关系。由薄壁圆筒受扭时横截面上的切应力计算公式可以计算出切应力 τ;由测量仪器可以测量出切应变 γ。不断增大薄壁圆筒两端的外力偶矩,就可以得到不同外力偶矩作用下的切应力 τ 与切应变 γ,绘制 τ 与 γ 的关系曲线,其形状与 σ—ε 曲线相似,如图 8 – 14 所示。图中 τ_p 和 τ_s 分别为剪切比例极限和屈服极限。

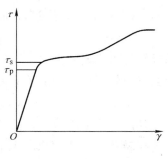

图 8 – 14

试验结果表明:在弹性范围内,切应力 τ 与切应变 γ 成正比,即

$$\tau = G\gamma \qquad (8 - 4)$$

式中:比例常数 G 称为材料的**切变模量**,其单位与拉压弹性模量相同,在国际单位制中为帕(Pa)。上式称为"**剪切胡克定律**"。

切变模量 G、拉压弹性模量 E 和泊松比 ν 都是表示材料弹性性质的常数,通过理论研究和试验证实,在弹性变形范围内,三者之间的关系为

$$G = \frac{E}{2(1 + \nu)} \qquad (8 - 5)$$

通过上式可以得出,对于各向同性材料,只要知道任意两个弹性常数,就可以求出另外一个。对于钢材,ν 取 0.24 ~ 0.3;对于混凝土,ν 取 0.16 ~ 0.18。

8.5　圆截面杆扭转时横截面上的应力

研究实心圆杆受扭时横截面上的应力,应首先对其进行扭转试验,通过试验观察提出变形假设,得到应变规律(即几何关系),利用应力应变关系(即物理关系),得到应力分布规律,再利用内力与应力关系(即静力学关系)得到单位长度扭转角的计算式,从而导出等直圆杆扭转时横截面上任一点处的切应力计算式。

如图 8 – 15(a)所示,取一实心圆截面杆,然后在圆管两端垂直于轴线的平面内作用一对大小相等而方向相反的外力偶,则圆管发生扭转变形(图 8 – 15(b))。可以观察到其试验现象与薄壁圆管扭转试验相同。

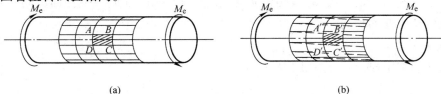

(a)　　　　　　　　　　　　　(b)

图 8 – 15

根据观察到的现象可以设想,每个横截面都绕杆轴转过一个角度,大小、形状、所在平面并没有改变。由此提出假设:

①平面假设——所有的横截面变形后仍保持为平面,且横截面上的半径仍保持直线状态;

②横截面上只有切应力而没有正应力,切应力的方向垂直于半径。

在上述假设的基础上,找出扭转变形的规律,然后运用胡克定律找到切应力分布规律,最后通过静力平衡条件可以得出切应力计算公式。下面从几何学、物理学、静力学三个方面来推导圆杆扭转时横截面上的应力。

1. 几何方面

从圆杆中截取长为 dx 的微段如图 8 – 16 所示,假想左截面固定不动,右截面相对于左截面的扭转角为 $d\varphi$。根据平面假设,右截面上的两半径 O_2B、O_2C 也转过了同一角度 $d\varphi$。由于这种转动,杆表面的纵向线 AB、CD 都转过了一个角度 γ。

从该微段中截取一楔形体如图 8 – 17 所示,圆杆表面的小矩形 $ABCD$ 变为小平行四边形 $AB'C'D$,小矩形的直角的变量为 γ,距圆心为 ρ 处的小矩形 $EFGH$ 也变为小平行四边形 $EF'G'H$,小矩形的直角的变量为 γ_ρ,即为横截面半径上任一点 E 处的切应变。由几何关系及小变形假设可知

$$\gamma_\rho = \tan \gamma_\rho = \frac{\overline{FF'}}{EF} = \frac{\rho d\varphi}{dx} = \rho\theta \qquad (a)$$

式中:θ 为单位长度的扭转角,且

$$\theta = \frac{d\varphi}{dx} \qquad (b)$$

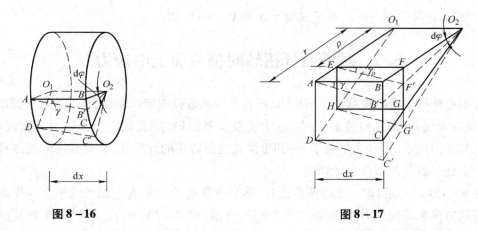

图 8 – 16　　　　　　　　　　　　　　　　　　**图 8 – 17**

同一横截面上的 θ 是常量。式(a)表明切应变 γ_ρ 与 ρ 成正比,在同一横截面上同一半径的圆周上各点处的切应变均相同。

2. 物理方面

根据剪切胡克定律,在弹性范围内,$\tau = G\gamma$,得

$$\tau_\rho = G\theta\rho \qquad (c)$$

因为 θ 对给定的横截面是常量,所以切应力的大小与 ρ 成正比,在同一半径 ρ 的圆周上各

点的切应力的值相等。切应力沿着半径呈线性分布,方向垂直于半径,如图 8 - 18 所示。

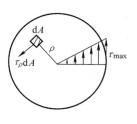

图 8 - 18

3. 静力学方面

从前面的分析中已得出横截面上切应力的变化规律表达式(c),但式中 θ 是个待定参数,要确定这个待定参数,必须从静力学方面分析。

在横截面上距圆心为 ρ 处的微面积 $\mathrm{d}A$ 上的内力为 $\tau_\rho \mathrm{d}A$,它对圆心的矩为 $\tau_\rho \mathrm{d}A \cdot \rho$,由于扭矩 T 是以切应力的形式分布在整个截面上,所以有

$$T = \int_A \tau_\rho \rho \mathrm{d}A \tag{d}$$

将式(c)代入式(d),得出

$$T = \int_A G\theta\rho^2 \mathrm{d}A = G\theta \int_A \rho^2 \mathrm{d}A = G\theta I_p \tag{e}$$

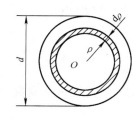

图 8 - 19

式中:$I_p = \int_A \rho^2 \mathrm{d}A$ 与横截面的几何特征有关,称为横截面的**极惯性矩**,单位为 m^4 或 mm^4。对于直径为 d 的实心圆截面(图 8 - 19),则

$$I_p = \int_A \rho^2 \mathrm{d}A = \int_0^{\frac{d}{2}} 2\pi\rho^3 \mathrm{d}\rho = \frac{\pi d^4}{32} \tag{f}$$

由式(e)可得出

$$\theta = \frac{T}{GI_p} \tag{8-6}$$

通过上式可以求出任一横截面上的单位长度的扭转角 θ。

将式(8 - 6)代入式(c)中,可得到等直圆杆在扭转时横截面上任一点处的切应力

$$\tau_\rho = \frac{T\rho}{I_p} \tag{8-7}$$

式中:T 是横截面上的扭矩;ρ 是所求应力点到圆心的距离;I_p 是极惯性矩。

当 ρ 等于横截面半径 r 时,即在横截面周边各点处,切应力达到最大值:

$$\tau_{max} = \frac{Tr}{I_p} \tag{g}$$

令

$$W_p = \frac{I_p}{r} \tag{h}$$

式中:W_p 为扭转截面系数,它也是与横截面的几何特征有关的量,单位为 m^3 或 mm^3。

对于实心圆截面,将式(f)代入式(h),得

$$W_p = \frac{\pi d^3}{16} \tag{i}$$

于是,式(g)变为

$$\tau_{max} = \frac{T}{W_p} = \frac{16T}{\pi d^3} \tag{8-8}$$

式(8-8)为圆截面杆扭转时横截面上的最大切应力计算公式。该公式仅适用于线弹性范围内的等直圆杆。从圆杆扭转时横截面上切应力的分布情况可知,靠近圆杆轴线处切应力非常小,说明这部分材料没有得到充分利用,所以工程中通常用外径较大的空心圆截面杆来代替实心圆截面杆,这样可以充分发挥材料的作用。

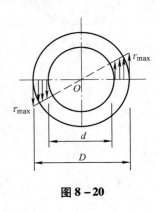

空心圆截面杆受扭时横截面上的切应力的计算公式同式(8-7)和式(8-8),式中 I_p 和 W_p 可按下式计算:

$$I_p = \frac{\pi}{32}(D^4 - d^4) = \frac{\pi D^4}{32}\left(1 - \frac{d^4}{D^4}\right) \qquad (j)$$

$$W_p = \frac{I_p}{\rho_{max}} = \frac{\frac{\pi}{32}(D^4 - d^4)}{\frac{D}{2}} = \frac{\pi D^3}{16}\left(1 - \frac{d^4}{D^4}\right) \qquad (k)$$

式中:D、d 分别为空心圆截面的外径和内径。

对于空心圆截面杆横截面上的切应力仍然呈线性分布,最大切应力发生在截面的外边缘上,如图8-20所示。

图8-20

8.6 斜截面上的应力

前面研究了受扭杆件横截面上的应力,要分析其破坏原因,这是不够的,还需要全面研究受扭杆件任意斜截面上的应力情况。

在受扭杆件中任一点处取一单元体如图8-21所示,让单元体的左、右两侧面在杆件的横截面上,上、下两侧面为径向截面,前、后两侧面为环向截面,那么该单元体处于纯剪切状态。研究与前后两平面垂直,且法线方向与 x 轴夹角为任意角 α 的斜截面 ab 上的应力,其平面图形如图8-22所示。取 abc 为脱离体,设斜截面上的正应力与切应力分别为 σ_α 与 τ_α,斜截面 ab 的面积为 dA,那么 ac 的面积 $dA_x = dA\cos\alpha$,cb 的面积 $dA_y = dA\sin\alpha$,如图8-23所示。由脱离体沿 n、t 方向的平衡条件 $\sum F_n = 0$ 和 $\sum F_t = 0$ 得

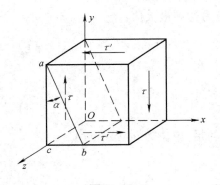

图8-21

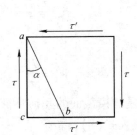

图8-22

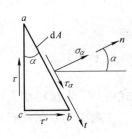

图8-23

$$\left.\begin{array}{l} \sum F_n = 0, \sigma_\alpha dA + \tau dA_x \sin\alpha + \tau' dA_y \cos\alpha = 0 \\ \sum F_t = 0, \tau_\alpha dA - \tau dA_x \cos\alpha + \tau' dA_y \sin\alpha = 0 \end{array}\right\} \qquad (a)$$

又根据切应力互等定理

$$\tau' = \tau \qquad\qquad (b)$$

整理得

$$\left.\begin{array}{l} \sigma_\alpha = -\tau\sin 2\alpha \\ \tau_\alpha = \tau\cos 2\alpha \end{array}\right\} \qquad (8-9)$$

此式即为斜截面上的应力公式。

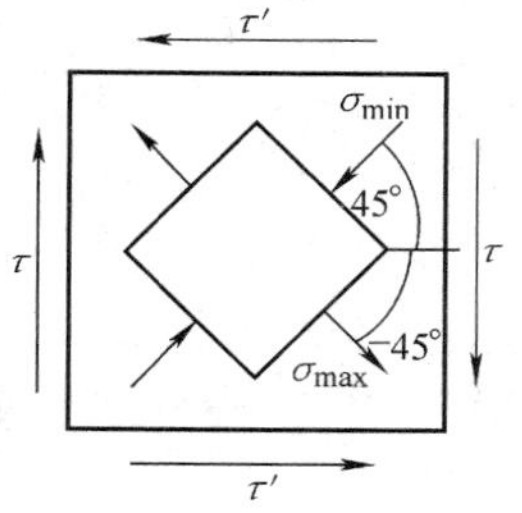

根据式(8-9),可以确定单元体上的最大正应力和最大切应力及其作用面的方位,如图 8-24 所示。在 $\alpha = \pm 45°$ 的斜截面上,切应力 $\tau_\alpha = 0$,正应力绝对值最大,即

$$\left.\begin{array}{l} \sigma_{-45°} = \sigma_{\max} = +\tau \\ \sigma_{45°} = \sigma_{\min} = -\tau \end{array}\right\} \qquad (c)$$

在 $\alpha = 0°,90°$ 的斜截面上,切应力绝对值最大,即

$$\left.\begin{array}{l} \tau_{0°} = \tau_{\max} = \tau \\ \tau_{90°} = \tau_{\min} = -\tau \end{array}\right\} \qquad (d)$$

图 8-24

上述分析结果可以通过观察圆杆扭转破坏现象得到证实。分别用低碳钢、铸铁、木材做成试件,放在扭转试验机上使其受扭,直至破坏,可以发现它们的破坏形式是不一样的。图 8-25(a)表示低碳钢试件的破坏情况。它沿横截面发生剪切破坏,这是由于低碳钢的抗剪强度低于抗拉、抗压强度,因而沿横截面发生剪断破坏。图 8-25(b)表示铸铁试件的破坏情况。它是沿大约 45°的斜截面而发生断裂破坏的,这是由于铸铁抗拉强度低于抗剪强度,因此沿着最大拉应力作用的斜面发生破坏。图 8-25(c)表示木材的破坏情况。它发生了水平方向的裂开破坏,这是由于木材不是各向同性材料,其顺木纹的抗剪强度比垂直木纹的抗剪强度和抗拉强度低得多,所以就产生了顺木纹方向的剪切错动破坏。

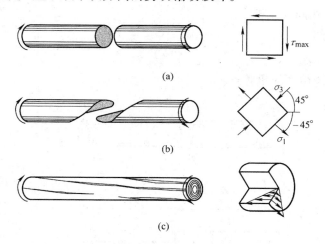

图 8-25 三种试件受扭破坏情况

8.7 圆轴扭转时的变形

圆轴的扭转变形通常用杆件的两个横截面间的相对扭转角 φ 来度量。因此,计算圆轴的扭转变形也就是计算相对扭转角 φ。

由 8.5 节中的式(b)

$$\theta = \frac{\mathrm{d}\varphi}{\mathrm{d}x}$$

得

$$\mathrm{d}\varphi = \theta \mathrm{d}x \tag{a}$$

将式(8-6)代入式(a),得到微段 $\mathrm{d}x$ 上的相对扭转角

$$\mathrm{d}\varphi = \frac{T}{GI_\mathrm{p}}\mathrm{d}x \tag{b}$$

对上式两边积分,得

$$\varphi = \int_0^l \frac{T}{GI_\mathrm{p}}\mathrm{d}x \tag{8-10}$$

当 T 与 GI_p 是常数时,相距 l 的两横截面的相对扭转角

$$\varphi = \frac{Tl}{GI_\mathrm{p}} \tag{8-11}$$

式中:GI_p 称为杆件的**扭转刚度**,反映杆件抵抗变形的能力。

若杆件所受扭矩、材料或截面尺寸不同,则需分段求解。

例题 8-3 空心圆杆如图 8-26(a)所示,已知 $M_A = 150\ \mathrm{N \cdot m}$,$M_B = 50\ \mathrm{N \cdot m}$,$M_C = 100\ \mathrm{N \cdot m}$,材料的切变模量 $G = 80\ \mathrm{GPa}$。AB 段外径 $D_1 = 24\ \mathrm{mm}$,内径 $d = 18\ \mathrm{mm}$;BC 段外径 $D_2 = 22\ \mathrm{mm}$,内径与 AB 段相同。试求:

(1)作轴的扭矩图;

(2)轴内的最大切应力;

(3)C 截面相对 A 截面的扭转角。

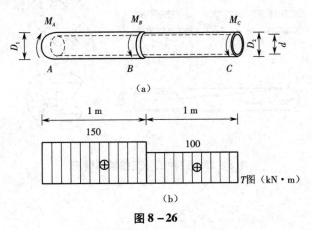

图 8-26

解 (1)画轴的扭矩图,如图8-26(b)所示。

(2)计算各段内的最大切应力。

AB 段内横截面外边缘有最大切应力:

$$\tau_{\text{max1}} = \frac{T_1}{W_{\text{p1}}} = \frac{T_1}{\frac{\pi D_1^3}{16}\left[1 - \left(\frac{d}{D_1}\right)^4\right]} = \frac{150 \times 10^3 \times 16}{\pi \times 0.024^3\left[1 - \left(\frac{18}{24}\right)^4\right]} = 80.8 \text{ MPa}$$

BC 段内横截面外边缘有最大切应力:

$$\tau_{\text{max2}} = \frac{T_2}{W_{\text{p2}}} = \frac{T_2}{\frac{\pi D_2^3}{16}\left[1 - \left(\frac{d}{D_2}\right)^2\right]} = \frac{100 \times 10^3 \times 16}{\pi \times 0.022^3\left[1 - \left(\frac{18}{22}\right)^4\right]} = 86.7 \text{ MPa}$$

因此,整个轴最大切应力发生在 *BC* 段横截面外边缘,$\tau_{\text{max}} = 86.7$ MPa。

(3)计算相对扭转角 φ_{AC}。

$$\varphi_{AC} = \varphi_{AB} + \varphi_{BC} = \frac{T_1 l_{AB}}{GI_{\text{pAB}}} + \frac{T_2 l_{BC}}{GI_{\text{pBC}}}$$

$$= \frac{150 \times 10^3 \times 1}{80 \times 10^9 \times \frac{\pi \times 0.024^4}{32} \times \left[1 - \left(\frac{18}{24}\right)^4\right]} + \frac{100 \times 10^3 \times 1}{80 \times 10^9 \times \frac{\pi \times 0.022^4}{32}\left[1 - \left(\frac{18}{22}\right)^4\right]}$$

$$= 0.0842 + 0.0985 = 0.183 \text{ rad}$$

8.8 扭转的强度和刚度计算

1. 强度计算

为保证圆轴具有足够的强度,其最大切应力不得超过材料的许用切应力,即等直圆轴扭转的强度条件为

$$\tau_{\text{max}} = \frac{T_{\text{max}}}{W_{\text{p}}} \leqslant [\tau] \tag{8-12}$$

式中:$[\tau]$为许用切应力。

圆轴扭转的强度计算仍然是解决强度校核、截面设计和确定许用荷载三方面的问题。

(1)强度校核。已知轴的横截面尺寸、轴上所受的外力偶矩以及材料的许用切应力,校核构件是否安全,直接用式(8-12)。

(2)截面设计。已知轴所承受的外力偶矩以及材料的许用切应力,设计截面尺寸。

$$W_{\text{p}} \geqslant \frac{T}{[\tau]} \tag{a}$$

(3)确定许用荷载。已知圆轴的截面尺寸、材料的许用切应力,得到轴能承受的扭矩。

$$T \leqslant [\tau] W_{\text{p}} \tag{b}$$

再根据外力偶矩与扭矩的关系,确定轴上所能承受的许用荷载。

2. 刚度计算

为了不使受扭构件发生过大的变形影响构件的正常使用,除了应满足强度条件外,还必须

满足刚度条件。即要求轴在弹性范围的扭转变形不能超过一定的限度,例如车床结构中的传动丝杠,其相对扭转角不能太大,否则将会影响车刀进给动作的准确性,降低加工的精度;又如发动机中的控制气门动作的凸轮轴,如果相对扭转角过大,会影响气门启闭时间等。

对于某些重要的轴或传动精度要求较高的轴,均需进行扭转刚度计算。规定圆轴单位长度的扭转角 θ 不得超过许用值$[\theta]$,即等直圆轴的刚度条件为

$$\theta = \frac{T_{max}}{GI_p} \leqslant [\theta] \qquad (8-13)$$

式中:θ 是单位长度的扭转角,单位为 rad/m;$[\theta]$ 为单位长度的许用扭转角,单位也是 rad/m。

对于精度较高的轴,$[\theta] = 0.25 \sim 0.5°/m$;对于一级传动轴,$[\theta] = 0.5 \sim 1.0°/m$。

提高圆轴的抗扭强度和刚度的方法有:

① 在载荷不变的前提下,合理安排轮系,从而降低圆轴上的最大扭矩;

② 在不增加材料,即横截面面积不变的条件下,应选用空心截面代替实心截面,从而增大扭转截面系数 W_p 和极惯性矩 I_p。

例题 8-4 一电机的传动轴直径 $d = 40$ mm,轴传递的功率 $P = 30$ kW,转速 $n = 1400$ r/min,材料的许用切应力$[\tau] = 40$ MPa,切变模量 $G = 80$ GPa,单位长度的许用扭转角 $[\theta] = 1°/m$。试校核此轴的强度和刚度。

解 (1)计算传动轴的扭矩。

$$T = M_e = 9550 \frac{P}{n} = 9550 \times \frac{30}{1400} = 205 \text{ N} \cdot \text{m}$$

(2)强度校核。根据式(8-12)强度条件,有

$$\tau_{max} = \frac{T_{max}}{W_p} = \frac{T}{\pi d^3/16} = \frac{16 \times 205}{\pi \times 0.04^3} = 16.3 \times 10^6 \text{ Pa} = 16.3 \text{ MPa} < [\tau]$$

(3)刚度校核。根据式(8-13)刚度条件,有

$$\theta = \frac{T_{max}}{GI_p} = \frac{T}{G\pi d^4/32} = \frac{32 \times 205}{80 \times 10^9 \times 0.04^4 \times \pi} = 0.0102 \text{ rad/m} = 0.58°/m < [\theta]$$

由此可见,此轴分别满足强度条件和刚度条件的要求。

例题 8-5 图 8-27(a)所示为装有四个皮带轮的一根实心圆轴的计算简图。已知 $M_{e1} = 1.5$ kN·m,$M_{e2} = 3$ kN·m,$M_{e3} = 9$ kN·m,$M_{e4} = 4.5$ kN·m;材料的切变模量 $G = 80$ GPa,许用切应力$[\tau] = 80$ MPa,单位长度许可扭转角$[\theta] = 0.005$ rad/m。试求:

(1)设计轴的直径 D;

(2)若轴的直径 $D_0 = 105$ mm,试计算全轴的相对扭转角。

解 (1)画轴的扭矩图,如图 8-27(b)所示。

(2)设计轴的直径。由扭矩图可知,圆轴中的最大扭矩发生在 AB 和 BC 段,其绝对值为 4.5 kN·m。

根据式(8-12)强度条件,有

$$\tau_{max} = \frac{T_{max}}{W_p} = \frac{T_{max}}{\pi D^3/16} \leqslant [\tau]$$

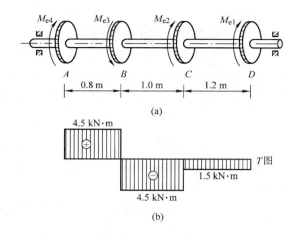

图 8 – 27

可以得到轴的直径

$$D \geqslant \sqrt[3]{\frac{16T_{max}}{\pi[\tau]}} = \sqrt[3]{\frac{16 \times 4.5 \times 10^3}{\pi \times 80 \times 10^6}} = 0.066 \text{ m} = 66 \text{ mm}$$

根据式(8 – 13)刚度条件,有

$$\theta = \frac{T_{max}}{GI_p} = \frac{T_{max}}{G\pi D^4/32} \leqslant [\theta]$$

可以得到轴的直径

$$D \geqslant \sqrt[4]{\frac{32T_{max}}{\pi G[\theta]}} = \sqrt[4]{\frac{32 \times 4.5 \times 10^3}{\pi \times 80 \times 10^9 \times 0.005}} = 0.103 \text{ m} = 103 \text{ mm}$$

根据上述强度计算和刚度计算的结果可知,该轴的直径至少应选用 $D = 103$ mm。

（3）全轴的相对扭转角 φ_{AD} 的计算。若选用轴的直径 $D_0 = 105$ mm,其极惯性矩

$$I_p = \frac{\pi D_0^4}{32} = \frac{\pi \times 0.105^4}{32} = 1\,193 \times 10^{-8} \text{ m}^4$$

全轴的相对扭转角

$$\varphi_{AD} = \varphi_{CD} + \varphi_{BC} + \varphi_{AB}$$

其中:

$$\varphi_{CD} = \frac{T_{CD}l_{CD}}{GI_p} = \frac{-1.5 \times 10^3 \times 1.2}{80 \times 10^9 \times 1\,193 \times 10^{-8}} = -1.89 \times 10^{-3} \text{ rad}$$

$$\varphi_{BC} = \frac{T_{BC}l_{BC}}{GI_p} = \frac{-4.5 \times 10^3 \times 1}{80 \times 10^9 \times 1\,193 \times 10^{-8}} = -4.73 \times 10^{-3} \text{ rad}$$

$$\varphi_{AB} = \frac{T_{AB}l_{AB}}{GI_p} = \frac{4.5 \times 10^3 \times 0.8}{80 \times 10^9 \times 1\,193 \times 10^{-8}} = 3.78 \times 10^{-3} \text{ rad}$$

故

$$\varphi_{AD} = -1.89 \times 10^{-3} - 4.73 \times 10^{-3} + 3.78 \times 10^{-3} = -2.84 \times 10^{-3} \text{ rad}$$

8.9 超静定问题

在研究杆件的扭转时,如果杆件的支座反力偶矩或杆件横截面上的扭矩不能通过静力学平衡方程求得,则属于扭转超静定问题。求解这类问题还需要根据变形协调条件和物理条件建立补充方程。

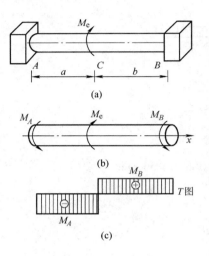

图 8 – 28

例题 8 – 6 图 8 – 28(a)所示为一圆轴两端固定,在 C 处承受一个外力偶 M_e 作用。试求两端固定处的约束力偶矩。

解 解除两端的约束,并用支反力偶 M_A 和 M_B 代替作用于轴上,如图 8 – 28(b)所示。由于该轴上作用有两个未知力偶,而只有一个独立的平衡方程,所以这是一次超静定问题,需根据变形条件建立一个补充方程。

(1)静力平衡方程。由 $\sum M_x = 0$,得

$$M_A + M_B - M_e = 0 \tag{a}$$

(2)补充方程。由于两端均为固定端,所以 B 截面相对于 A 截面的扭转角 $\varphi_{AB} = 0$,即

$$\varphi_{AB} = -\frac{M_A a}{GI_p} + \frac{M_B b}{GI_p} = 0 \tag{b}$$

联立式(a)和式(b),解得

$$M_B = \frac{a}{a+b}M_e, M_A = \frac{b}{a+b}M_e$$

例题 8 – 7 如图 8 – 29(a)所示左端固定的圆截面组合轴是由两种材料组成的,A 轴外径 $D = 100$ mm,内径 $d = 50$ mm,切变模量 $G_A = 2.62 \times 10^4$ MPa;B 轴直径 $d = 50$ mm,切变模量 $G_B = 7.86 \times 10^4$ MPa。内、外两轴紧密结合且无相对滑动。在轴的右端加上力偶 $M_e = 1.2$ kN · m,试绘该组合轴横截面上的切应力分布图。

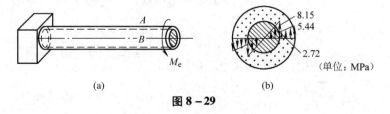

(单位:MPa)

(a)   (b)

图 8 – 29

解 分析可知这是一次超静定问题。

(1)静力平衡方程。假设组合轴受扭后,内轴横截面上的扭矩为 T_B,外轴横截面上的扭矩为 T_A,那么

$$M_e = T_A + T_B = 1.2 \text{ kN} \cdot \text{m} \tag{a}$$

(2)补充方程。由于内、外轴相对扭转角相等,则

$$\frac{T_B l}{G_B I_{pB}} = \frac{T_A l}{G_A I_{pA}} \tag{b}$$

其中:

$$G_B I_{pB} = 7.86 \times 10^4 \times 10^6 \times \frac{\pi}{32} \times 50^4 \times 10^{-12} = 4.82 \times 10^4 \text{ N} \cdot \text{m}^2$$

$$G_A I_{pA} = 2.62 \times 10^4 \times 10^6 \times \frac{\pi}{32} \times (100^4 - 50^4) \times 10^{-12} = 2.41 \times 10^5 \text{ N} \cdot \text{m}^2$$

代入式(b),得

$$T_A = 5 T_B \tag{c}$$

将式(c)代入式(a),得

$$T_A = 1 \text{ kN} \cdot \text{m}, T_B = 0.2 \text{ kN} \cdot \text{m}$$

(3)绘制组合轴横截面上的切应力分布图。

对于内轴:

$$\tau_{max} = \frac{T_B}{W_{pB}} = \frac{0.2 \times 10^3}{\frac{\pi}{16} \times 50^3 \times 10^{-9}} = 8.15 \text{ MPa}$$

对于外轴:

$$\tau_{max} = \frac{T_A}{W_{pA}} = \frac{1 \times 10^3}{\frac{\pi}{16} \times 100^3 \times 10^{-9} \times \left[1 - \left(\frac{50}{100}\right)^4\right]} = 5.44 \text{ MPa}$$

$$\tau_{min} = \frac{\tau_{max}}{2} = 2.72 \text{ MPa}$$

切应力分布图如图8-29(b)所示。

8.10* 非圆截面杆的扭转

在建筑结构的受扭构件中,大多数为非圆截面构件。例如图8-30所示的矩形截面杆,在其表面上刻画一系列纵向直线和横向直线。在杆件扭转时,可以看到所有横向直线都变成了曲线,这说明原来为平面的横截面在变形后成为曲面,即横截面上各点在发生横向位移的同时发生了不相同的纵向位移。这种现象称为**翘曲**。

当各横截面发生的翘曲相同时,横截面上只有切应力而无正应力,这种扭转称为**自由扭转**(或纯扭转)。当相邻两横截面发生的翘曲不同时,横截面上不但有切应力,还有正应力,这种扭转称为**约束扭转**。

1. 矩形截面杆

矩形截面等直杆在扭转时发生翘曲,变形情况复杂,平面假设不再适用,因此用材料力学的方法不能解决问题,而需用弹性力学的方法来研究。

下面介绍矩形截面等直杆在自由扭转时由弹性力学研究的主要结果。

矩形截面杆扭转时,其横截面上的切应力计算有以下特点:

①截面周边各点处切应力的方向一定与周边相切,如图8-31所示;

②在截面的四个角点处,切应力为零;

③最大切应力 $\tau_{\max}$ 发生在截面的长边中点 A 处,且短边中点 B 处的切应力也是该边各点处切应力中的最大者。

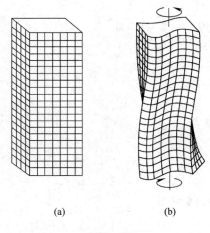

(a)　　　　　　(b)

图 8-30

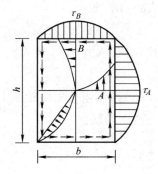

图 8-31

截面上的最大切应力

$$\tau_{\max} = \tau_A = \frac{T}{W_t} = \frac{T}{\beta b^3} \tag{8-14}$$

短边中点 B 处的切应力

$$\tau_B = \gamma \tau_{\max} \tag{8-15}$$

杆件单位长度的扭转角

$$\theta = \frac{T}{GI_t} = \frac{T}{G\alpha b^4} \tag{8-16}$$

式中:$W_t = \beta b^3$ 称为扭转截面系数;$I_t = \alpha b^4$ 称为截面的相当极惯性矩。但是,W_t 和 I_t 除了在量纲上与圆截面的 W_p、I_p 相同外,并无相同的几何含义。

矩形截面的 W_t 和 I_t 与截面尺寸的关系如下:

$$\left.\begin{array}{l} I_t = \alpha b^4 \\ W_t = \beta b^3 \end{array}\right\} \tag{8-17}$$

式中:α、β 和 γ 随矩形截面长、短边尺寸 h 和 b 的比值 $m = h/b$ 而变化,可从表8-1中查出。

表 8-1　矩形截面杆扭转时的系数 α、β 和 γ

$m=h/b$	1.0	1.2	1.5	2.0	2.5	3.0	4.0	6.0	8.0	10.0
α	0.140	0.199	0.294	0.457	0.622	0.790	1.123	1.789	2.456	3.123
β	0.208	0.263	0.346	0.493	0.645	0.801	1.150	1.789	2.456	3.123
γ	1.000	—	0.858	0.796	—	0.753	0.745	0.743	0.743	0.743

当 $m > 10$ 时,可近似取 $\alpha = \beta = m/3$,$\gamma = 0.74$。$m > 10$ 的矩形截面称为狭长矩形截面,于

是矩形截面的 W_t 和 I_t 为

$$\left.\begin{array}{l} W_t = \dfrac{1}{3}hb^2 \\[2mm] I_t = \dfrac{1}{3}hb^3 \end{array}\right\} \tag{8-18}$$

狭长矩形截面杆扭转时,其截面上切应力的分布情况如图 8-32 所示,沿长边各点处切应力的方向均与长边相切,其数值除靠近角点处外均相等。

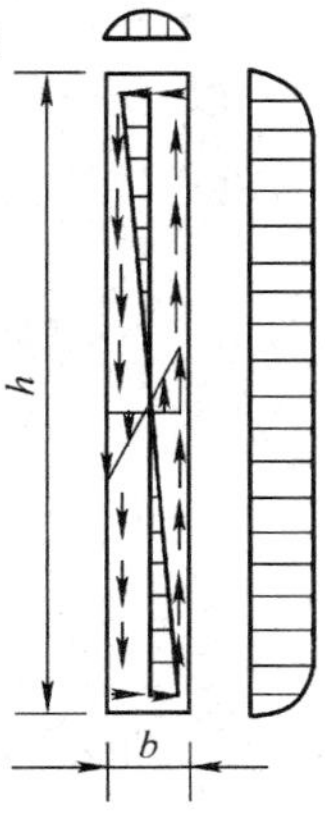

2. 开口薄壁截面杆

工程中常用的型钢(图 8-33),如角钢、工字钢、槽钢等都属于开口薄壁截面杆。其横截面可以看作是由若干狭长矩形所组成。这样,狭长矩形截面杆扭转计算公式还可以推广应用于截面中线不是直线的开口薄壁截面杆。

在自由扭转时,最大切应力 $\tau_{\max}$ 和单位长度相对扭转角 θ 的计算公式如下:

$$\tau_{\max} = \frac{T}{I_t}b_{\max}$$

$$\theta = \frac{T}{GI_t}$$

图 8-32

其中

$$I_t = \frac{1}{3}(h_1 b_1^3 + h_2 b_2^3 + \cdots + h_n b_n^3) = \frac{1}{3}\sum_{i=1}^{n} h_i b_i^3$$

式中:h_i 和 b_i 分别为组成截面的每个矩形部分的长边和短边的长度;$b_{\max}$ 为各短边中的最大者。

开口薄壁截面杆受扭时横截面上切应力的分布情况如图 8-34 所示。

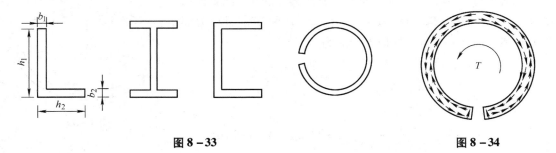

图 8-33   图 8-34

3. 闭口薄壁截面杆

截面中线封闭的薄壁截面杆称为闭口薄壁截面杆。

对于受扭的闭口薄壁截面杆,其横截面上的切应力有以下特点:

①切应力沿厚度均匀分布,并且沿着截面中线的切线方向;

②切应力沿着截面中线的切线形成环流;

③最大切应力发生在壁厚最小处。

对于等厚度的闭口薄壁截面杆,切应力及单位长度相对扭转角可按下式计算:

$$\tau = \frac{T}{2A_0 t}$$

$$\theta = \frac{TS}{4GA_0\delta}$$

式中：A_0 为薄壁截面中线所围成的面积；t 为截面的厚度；S 为截面中线的长度。

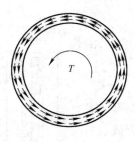

图 8-35

图 8-35 为闭口薄壁环形截面杆受扭时横截面上切应力分布图。在各种闭口薄壁截面杆中，薄壁圆环形截面杆具有最大的抗扭强度和抗扭刚度。

例题 8-8 一正方形截面杆，边长为 a，两端受扭转力偶 T，试求该杆的最大切应力 τ_{max}，并与截面面积相同的圆轴的最大切应力比较。

解 对于正方形截面杆，$h/b=1$，查表 8-1 得 $\beta = 0.208$，由式（8-14）可得最大切应力

$$\tau_{max} = \frac{T}{\beta a^3} = \frac{4.81T}{a^3}$$

与正方形截面杆截面面积相同的圆轴直径

$$D = \sqrt{\frac{4a^2}{\pi}} = 1.13a$$

则圆轴的最大切应力

$$\tau_{max} = \frac{T}{W_t} = \frac{16T}{\pi D^3} = \frac{3.53T}{a^3}$$

在截面面积和扭矩大小相等的情况下，正方形截面杆的最大切应力比圆截面杆的大。

例题 8-9 如图 8-36 所示椭圆形薄壁截面杆，横截面尺寸为 $a = 50 \text{ mm}$，$b = 75 \text{ mm}$，厚度 $t = 5 \text{ mm}$，杆两端受扭转力偶 $M_e = 5 \text{ kN} \cdot \text{m}$。试求此杆的最大切应力。

解 闭口薄壁杆自由扭转时的最大切应力

$$\tau_{max} = \frac{T}{2A_0 t} = \frac{M_e}{2\pi t ab}$$

$$= \frac{5\,000}{2\pi \times 5 \times 50 \times 75 \times 10^{-9}} = 42 \times 10^6 \text{ Pa} = 42 \text{ MPa}$$

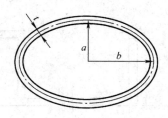

图 8-36

思 考 题

8-1 回答以下问题。

（1）如果实心轴的直径增大一倍，其他条件不变，则最大切应力、轴的扭转角、极惯性矩将如何变化？

（2）直径相同、材料不同的两根等长的实心轴，在相同的扭矩作用下，其最大切应力、轴的扭转角、极惯性矩是否相同？为什么？

（3）材料和截面面积都相同的两根实心和空心轴，二者的抗扭强度及刚度哪个好？为什么？

8-2 用横截面 ABE、CDF 和包含轴线的纵向面 $ABCD$ 从受扭圆轴中截出一部分，如图所

示。根据切应力互等定理,纵向截面上 DC 处的切应力分布情况如图,这一纵向截面上的内力系组成一个力偶矩,试问它与这一截出部分上的什么内力平衡?

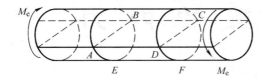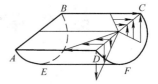

思考题 8-2 图

8-3 图示薄板卷成的圆筒,在内压下和在外力偶作用下,铆钉的受力情况有何异同?

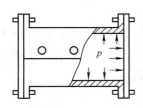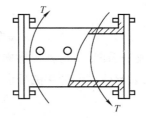

思考题 8-3 图

8-4 有三根长度、材料均相同的薄壁杆,其横截面的形状如图所示,壁厚 δ 及管壁中线的周长相同。试判断哪根杆的抗扭能力最强,哪根杆的抗扭能力最弱?

(a)   (b)   (c)

思考题 8-4 图

本章习题和习题答案请扫二维码。

第9章 梁 的 内 力

9.1 概　述

1. 弯曲

在实际工程中,如图9-1(a)中的楼面梁、图9-1(b)中的火车轮轴等构件受外部作用时,直杆的轴线会变成一条曲线,这种变形称为**弯曲**。弯曲是杆件的基本变形之一,也是工程中常见的变形形式。以弯曲变形为主的杆件称为**梁**。

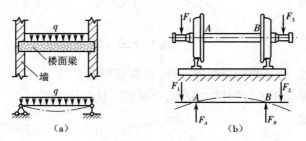

图9-1

使梁产生弯曲变形的荷载可能是垂直于杆轴线的集中力或分布荷载,也可能是力偶矩矢量垂直于杆轴线的力偶。在这些荷载作用下,梁可能产生支座反力,所有荷载和支座反力统称为外力。

如果所有外力在一个平面内,同时弯曲变形后的梁轴线是平面曲线,且梁轴线所在平面与外力所在平面相重合,那么这种弯曲称为**平面弯曲**。

若梁采用矩形、工字形等对称形状的等截面直杆,则梁具有纵向对称面。当所有外力都位于该对称面内时,发生弯曲变形后,梁的轴线成为纵向对称面内的一条平面曲线(图9-2),这种弯曲称为**对称弯曲**。显然,对称弯曲属于平面弯曲。

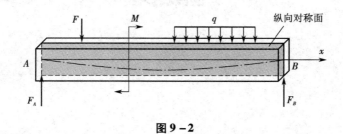

图9-2

若梁不具有纵向对称面,或者梁虽然具有纵向对称面但外力并不作用在纵向对称面内,则这种弯曲统称为**非对称弯曲**。非对称弯曲一般不属于平面弯曲,但在特定条件下,弯曲后梁的轴线所在平面与外力所在平面相重合,这种情况下的非对称弯曲为平面弯曲。

对称弯曲是弯曲变形中最简单而又常见的情况,本书只讨论梁的对称弯曲问题。

2. 静定梁的基本形式

如果梁的支座反力和内力可以由静力平衡条件完全确定,这样的梁称为**静定梁**。常见的简单静定梁有以下三种。

①**悬臂梁**:梁的一端是固定端支座,另一端是自由端(图9-3(a))。

②**简支梁**:梁的一端是固定铰支座,另一端是可动铰支座(图9-3(b))。

③**外伸梁**:外伸梁相当于简支梁的一端或两端伸出支座以外(图9-3(c))。

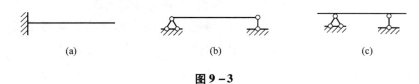

图 9-3

梁在两个支座之间的部分称为**一跨**,上述三类简单静定梁均为单跨梁。静定梁除了单跨静定梁外,还包括多跨静定梁,如图9-4所示。

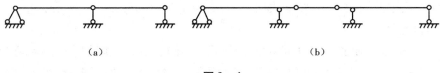

图 9-4

9.2 梁 的 内 力

1. 剪力、弯矩

梁横截面上的内力包括剪力、弯矩和轴力,对于承受竖向荷载作用的水平梁,横截面上的轴力为零,只存在剪力和弯矩。在外力作用下,梁横截面上的内力可以通过**截面法**来计算。

图9-5(a)所示的简支梁,在外力作用下处于平衡状态。它的支座反力可以根据静力平衡方程来确定。由梁整体的水平平衡可知,支座 A 没有水平支反力。

现假想在距 A 端为 x 的横截面 C 处,用一垂直于梁轴线的平面将梁截为两段,取其中的 AC 梁段为脱离体,并将 CB 梁段对它的作用以截面的内力来表示,如图9-5(b)所示。

由 AC 梁段的竖向平衡可知,在 C 截面上一定存在一个沿截面切向的内力分量 F_S。由 AC 梁段对 C 截面形心 O 的力矩平衡可知,在 C 截面上一定存在一个力偶矩为 M 的内力分量。将 F_S 称为**剪力**,将 M 称为**弯矩**,剪力常用的单位为牛顿(N)或千牛(kN),弯矩常用的单位是牛·米(N·m)或千牛·米(kN·m)。

梁 C 截面上,剪力 F_S 和弯矩 M 的具体数值可由 AC 梁段的下列平衡方程计算:

$$\sum F_y = 0, \quad F_{RA} - F_S = 0$$

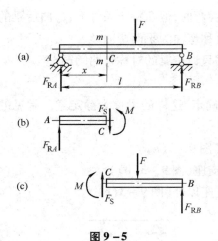

$$F_S = F_{RA} \qquad\qquad (a)$$

$$\sum M_O = 0, \quad -F_{RA}x + M = 0$$

$$M = F_{RA}x \qquad\qquad (b)$$

式中:矩心 O 为 C 截面的形心。

也可以取 CB 梁段为脱离体(图 $9-5(c)$),利用平衡条件计算梁 C 截面的剪力和弯矩。它们与式(a)和式(b)计算的 F_S、M 大小相等但方向相反,原因是图 $9-5(b)$ 中的 F_S、M 与图 $9-5(c)$ 中的 F_S、M 互为作用力与反作用力。

2. 剪力、弯矩符号的规定

为了保证以不同脱离体为研究对象所计算的梁同一截面上的内力具有相同的大小和正负号,对梁的剪力和弯矩作如下正负号规定。

图 9-5

(1)剪力符号规定

如果截面上的剪力使脱离体有顺时针转动的趋势,则该剪力为正;反之,使脱离体产生逆时针转动趋势的剪力为负。按此规定,若以截面左侧梁段为脱离体,则剪力向下为正,向上为负;若以截面右侧梁段为脱离体,则剪力向上为正,向下为负,如图 $9-6$ 所示。

(2)弯矩符号规定

如果截面上的弯矩使脱离体上的微段向下凸(下侧受拉,上侧受压),则该弯矩为正;反之,使脱离体上的微段向上凸(上侧受拉,下侧受压)的弯矩为负,如图 $9-6$ 所示。

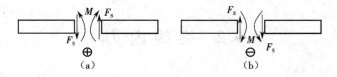

图 9-6

例题 9-1 试计算图 $9-7(a)$ 所示梁 D 截面上的剪力和弯矩。

解 首先计算支座反力(图 $9-7(b)$)。由平衡方程

$$\sum M_C = 0, \quad F_{RB}l + F\frac{l}{2} = 0$$

$$\sum M_B = 0, \quad -F_{RC}l + F\frac{3l}{2} = 0$$

解得

$$F_{RB} = -\frac{F}{2}(\downarrow)$$

$$F_{RC} = \frac{3F}{2}(\uparrow)$$

在计算 D 截面上的剪力 F_{SD} 和弯矩 M_D 时,将梁沿横截面 D 截开,取截面左侧脱离体为研

究对象,在脱离体上按符号规定的正方向标明未知内力 F_{SD} 和 M_D(图 9-7(c))。考虑脱离体的平衡方程

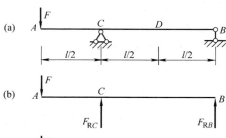

$$\sum F_y = 0, \quad F_{RC} - F - F_{SD} = 0$$

故

$$F_{SD} = F_{RC} - F = \frac{F}{2}$$

又

$$\sum M_O = 0, \quad -F_{RC}\frac{l}{2} + Fl + M_D = 0$$

（矩心 O 为 D 截面的形心）

故

$$M_D = -Fl + F_{RC}\frac{l}{2} = -\frac{Fl}{4}$$

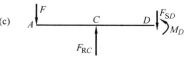

图 9-7

求得 F_{SD} 为正值,说明 D 截面上剪力的实际方向与假设的方向相同;M_D 为负值,说明 D 截面上弯矩的实际方向与假设的方向相反。也可以取 D 截面右侧脱离体为研究对象(图 9-7(d)),利用脱离体的平衡可计算剪力 F_{SD} 和弯矩 M_D。

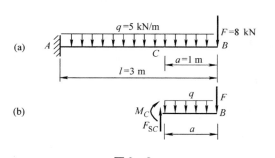

图 9-8

例题 9-2 试计算图 9-8(a)所示悬臂梁 C 截面上的剪力和弯矩。

解 计算悬臂梁的内力时,若取包含自由端的脱离体为研究对象,则不必计算支座反力。

在计算 C 截面上的剪力 F_{SC} 和弯矩 M_C 时,应用截面法,取 C 截面右侧脱离体为研究对象,在脱离体上按内力正方向标明未知内力 F_{SC} 和 M_C(图 9-8(b))。考虑脱离体的平衡,由

$$\sum F_y = 0, \quad F_{SC} - qa - F = 0$$

得

$$F_{SC} = F + qa = 8 + 5 \times 1 = 13 \text{ kN}$$

又由

$$\sum M_O = 0, \quad -M_C - Fa - \frac{1}{2}qa^2 = 0 \text{(矩心 } O \text{ 为 } C \text{ 截面的形心)}$$

得

$$M_C = -Fa - \frac{1}{2}qa^2 = -8 \times 1 - \frac{1}{2} \times 5 \times 1^2 = -10.5 \text{ kN} \cdot \text{m}$$

求得 F_{SC} 为正值,说明 C 截面上剪力的实际方向与假设的方向相同;M_C 为负值,说明 C 截

面上弯矩的实际方向与假设的方向相反。

3. 结论

从上述例题的解题过程可以看出,用截面法计算梁任一截面上的内力是利用脱离体的平衡条件,列平衡方程进行求解的。参照上述例题的结果,可以得到以下结论。

①梁在任意横截面上的剪力,在数值上等于该截面任意一侧(左侧或右侧)脱离体上的所有外力(包括支座反力)沿该截面切向投影的代数和。脱离体上的外力使脱离体绕该截面形心有顺时针转动趋势时,取为正值;外力使脱离体绕该截面形心有逆时针转动趋势时,取为负值。

②梁在任意横截面上的弯矩,在数值上等于该截面任意一侧(左侧或右侧)脱离体上的所有外力(包括支座反力)对该截面形心取矩的代数和。脱离体上的外力使脱离体下侧受拉时,其矩为正;脱离体上的外力使脱离体上侧受拉时,其矩为负。当判断脱离体在外力作用下的受拉侧时,可将截开的截面视为固定端。

例题 9 - 3 计算图 9 - 9 所示梁截面 1—1 和 2—2 上的剪力和弯矩。

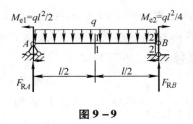

图 9 - 9

解 首先计算支座反力。考虑梁的整体平衡,由 $\sum M_B = 0$ 和 $\sum M_A = 0$ 可得

$$F_{RA} = \frac{3}{4}ql(\uparrow), F_{RB} = \frac{1}{4}ql(\uparrow)$$

然后按照上述两个结论计算梁截面的内力。

(1)截面 1—1 上的内力。

以截面 1—1 左侧脱离体为研究对象:

$$F_{S1} = F_{RA} - q \times \frac{l}{2} = \frac{3}{4}ql - \frac{1}{2}ql = \frac{1}{4}ql$$

$$M_1 = F_{RA} \times \frac{l}{2} - q \times \frac{l}{2} \times \frac{l}{4} - M_{e1} = \frac{3}{8}ql^2 - \frac{1}{8}ql^2 - \frac{1}{2}ql^2 = -\frac{1}{4}ql^2$$

以截面 1—1 右侧脱离体为研究对象:

$$F_{S1} = q \times \frac{l}{2} - F_{RB} = \frac{1}{2}ql - \frac{1}{4}ql = \frac{1}{4}ql$$

$$M_1 = F_{RB} \times \frac{l}{2} - q \times \frac{l}{2} \times \frac{l}{4} - M_{e2} = \frac{1}{8}ql^2 - \frac{1}{8}ql^2 - \frac{1}{4}ql^2 = -\frac{1}{4}ql^2$$

(2)截面 2—2 上的内力。

以截面 2—2 左侧脱离体为研究对象:

$$F_{S2} = F_{RA} - q \times l = \frac{3}{4}ql - ql = -\frac{1}{4}ql$$

$$M_2 = F_{RA} \times l - q \times l \times \frac{l}{2} - M_{e1} = \frac{3}{4}ql^2 - \frac{1}{2}ql^2 - \frac{1}{2}ql^2 = -\frac{1}{4}ql^2$$

以截面 2—2 右侧脱离体为研究对象：

$$F_{S2} = -F_{RB} = -\frac{1}{4}ql$$

$$M_2 = -M_{e2} = -\frac{1}{4}ql^2$$

由于截面 2—2 右侧脱离体上外力少，所以研究截面右侧脱离体时计算更简便。

由此例题可看出，利用上述结论计算梁任一横截面的内力时，可省去取脱离体和列平衡方程的过程，计算很简便，因此这种计算梁内力的方法又称为简便法。

9.3 内力图——剪力图和弯矩图

一般情况下，梁横截面上的剪力和弯矩是随横截面位置的变化而变化的。进行梁的强度和变形计算时，需要知道剪力和弯矩沿梁长度的变化情况。通常形象地用图形来表示剪力和弯矩沿梁长的变化情况，这样的图形分别称为**剪力图**和**弯矩图**。

假设梁截面位置用沿梁轴线的坐标 x 表示，则梁各个横截面上的剪力和弯矩都可以表示为坐标 x 的函数，即

$$F_S = F_S(x), M = M(x)$$

分别称之为梁的**剪力方程**和**弯矩方程**，统称为梁的**内力方程**。

确定了梁的内力方程，就可以按数学方法绘制梁的内力图。作内力图的步骤如下：

① 一般先计算支座反力。对于悬臂梁，可不求支座反力；

② 利用截面法，根据脱离体的平衡条件，建立梁的剪力方程和弯矩方程；

③ 以梁的轴线为横坐标，以横截面上的剪力和弯矩为纵坐标，根据剪力方程和弯矩方程，按照一定的比例，用垂直于杆轴线的竖线表示剪力和弯矩的大小，作出剪力图和弯矩图。

作梁的剪力图时，正的剪力画在杆轴线的上侧，负的剪力画在杆轴线的下侧，并标上剪力的大小和正负号。在土木工程行业中，通常将弯矩图画在构件受拉的一侧。作梁的弯矩图时，正在弯矩画在杆轴线的下侧，负的弯矩画在杆轴线的上侧，并标上弯矩的大小和正负号。

下面通过例题说明内力图的绘制方法。

例题 9 - 4 图 9 - 10(a) 所示悬臂梁，在自由端 A 受大小为 F 的集中力作用，试作梁的剪力图和弯矩图。

解 悬臂梁可不求支座反力。

首先以 A 点为原点，沿 AB 方向建立 x 坐标系。利用截面法，以脱离体 AC 为研究对象，求得距 A 端为 x 的横截面上的剪力和弯矩分别为

$$F_S(x) = -F(0 < x < l), \quad M(x) = -Fx(0 \leqslant x < l)$$

以上两式分别为此梁的剪力方程和弯矩方程。

剪力方程是一个常量，表明梁各个横截面上的剪力都相同，剪力图应是一条平行于梁轴线

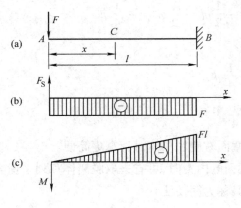

图 9 – 10

取距 A 端为 x 的任意横截面左侧的梁段为脱离体,由脱离体的平衡可得梁的剪力和弯矩方程分别为

$$F_S(x) = F_{RA} - qx = \frac{ql}{2} - qx \quad (0 < x < l)$$

$$M(x) = F_{RA}x - \frac{1}{2}qx^2 = \frac{ql}{2}x - \frac{1}{2}qx^2 \quad (0 \leqslant x \leqslant l)$$

剪力方程是 x 的一次函数,所以剪力图是一条倾斜直线段,只要确定梁两端截面的剪力即可作出剪力图如图 9 – 11(b)所示。弯矩方程是 x 的二次函数,所以弯矩图是一条二次抛物线,只要确定梁两端和跨中三个截面的弯矩值即可绘出弯矩图如图 9 – 11(c)所示。

由图可知,梁在跨中横截面上的弯矩值最大,$M_{max} = \dfrac{ql^2}{8}$,且该截面上 $F_S = 0$;而在两支座内

侧截面上的剪力值最大,$F_{S,max} = \dfrac{ql}{2}$。

画剪力图和弯矩图时,一般不画 F_S 与 M 的坐标方向,其正负用 ⊕ 和 ⊖ 来表示,但剪力图和弯矩图上的各特征值大小必须标明。

例题 9 – 6 图 9 – 12(a)所示简支梁,在 C 点受大小为 F 的集中力作用,试作梁的剪力图和弯矩图。

解 先计算支座反力。由梁的整体平衡可得

$$F_{RA} = \frac{b}{l}F(\uparrow), F_{RB} = \frac{a}{l}F(\uparrow)$$

当任意截面分别位于集中力 F 左侧和右侧时,脱离体的受力不同,因此集中力两侧梁段的剪力方程和弯矩方程均不相同。将梁分为 AC 和 CB 两段,利用截面法分别写出其剪力方程和弯矩方程。

的直线段,如图 9 – 10(b)所示。弯矩方程是坐标 x 的一次函数,所以弯矩图应是一条斜直线段,只要确定出直线上的两个点就可以画出此弯矩图。在 $x = 0$ 处,弯矩 $M_A = 0$;在 $x = l$ 处,弯矩 $M_{B左} = -Fl$,故弯矩图如图 9 – 10(c)所示。

例题 9 – 5 图 9 – 11(a)所示简支梁,全跨受集度为 q 的均布荷载作用,试作梁的剪力图和弯矩图。

解 先计算支座反力。由梁的整体平衡可得

$$F_{RA} = F_{RB} = \frac{1}{2}ql(\uparrow)$$

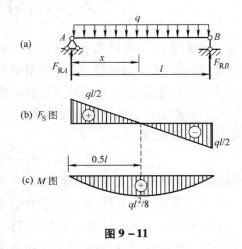

图 9 – 11

AC 梁段的剪力方程和弯矩方程分别为

$$F_S(x) = F_{RA} = \frac{b}{l}F \quad (0 < x < a)$$

$$M(x) = F_{RA}x = \frac{b}{l}Fx \quad (0 \leq x \leq a)$$

BC 梁段的剪力方程和弯矩方程分别为

$$F_S(x) = -F_{RB} = -\frac{a}{l}F \quad (a < x < l)$$

$$M(x) = F_{RB}(l-x) = \frac{a}{l}F(l-x) \quad (a \leq x \leq l)$$

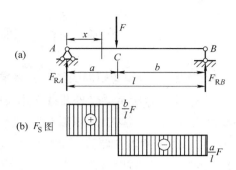

由剪力方程可知,两段梁的剪力图均为平行于梁轴线的直线段。由弯矩方程可知,两段梁的弯矩图均为斜直线段。绘出的剪力图和弯矩图如图 9-12(b)、(c)所示。

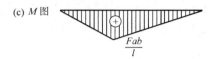

图 9-12

由内力图可知,梁在集中力作用处横截面上的弯矩值最大,$M_{max} = \dfrac{Fab}{l}$;在集中力作用处剪力图发生突变,并且突变值等于集中力的大小。

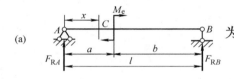

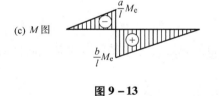

图 9-13

例题 9-7 图 9-13(a)所示简支梁,在 C 点处受矩为 M_e 的集中力偶作用,试作梁的剪力图和弯矩图。

解 先计算支座反力。由梁的整体平衡可得

$$F_{RA} = -\frac{M_e}{l}(\downarrow), F_{RB} = \frac{M_e}{l}(\uparrow)$$

利用截面法,由脱离体的平衡条件可知,梁全跨具有相同的剪力方程,即

$$F_S(x) = F_{RA} = -\frac{M_e}{l} \quad (0 < x < l)$$

剪力方程是一个常量,因此梁的剪力图是一条平行于梁轴线的直线段,如图 9-13(b)所示。

集中力偶两侧梁段具有不同的弯矩方程。将梁分为 AC 和 CB 两段,利用截面法分别写出其弯矩方程。

AC 梁段的弯矩方程为

$$M(x) = F_{RA}x = -\frac{M_e}{l}x \quad (0 \leq x < a)$$

BC 梁段的弯矩方程为

$$M(x) = F_{RB}(l-x) = \frac{M_e}{l}(l-x) \quad (a < x \leq l)$$

由于两段梁的弯矩方程都是 x 的一次函数,所以两段梁的弯矩图均为斜直线段,如图 9-13(c)所示。

由梁的弯矩图可知,在集中力偶作用处,弯矩图发生突变,并且突变值等于集中力偶矩。

9.4　荷载、剪力和弯矩间的微分关系

1. 荷载、剪力和弯矩间的微分关系推导

图9－14(a)所示梁受外荷载作用,在距 A 端为 x 处用相距 $\mathrm{d}x$ 的两个横截面从梁中截出一个微段,因 $\mathrm{d}x$ 非常微小,所以在微段上的分布荷载可以看作是均匀分布的(分布荷载以向上为正)。假设微段左侧截面上的剪力、弯矩分别为 $F_\mathrm{S}(x)$、$M(x)$,由于截面内力为坐标 x 的连续函数,故微段右侧截面上的剪力、弯矩分别为 $F_\mathrm{S}(x+\mathrm{d}x)$、$M(x+\mathrm{d}x)$。利用泰勒级数将 $F_\mathrm{S}(x+\mathrm{d}x)$、$M(x+\mathrm{d}x)$ 展开,并用级数的前两项近似代替,则微段右侧截面上的剪力、弯矩可表示为 $F_\mathrm{S}(x)+\mathrm{d}F_\mathrm{S}(x)$、$M(x)+\mathrm{d}M(x)$,如图9－14(b)所示。

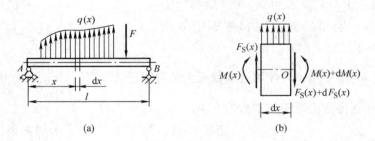

图9－14

由微段的竖向平衡条件 $\sum F_y=0$ 得

$$F_\mathrm{S}(x)+q(x)\mathrm{d}x-\left[F_\mathrm{S}(x)+\mathrm{d}F_\mathrm{S}(x)\right]=0$$

整理后得

$$\frac{\mathrm{d}F_\mathrm{S}(x)}{\mathrm{d}x}=q(x) \tag{9-1}$$

上式的几何意义为剪力图上某点的切线斜率等于该点的分布荷载集度。注意分布荷载以向上为正。

由微段的力矩平衡条件 $\sum M_O=0$ (矩心 O 为微段右侧截面的形心)得

$$\left[M(x)+\mathrm{d}M(x)\right]-M(x)-F_\mathrm{S}(x)\mathrm{d}x-q(x)\mathrm{d}x\frac{\mathrm{d}x}{2}=0$$

略去二阶微量 $q(x)\mathrm{d}x\dfrac{\mathrm{d}x}{2}$,可得

$$\frac{\mathrm{d}M(x)}{\mathrm{d}x}=F_\mathrm{S}(x) \tag{9-2}$$

上式的几何意义为弯矩图上某点的切线斜率等于该截面上剪力的大小。

式(9－2)再对 x 微分一次,并利用式(9－1)可得

$$\frac{\mathrm{d}^2M(x)}{\mathrm{d}x^2}=q(x) \tag{9-3}$$

上式的几何意义为弯矩图凸出的方向与分布荷载的方向一致。

2. 剪力图和弯矩图的规律

根据上述微分关系,可以得到内力图的一些规律。

(1)无外力作用的区段

$q(x) = 0$,故 $F_S(x) = C_1$,$M(x) = C_1x + C_2$,其中 C_1、C_2 均为任意积分常数。因此,梁段的剪力图是平行于梁轴线的直线段,弯矩图是一条直线段,如例题 9−4、9−6、9−7 中的 AC、CB 段。

(2)均布荷载作用的区段

$q(x) = C$(C 为已知非零常数),故 $F_S(x) = Cx + C_1$,$M(x) = \dfrac{1}{2}Cx^2 + C_1x + C_2$,其中 C_1、C_2 均为任意积分常数。因此,梁段的剪力图是一条斜直线段,且直线段从左向右的倾斜方向与均布荷载的方向一致;梁段的弯矩图是一条二次抛物线,且抛物线凸出的方向与均布荷载的方向一致。

在均布荷载作用的区段,由 $\dfrac{\mathrm{d}M(x)}{\mathrm{d}x} = F_S(x)$ 可知,在 $F_S = 0$ 处,$M(x)$ 具有极值,即在剪力为零的截面上弯矩具有极值;而在弯矩取极值的截面上,剪力一定等于零,如例题9−5。

(3)集中力作用处

取集中力作用处的微段 $\mathrm{d}x$ 为脱离体,如图 9−15 所示。假设微段左侧截面的剪力为 F_S,弯矩为 M;微段右侧截面的剪力为 F_{S1},弯矩为 M_1。由微段的平衡条件 $\sum F_y = 0$,得

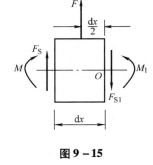

$$F_S + F - F_{S1} = 0$$

即

$$F_{S1} = F_S + F$$

由平衡条件 $\sum M_O = 0$,得

$$M_1 - M - F_S\mathrm{d}x - F\,\dfrac{\mathrm{d}x}{2} = 0$$

图 9−15

当 $\mathrm{d}x \to 0$ 时

$$M_1 = M$$

由以上分析可知,在集中力作用处剪力图发生突变,突变值等于集中力的大小,且剪力图从左向右的突变方向与集中力的方向一致;弯矩图保持连续,但弯矩图在该点出现转折,且转折凸角的朝向与集中力的方向一致,如例题 9−6 的 C 点。

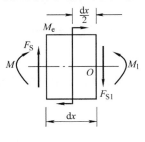

图 9−16

(4)集中力偶作用处

取集中力偶作用处的微段 $\mathrm{d}x$ 为脱离体,如图 9−16 所示。假设微段左侧截面的剪力为 F_S,弯矩为 M;微段右侧截面的剪力为 F_{S1},弯矩为 M_1。由微段的平衡条件 $\sum F_y = 0$,得

$$F_S - F_{S1} = 0$$

即

$$F_{S1} = F_S$$

由平衡条件 $\sum M_O = 0$,得

$$M_1 - M - M_e - F_S \mathrm{d}x = 0$$

当 $\mathrm{d}x \to 0$ 时

$$M_1 = M + M_e$$

由以上分析可知,在集中力偶作用处剪力图没有变化;而弯矩图发生突变,突变值等于集中力偶矩;当集中力偶为顺时针时,弯矩图从左往右向下突变;当集中力偶为逆时针时,弯矩图从左往右向上突变,如例题9-7的 C 点。

上述剪力图和弯矩图的规律汇总见表9-1。

表9-1 剪力图和弯矩图的规律汇总

梁段的外力情况	剪力图的特征	弯矩图的特征	弯矩极值的可能位置
 无外力	平行于梁段的直线段 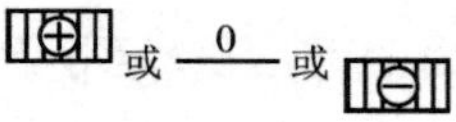 或 0 或	直线段  或 或	梁段端点或整个梁段
$q(x)=$ 常数 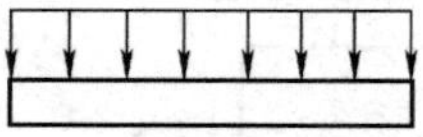 向下的均布荷载	向右下方倾斜的直线段  $\oplus$ 或 $\ominus$	下凸的二次抛物线  或 或 或	$F_S = 0$ 的截面
$q(x)=$ 常数 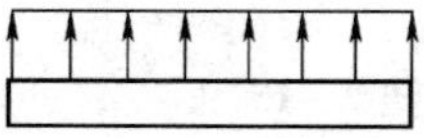 向上的均布荷载	向右上方倾斜的直线段  $\oplus$ 或 $\ominus$	上凸的二次抛物线 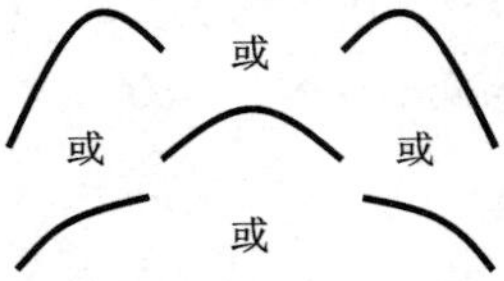 或 或 或	$F_S = 0$ 的截面
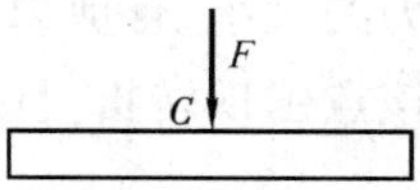 集中力	在 C 点处发生突变,突变值等于 F 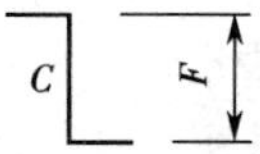	在 C 点处发生转折 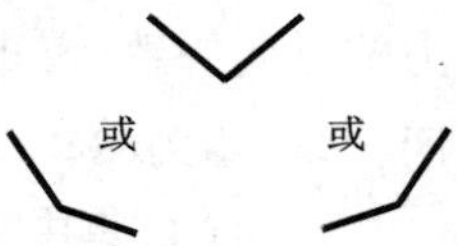 或 或	集中力作用点或梁段端点
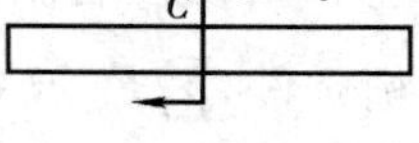 集中力偶	在 C 点处没有变化 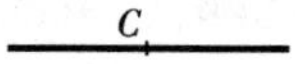	在 C 点处发生突变,突变值等于 M_e 	紧邻集中力偶截面或梁段端点

根据内力图的上述规律,可以校核已作出的内力图是否正确。另一方面,也可以利用内力图的规律方便地作出梁的内力图,而不必再建立梁的内力方程,其步骤如下。

①计算支座反力。对于悬臂梁,可不求支座反力。

②分段。根据外力情况将梁划分为若干梁段,确定各梁段剪力图和弯矩图的形状。

③定点。计算控制截面(各梁段端点截面、弯矩极值截面)的内力,确定剪力图、弯矩图的控制点。

④连线。根据各梁段剪力图、弯矩图的形状,由控制点连线绘制最终的剪力图和弯矩图。

例题9-8 试作图9-17(a)所示外伸梁的剪力图和弯矩图。

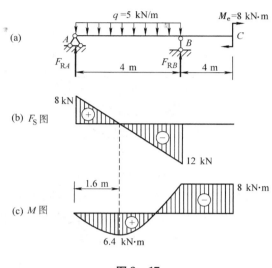

图9-17

解 首先计算支座反力。由梁的整体平衡可得

$$F_{RA} = 8 \text{ kN}(\uparrow), F_{RB} = 12 \text{ kN}(\uparrow)$$

将梁划分为AB、BC两段,分别绘制剪力图和弯矩图。

(1)作剪力图。AB段作用有向下的均布荷载,所以AB段的剪力图为向右下方倾斜的直线段;BC段$q(x) = 0$,所以BC段的剪力图为平行于梁轴线的线段。

在B支座处,由于有集中力F_{RB}作用,所以剪力图有突变,且突变值等于$F_{RB} = 12 \text{ kN}$,应分别计算B支座左右两侧截面上的剪力值。各控制截面的剪力值为

AB段
$$F_{SA右} = F_{RA} = 8 \text{ kN}, F_{SB左} = -12 \text{ kN}$$

BC段
$$F_{SB右} = F_{SC左} = 0$$

根据各控制截面的剪力值和各段剪力图的形状,可绘出剪力图如图9-17(b)所示。

此外,还应确定$F_S = 0$的截面位置,以计算弯矩的极值。设$F_S = 0$截面距A点为x,则

$$F_{RA} - qx = 0$$

故
$$x = \frac{F_{RA}}{q} = \frac{8 \text{ kN}}{5 \text{ kN/m}} = 1.6 \text{ m}$$

(2)作弯矩图。AB段作用有向下的均布荷载,所以AB段的弯矩图为向下凸的二次抛物线;BC段$q(x) = 0$,所以BC段的弯矩图为直线段。

在B支座处,由于有集中力F_{RB}作用,故弯矩图有转折,且转折凸角朝上,与F_{RB}方向一致。各控制截面的弯矩值为

AB段
$$M_A = 0, M_B = -8 \text{ kN} \cdot \text{m}$$

距A点$x = 1.6 \text{ m}$处
$$M_{极值} = F_{RA} \times 1.6 - \frac{1}{2}q \times 1.6^2 = 6.4 \text{ kN} \cdot \text{m}$$

BC段
$$M_B = M_{C左} = -M_e = -8 \text{ kN} \cdot \text{m}$$

根据各控制截面的弯矩值和各段弯矩图的形状,可绘出梁的弯矩图如图9-17(c)所示。

例题9-9 试作图9-18(a)所示简支梁的剪力图和弯矩图。

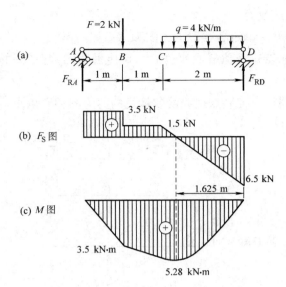

图 9-18

解 首先计算支座反力。由梁的整体平衡可得

$$F_{RA} = 3.5 \text{ kN}(\uparrow), F_{RD} = 6.5 \text{ kN}(\uparrow)$$

将梁划分为 AB、BC、CD 三段,分别绘制剪力图和弯矩图。

（1）作剪力图。AB、BC 段 $q(x) = 0$,所以 AB、BC 段的剪力图为平行于梁轴线的直线段;CD 段作用有向下的均布荷载,所以 CD 段的剪力图为向右下方倾斜的直线段。

B 点作用有集中力,所以剪力图在 B 点有突变,且突变值等于 $F = 2 \text{ kN}$。

各控制截面的剪力值为

AB 段　　$F_{SA右} = F_{SB左} = F_{RA} = 3.5 \text{ kN}$

BC 段　　　$F_{SB右} = F_{SC左} = 1.5 \text{ kN}$

CD 段　　　　　　　$F_{SC右} = 1.5 \text{ kN}, F_{SD左} = -F_{RD} = -6.5 \text{ kN}$

根据各控制截面的剪力值和各段剪力图的形状,可绘出剪力图如图 9-18(b) 所示。

设 $F_S = 0$ 的截面距 D 点为 x,则

$$-F_{RD} + qx = 0$$

故　　　　　　　　　$$x = \frac{F_{RD}}{q} = \frac{6.5 \text{ kN}}{4 \text{ kN/m}} = 1.625 \text{ m}$$

（2）作弯矩图。AB、BC 段 $q(x) = 0$,所以 AB、BC 段的弯矩图为直线段;CD 段作用有向下的均布荷载,所以 CD 段的弯矩图为向下凸的二次抛物线。

B 点作用有向下的集中力,所以弯矩图在 B 点有转折,且转折凸角朝下。

各控制截面的弯矩值为

$$M_A = 0, \quad M_B = 3.5 \text{ kN} \cdot \text{m}, \quad M_C = 5 \text{ kN} \cdot \text{m}, \quad M_D = 0$$

CD 段内在距 D 点 $x = 1.625 \text{ m}$ 处,弯矩有极值

$$M_{极值} = F_{RD} \times 1.625 - \frac{1}{2} \times q \times 1.625^2 = 5.28 \text{ kN} \cdot \text{m}$$

根据各控制截面的弯矩值和各段弯矩图的形状,可绘出梁的弯矩图如图 9-18(c) 所示。

例题 9-10　试作图 9-19(a) 所示悬臂梁的剪力图和弯矩图。

解　悬臂梁可不求支座反力。

将梁划分为 AB、BC 两段,分别绘制剪力图和弯矩图。

（1）作剪力图。AB 段作用有向下的均布荷载,所以 AB 段的剪力图为向右下方倾斜的直线段;BC 段作用有向上的均布荷载,所以 BC 段的剪力图为向右上方倾斜的直线段。

各控制截面的剪力值为

AB 段　　　　　　　　　　　　　$F_{SA右} = 0, F_{SB左} = -qa$

BC 段　　　　　　　　　　　　　$F_{SB右} = -qa, F_{SC左} = 0$

根据各控制截面的剪力值和各段剪力图的形状,可绘出剪力图如图 9－19(b)所示。

（2）作弯矩图。AB 段作用有向下的均布荷载,所以 AB 段的弯矩图为向下凸的二次抛物线;BC 段作用有向上的均布荷载,所以 BC 段的弯矩图为向上凸的二次抛物线。各控制截面的弯矩值为

$$M_A = 0, \quad M_B = -\frac{qa^2}{2}, \quad M_{C左} = -qa^2$$

根据各控制截面的弯矩值和各段弯矩图的形状,可绘出梁的弯矩图如图 9－19(c)所示。

例题 9－11 试作 9－20(a)所示简支梁的剪力图和弯矩图。

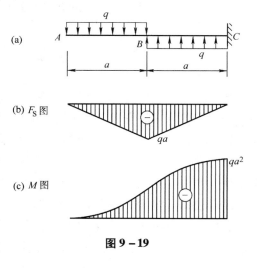

图 9－19

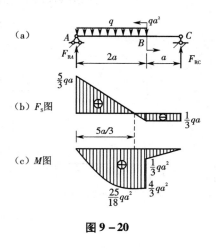

图 9－20

解 首先计算支座反力。由梁的整体平衡可得

$$F_{RA} = 5qa/3(\uparrow), F_{RC} = qa/3(\uparrow)$$

将梁划分为 AB、BC 两段,分别绘制剪力图和弯矩图。

（1）作剪力图。AB 段作用有向下的均布荷载,故 AB 段的剪力图为向右下方倾斜的直线段;BC 段 $q(x) = 0$,故 BC 段的剪力图为水平直线段。

各控制截面的剪力值为

AB 段　　$F_{SA右} = 5qa/3, F_{SB左} = -qa/3$

BC 段　　　　　$F_{SB右} = F_{SC左} = -qa/3$

根据各控制截面的剪力值和各段剪力图的形状,可绘出剪力图如图 9－20(b)所示。

设剪力为零的截面距 A 点为 x,则

$$F_{RA} - qx = 0$$

即

$$x = F_{RA}/q = 5a/3$$

（2）作弯矩图。AB 段作用有向下的均布荷载,故 AB 段的弯矩图为向下凸的二次抛物线;BC 段 $q(x) = 0$,故 BC 段的弯矩图为直线段。

B 点受集中力偶作用,故弯矩图在 B 点有突变,且突变值等于 qa^2。

各控制截面的弯矩值为

AB 段　　　　　　　　$M_A = 0, M_{B左} = \frac{4}{3}qa^2$

距 A 点 $x = \frac{5}{3}a$ 处　　$M_{极值} = F_{RA} \times \frac{5}{3}a - \frac{1}{2} \times q \times \left(\frac{5}{3}a\right)^2 = \frac{25}{18}qa^2$

BC 段　　　　　　　　$M_{B右} = \frac{1}{3}qa^2, M_C = 0$

根据各控制截面的弯矩值和各段弯矩图的形状,可绘出梁的弯矩图如图9-20(c)所示。

9.5　利用叠加原理作剪力图和弯矩图

叠加原理:当作用效应与作用之间成线性关系时,多种作用共同引起的总效应等于各种作用单独引起的效应的叠加。叠加原理的适用条件是:①线性弹性材料,即材料的应力、应变满足胡克定律;②变形很微小,可忽略变形对平衡的影响。

在正常使用状态,结构的变形是很微小的,通常材料也满足线性弹性要求,因此叠加原理在工程力学中应用很广泛。当梁承受多个荷载共同作用时,利用叠加原理,梁的总内力等于各个荷载单独作用时梁的内力的代数和。

利用叠加原理作梁的内力图时,先分别作出梁在各个荷载单独作用下的内力图,然后将各图同一截面的纵坐标叠加起来,即可得到梁在所有荷载共同作用下的内力图。应当注意,内力的叠加不是内力图的简单拼合,而是指各个截面的内力图纵坐标的代数和。实际操作时,只需叠加若干个控制截面的内力,即可作出总的内力图。

例题9-12　试用叠加原理作图9-21(a)所示梁的剪力图和弯矩图。

解　图9-21(a)所示梁可以分解为图(b)和(c)两种情况的叠加。

梁在 M_e 单独作用下的剪力图和弯矩图如图(e)和(h)所示;梁在 F 单独作用下的剪力图和弯矩图如图 (f)和(i)所示。

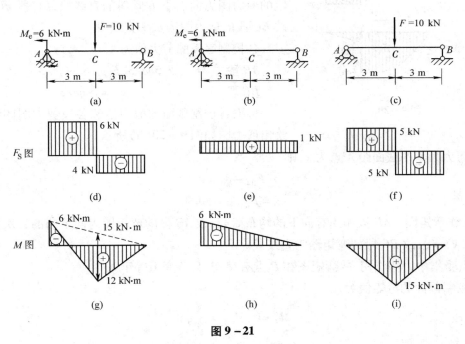

图 9-21

图(e)和(f)叠加得到图(a)所示梁的剪力图如图(d)所示,图(h)和(i)叠加得到图(a)所示梁的弯矩图如图(g)所示。由于 AC、CB 两段梁的剪力图和弯矩图均为直线段,故只需叠加 A、C、B 三个截面的剪力和弯矩即可作出最终的剪力和弯矩图。

例题9-13 试用叠加原理作图9-22(a)所示梁的剪力图和弯矩图。

解 图9-22(a)所示梁可以分解为图(b)和(c)两种情况的叠加。

梁在M_e单独作用下的剪力图和弯矩图如图(e)和(h)所示;梁在q单独作用下的剪力图和弯矩图如图(f)和(i)所示。

图(e)和(f)叠加时,只需叠加A、B两个截面的剪力,即可得到图(a)所示梁的剪力图如图(d)所示。图(h)和(i)叠加时,只需叠加A、B以及梁跨中三个截面的弯矩,即可得到图(a)所示梁的弯矩图如图(g)所示。

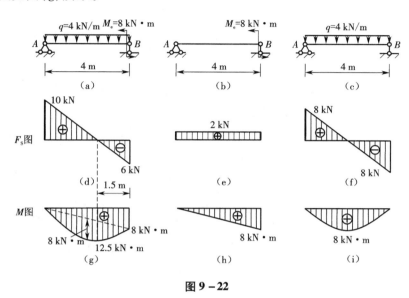

图9-22

思 考 题

9-1 什么是"平面弯曲"？试列举几个平面弯曲梁的实例。

9-2 试用截面法求内力时,怎样才能使由左段梁和右段梁求得的同一截面上的内力不仅大小相等,而且有相同的正负号？

9-3 在求梁横截面上的内力时,为什么可直接由该截面任一侧梁上的外力来计算？

9-4 在写剪力方程、弯矩方程时,在何处需要分段？

9-5 试判断图示各梁的弯矩图是否正确？如有错误,指出错误的原因并加以改正。

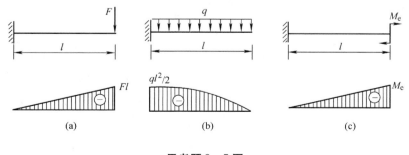

思考题9-5图

9-6　什么是叠加原理,应用叠加原理的前提是什么?

本章习题和习题答案请扫二维码。

第 10 章 梁 的 应 力

前一章讨论了梁的内力计算及内力图的绘制方法,本章将研究梁横截面上应力的分布规律,推导应力的计算公式,为梁的强度计算奠定基础。

梁弯曲时,横截面上一般有两种内力——剪力和弯矩,与此相应的应力也有两种。剪力是沿截面切向分布内力的合力,因此与剪力对应的应力为切应力;弯矩是截面的法向分布内力向截面形心简化的合力矩,因此与弯矩对应的应力为正应力。下面将分别研究梁横截面上的正应力和切应力的分布规律。

10.1 梁的正应力

1. 纯弯曲与平截面假设

图 10-1(a)所示简支梁受对称集中力作用,其剪力图和弯矩图如图 10-1(b)和(c)所示。梁 CD 段横截面上的剪力为零,弯矩大小保持 Fa 不变;而在梁 AC、DB 段的横截面上既有弯矩又有剪力。将梁横截面上存在弯矩而剪力为零时的弯曲称为"**纯弯曲**",例如 CD 梁段;而梁横截面上既有弯矩又有剪力时的弯曲称为"**横力弯曲**",例如 AC、DB 梁段。

为了考察梁横截面上正应力的分布规律,以图 10-2(a)所示矩形等截面直梁为研究对象做如下实验。在梁中部的侧面画出与梁轴线平行的纵向线以及与轴线垂直的横向线。在梁上 C 和 D 处同时施加集中荷载 F,则 CD 梁段发生纯弯曲,如图 10-2(b)所示。在加载过程中,可以观察到以下现象:

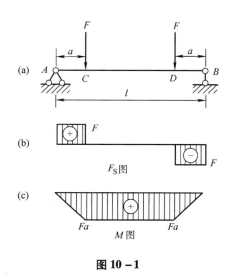

图 10-1

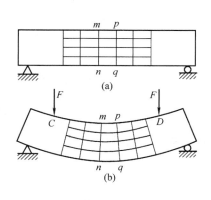

图 10-2

①梁侧面的横向线在变形后仍保持为直线,但互相转动了一个角度,并且仍然垂直于弯曲后的纵向线;

②所有纵向线均弯成曲线,并且梁上部的纵线缩短,下部的纵线伸长。

根据梁弯曲后外表面的上述现象,大致可以推断梁内部的变形情况。由此对纯弯曲梁提出如下假设。

①**平截面假设**:梁的各个横截面在变形过程中仍然保持为平面,并且始终与变形后的梁轴线保持垂直。

②**单向受力假设**:梁的所有纵向纤维均处于单向受力状态,即纵向纤维之间无相互挤压。

设想梁是由无数平行于梁轴线的纵向纤维组成,根据平截面假定,梁弯曲后,梁上侧纤维缩短,下侧纤维伸长。由变形的连续性可知,在梁中一定存在一层纵向纤维既不伸长也不缩短,此层称为**中性层**,中性层与梁横截面的交线称为**中性轴**。中性层把变形后的梁沿高度方向划分为两个区域,中性层以上部分为受压区,中性层以下部分为受拉区。

2. 正应力公式的推导

有了以上假设,即可利用梁的变形条件(几何条件)、应力应变关系(物理条件)和静力平衡条件推导纯弯曲梁的正应力计算公式。

(1)几何条件

用 m—n 和 p—q 横截面从图 10 – 2(a)和(b)所示梁上截取长度为 dx 的微段,变形前后的微段分别如图 10 – 3(a)和(b)所示,其中 O_1O_2 为中性层上的纵向纤维。假设变形后微段两端截面的相对转角为 $d\theta$(图 10 – 3(c)),ρ 表示微段中性层的曲率半径,则弧线 O_1O_2 的长度为

$$dx = \rho d\theta \tag{a}$$

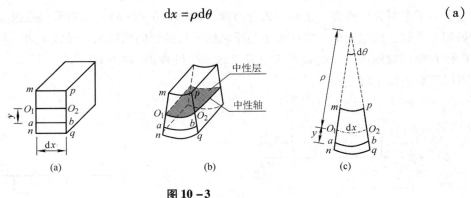

图 10 – 3

距中性层为 y 的纵向纤维 ab 的原长为 $dx = \rho d\theta$,变形后的长度为 $(\rho + y)d\theta$,故其伸长为

$$(\rho + y)d\theta - \rho d\theta = y d\theta = y\frac{dx}{\rho} \tag{b}$$

相应的纵向线应变为

$$\varepsilon = \frac{y\dfrac{dx}{\rho}}{dx} = \frac{y}{\rho} \tag{10 – 1}$$

式(10 – 1)表明,梁上纵向纤维的线应变与它至中性层的距离成正比,与中性层的曲率半

径成反比。纵向纤维离中性层越远,其纵向线应变越大。当纤维位于中性层下部时,y 为正值,应变 ε 也为正值,说明该纤维处于拉伸状态;当纤维位于中性层上部时,y 为负值,应变 ε 也为负值,说明该纤维处于压缩状态。

(2)物理条件

梁的各纵向纤维均处于单向受力状态,因此在弹性范围内纤维上各点的正应力与线应变的关系为

$$\sigma = E\varepsilon \tag{c}$$

将式(10-1)代入上式,得

$$\sigma = E\,\frac{y}{\rho} \tag{10-2}$$

式(10-2)表明,梁横截面上任意点的正应力与该点到中性轴的距离成正比,在同一截面上 y 坐标相同的各点具有相同的正应力。矩形截面上正应力的分布情况如图 10-4 所示。

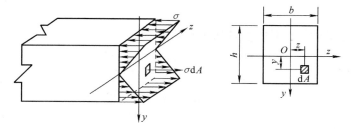

图 10-4

(3)静力平衡条件

在梁横截面上任取一个微元面积 dA,微元面积上的内力为 $dF_N = \sigma dA$,如图 10-4 所示。无数个微元面积上的内力构成空间平行力系,它们向截面形心简化可得三个内力分量

$$F_N = \int_A \sigma dA, \quad M_y = \int_A z\sigma dA, \quad M_z = \int_A y\sigma dA$$

而对于图 10-2 所示梁,由截面法可知,纯弯曲段的任意截面上只存在绕 z 轴(中性轴)的弯矩 M_z,轴力 F_N 和弯矩 M_y 都为零。如果用 M 表示任意截面的弯矩大小,则有

$$F_N = \int_A \sigma dA = 0 \tag{d}$$

$$M_y = \int_A z\sigma dA = 0 \tag{e}$$

$$M_z = \int_A y\sigma dA = M \tag{f}$$

将式(10-2)代入式(d)可得

$$\int_A \frac{Ey}{\rho}dA = 0$$

式中:E、ρ 为常量,可提到积分号前面,所以有

$$\int_A y dA = S_z = 0 \tag{g}$$

式中：S_z 为梁横截面对 z 轴（中性轴）的静矩。$S_z = 0$ 说明 z 轴为横截面的形心轴，因此中性轴通过横截面的形心。

将式（10−2）代入式（e）可得

$$\int_A \frac{Ezy}{\rho} \mathrm{d}A = \frac{E}{\rho} \int_A zy\mathrm{d}A = 0$$

因此

$$\int_A zy\mathrm{d}A = I_{yz} = 0 \qquad\qquad\qquad (\text{h})$$

即梁横截面对 y、z 轴的惯性积等于零，说明 y、z 轴为横截面的主轴，又 y、z 轴通过横截面的形心，所以 y、z 轴为横截面的形心主轴。

将式（10−2）代入式（f）可得

$$\int_A \frac{Ey^2}{\rho} \mathrm{d}A = \frac{E}{\rho} \int_A y^2\mathrm{d}A = \frac{EI_z}{\rho} = M$$

式中：$I_z = \int_A y^2\mathrm{d}A$ 是梁横截面对中性轴的惯性矩。

将上式整理后可得

$$\frac{1}{\rho} = \frac{M}{EI_z} \qquad\qquad\qquad\qquad (10-3)$$

式中：$1/\rho$ 为中性层的曲率。

由式（10−3）可知，曲率与弯矩 M 成正比，与 EI_z 成反比。当弯矩一定时，EI_z 值越大，中性层的曲率就越小，梁的弯曲变形就越小。因此，EI_z 反映了梁抵抗弯曲变形的能力，称之为梁的**弯曲刚度**。

将式（10−3）代入式（10−2），可得

$$\sigma = \frac{My}{I_z} \qquad\qquad\qquad\qquad (10-4)$$

式（10−4）即纯弯曲梁横截面上任一点的正应力计算公式。由公式可知，梁横截面上任一点的正应力，与截面上的弯矩和该点到中性轴的距离成正比，与截面对中性轴的惯性矩成反比。

利用式（10−4）计算梁横截面上任一点的正应力时，应将 M、y 的数值和正负号一同代入，计算出的正应力；如果为正，即为拉应力，如果为负，则为压应力。

式（10−4）是在纯弯曲的情况下推导出来的，而在实际工程中，梁大多发生**横力弯曲**，即梁横截面上既有弯矩又有剪力。剪力的存在会对横截面上正应力的分布规律产生影响。而弹性理论的分析结果表明，当矩形截面梁的跨度与截面高度之比 $l/h \geqslant 5$ 时，剪切变形的影响可忽略不计，利用式（10−4）来计算横力弯曲时梁横截面上的正应力，误差很小，可以满足工程精度要求。

例题 10−1 图 10−5 所示矩形截面悬臂梁，在自由端受集中力 F 作用，已知 $h = 0.18$ m，$b = 0.12$ m，$y_K = -0.06$ m，$a = 2$ m，$F = 1.5$ kN。试求 C 截面上 K 点的正应力。

解 先计算 C 截面上的弯矩

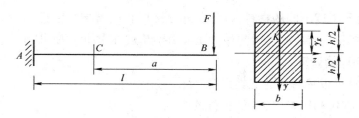

图 10-5

$$M_C = -Fa = -1.5 \times 10^3 \times 2 = -3 \times 10^3 \text{ N} \cdot \text{m}$$

截面对中性轴的惯性矩

$$I_z = \frac{bh^3}{12} = \frac{0.12 \times 0.18^3}{12} = 5.83 \times 10^{-5} \text{ m}^4$$

将 M_C、I_z、y_K 代入正应力计算公式,则有

$$\sigma_K = \frac{M_C}{I_z} y_K = \frac{-3 \times 10^3}{5.83 \times 10^{-5}} \times (-0.06) = 3.09 \times 10^6 \text{ Pa} = 3.09 \text{ MPa}$$

K 点的正应力为正值,表明其为拉应力。

10.2 梁的正应力强度条件及其应用

1. 梁的正应力强度条件

由式(10-4)可知,梁任一横截面 K 上的最大正应力发生在距中性轴最远处,此时

$$\sigma_{\max}^K = \frac{M_K}{I_z} y_{\max}$$

对于等截面梁而言,梁内最大正应力发生在弯矩最大的横截面上距中性轴最远处,即

$$\sigma_{\max} = \frac{M_{\max}}{I_z} y_{\max}$$

上式可改写为

$$\sigma_{\max} = \frac{M_{\max}}{W_z} \tag{10-5}$$

式中:$W_z = \dfrac{I_z}{y_{\max}}$ 称为**弯曲截面系数**(或**抗弯截面模量**),其大小与梁的截面形状和尺寸有关。

矩形截面 $\qquad\qquad W_z = \dfrac{bh^3/12}{h/2} = \dfrac{bh^2}{6}$

圆形截面 $\qquad\qquad W_z = \dfrac{\pi d^4/64}{d/2} = \dfrac{\pi d^3}{32}$

常见的热轧型钢截面的弯曲截面系数 W_z 见附录Ⅱ的型钢规格表。

为了保证梁的安全,必须使梁内的最大正应力不超过材料的许用应力,因此梁的正应力强度条件为

$$\sigma_{\max} = \frac{M_{\max}}{W_z} \leqslant [\sigma] \tag{10-6}$$

对于抗拉和抗压强度不同的材料,应分别进行抗拉和抗压强度验算。梁的最大拉应力不超过许用拉应力,即 $\sigma_{t,max} \leqslant [\sigma_t]$;梁的最大压应力不超过许用压应力,即 $\sigma_{c,max} \leqslant [\sigma_c]$。

2. 三类强度问题的计算

利用式(10-6)可以求解梁的三类强度问题。

①校核强度。直接利用式(10-6)进行校核。

②选择截面。此时应将式(10-6)改写为

$$W_z \geqslant \frac{M_{max}}{[\sigma]}$$

③确定许用荷载。此时应将式(10-6)改写为

$$M_{max} \leqslant W_z[\sigma]$$

例题 10-2 图 10-6(a)所示为一矩形截面简支木梁,已知 $l = 4$ m,$b = 140$ mm,$h = 210$ mm,$q = 2$ kN/m,弯曲时木材的许用正应力$[\sigma] = 10$ MPa,试校核该梁的强度。

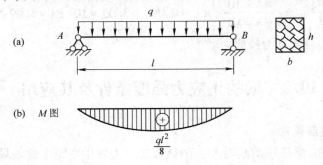

图 10-6

解 画出梁的弯矩图如图 10-6(b)所示。梁的最大弯矩发生在跨中截面,其大小为

$$M_{max} = \frac{1}{8}ql^2 = \frac{1}{8} \times 2 \times 10^3 \times 4^2 = 4 \times 10^3 \text{ N} \cdot \text{m}$$

弯曲截面系数

$$W_z = \frac{bh^2}{6} = \frac{1}{6} \times 0.14 \times 0.21^2 = 1.03 \times 10^{-3} \text{ m}^3$$

梁的最大正应力发生在弯矩最大的截面上,有

$$\sigma_{max} = \frac{M_{max}}{W_z} = \frac{4 \times 10^3}{1.03 \times 10^{-3}} = 3.88 \times 10^6 \text{ Pa} = 3.88 \text{ MPa} < [\sigma]$$

所以,满足正应力强度要求。

例题 10-3 一 T 形截面外伸梁如图 10-7(a)所示。已知 $l = 1\ 200$ mm,$a = 110$ mm,$b = 30$ mm,$c = 80$ mm,$F_1 = 12$ kN,$F_2 = 8$ kN,材料的许用拉应力$[\sigma_t] = 30$ MPa,许用压应力$[\sigma_c] = 90$ MPa,试校核梁的强度。

解 (1)画出梁的弯矩图如图 10-7(b)所示。

(2)确定截面形心 C 的位置,从而确定中性轴 z 的位置。

$$y_1 = \frac{110 \times 30 \times 15 + 30 \times 80 \times 70}{110 \times 30 + 30 \times 80} \approx 38 \text{ mm} = 0.038 \text{ m}$$

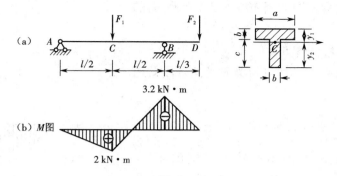

图 10-7

$$y_2 = 110 - 38 = 72 \text{ mm} = 0.072 \text{ m}$$

（3）截面对中性轴 z 的惯性矩：

$$I_z = \left[\frac{110 \times 30^3}{12} + 110 \times 30 \times (38 - 15)^2\right] + \left[\frac{30 \times 80^3}{12} + 30 \times 80 \times (72 - 40)^2\right]$$

$$= 5\ 730\ 800 \text{ mm}^4 \approx 5.73 \times 10^{-6} \text{ m}^4$$

（4）校核强度。因材料的抗拉和抗压强度不同，故需分别校核最大拉应力和最大压应力。由于中性轴不是截面的对称轴，而正、负弯矩又同时存在，因此需比较最大正弯矩和最大负弯矩两个截面上的应力，才能确定梁的最大拉应力和最大压应力的具体位置。

①校核最大拉压力。

在最大正弯矩截面 C 上，最大拉应力发生在截面的下边缘，其大小为

$$\sigma_{t,max}^C = \frac{M_C y_2}{I_z} = \frac{2 \times 10^3 \times 0.072}{5.73 \times 10^{-6}} = 2.513 \times 10^7 \text{ Pa} = 25.13 \text{ MPa}$$

在最大负弯矩截面 B 上，最大拉应力发生在截面的上边缘，其大小为

$$\sigma_{t,max}^B = \frac{|M_B| y_1}{I_z} = \frac{3.2 \times 10^3 \times 0.038}{5.73 \times 10^{-6}} = 2.122 \times 10^7 \text{ Pa} = 21.22 \text{ MPa}$$

因此梁的最大拉应力发生在 C 截面的下边缘处，且

$$\sigma_{t,max} = \sigma_{t,max}^C = 25.13 \text{ MPa} < [\sigma_t]$$

满足要求。

②校核最大压应力。

C 截面上的最大压应力发生在截面上边缘，距中性轴为 y_1；B 截面上的最大压应力发生在截面下边缘，距中性轴为 y_2。因 $|M_B| > M_C$ 且 $y_2 > y_1$，所以梁的最大压应力发生在 B 截面的下边缘处，其大小为

$$\sigma_{c,max} = \frac{|M_B| y_2}{I_z} = \frac{3.2 \times 10^3 \times 0.072}{5.73 \times 10^{-6}} = 4.021 \times 10^7 \text{ Pa} = 40.21 \text{ MPa} < [\sigma_c]$$

满足要求。

综合①、②可知，此梁满足强度要求。

例题 10-4 图 10-8（a）所示简支梁由热轧工字钢制成，钢材的许用应力 $[\sigma] = 150$ MPa，试选择工字钢的型号。

解 画出梁的弯矩图如图 10-8(b)所示,梁的最大弯矩值为

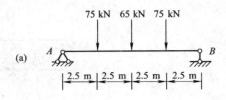

$$M_{max} = 375 \text{ kN} \cdot \text{m}$$

由梁的正应力强度条件可得梁所需的弯曲截面系数为

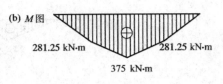

$$W_z \geq \frac{M_{max}}{[\sigma]} = \frac{375 \times 10^3}{150 \times 10^6} = 2.5 \times 10^{-3} \text{ m}^3 = 2\ 500 \text{ cm}^3$$

由附录 Ⅱ 表 3 查得 56c 号工字钢的 $W_z = 2\ 551.41 \text{ cm}^3 > 2\ 500 \text{ cm}^3$,满足截面要求,故可选用 56c 号热轧工字钢。

图 10-8

若选用 56b 号工字钢,则 $W_z = 2\ 446.69 \text{ cm}^3$,略小于 $2\ 500 \text{ cm}^3$,此时梁的最大正应力为

$$\sigma_{max} = \frac{M_{max}}{W_z} = \frac{375 \times 10^3}{2\ 446.69 \times 10^{-6}} = 1.533 \times 10^8 \text{ Pa} = 153.3 \text{ MPa}$$

超出许用应力 2.2% < 5%,处于工程允许误差范围内,故也可选用 56b 号热轧工字钢。

10.3 梁横截面上的切应力及梁的切应力强度条件

1. 矩形截面梁的切应力

推导矩形截面梁的切应力公式时,采用了以下两条假设:

①横截面上各点的切应力均与侧边平行;

②切应力沿截面宽度均匀分布,即与中性轴距离相等的各点的切应力相等。

图 10-9 所示为承受任意荷载的矩形截面梁。在距 A 端为 x 和 $x+dx$ 处用横截面 a—a 与 b—b 截取长度为 dx 的微段。假设在微段上没有荷载作用,则横截面 a—a 与 b—b 具有相同的剪力和相同的切应力的分布。设截面 a—a 上的弯矩为 M,截面 b—b 上的弯矩可用 $M + dM$ 表示,如图 10-10(a)所示;微段两端横截面上的应力分布如图 10-10(b)所示。

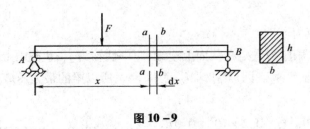

图 10-9

现假设用一水平截面将微段梁截开,以截面下侧脱离体为研究对象,由于脱离体的左、右侧面上存在竖向切应力 τ,由切应力互等定理可知,在脱离体的顶面上一定存在切应力 τ',且 $\tau' = \tau$,如图 10-10(c)所示。若分别以 F_{N1}、F_{N2} 表示脱离体左、右侧面上法向内力的合力,用 dF_S 表示脱离体顶面上切应力的合力,如图 10-10(d)所示,则由脱离体的平衡条件 $\sum F_x =$

0 得

$$F_{N2} - F_{N1} - dF_S = 0 \qquad (a)$$

其中

$$F_{N1} = \int_{A^*} \sigma dA = \int_{A^*} \frac{My_1}{I_z} dA = \frac{M}{I_z} \int_{A^*} y_1 dA = \frac{MS_z^*}{I_z} \qquad (b)$$

$$F_{N2} = \int_{A^*} (\sigma + d\sigma) dA = \int_{A^*} \frac{(M + dM)y_1}{I_z} dA = \frac{(M + dM)S_z^*}{I_z} \qquad (c)$$

式中：A^* 是横截面上距中性轴为 y 的横线以外部分的面积（图 10-10(e)），$S_z^* = \int_{A^*} y_1 dA$ 为面积 A^* 对中性轴 z 的静矩。

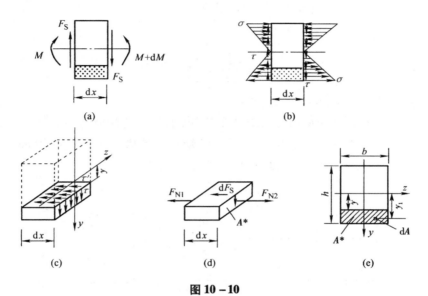

图 10-10

由于 dx 很微小，所以脱离体顶面上的切应力可认为是均匀分布的，即

$$dF_S = \tau' b dx \qquad (d)$$

将式（b）、（c）、（d）代入式（a），得

$$\frac{(M + dM)S_z^*}{I_z} - \frac{MS_z^*}{I_z} - \tau' b dx = 0$$

经整理后可得

$$\tau' = \frac{dM S_z^*}{dx \, I_z b}$$

将 $\dfrac{dM}{dx} = F_S$ 和 $\tau' = \tau$ 代入上式，最后得出

$$\tau = \frac{F_S S_z^*}{I_z b} \qquad (10-8)$$

式中：F_S 为横截面上的剪力；S_z^* 为面积 A^* 对中性轴的静矩；I_z 为横截面对中性轴的惯性矩；b 为截面的宽度。

式(10-8)即为矩形截面梁横截面上任一点的切应力计算公式。

对于矩形截面梁,由图10-11(a)可知

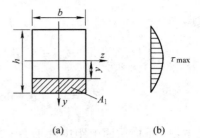

$$S_z^* = b\left(\frac{h}{2} - y\right)\left[y + \frac{1}{2}\left(\frac{h}{2} - y\right)\right] = \frac{b}{2}\left(\frac{h^2}{4} - y^2\right) \quad (e)$$

将式(e)代入式(10-8),可得

$$\tau = \frac{F_S}{2I_z}\left(\frac{h^2}{4} - y^2\right) \tag{f}$$

式(f)表明矩形截面梁横截面上的切应力沿梁高按二次抛物线规律分布(图10-11(b))。在截面上、下边缘 $\left(y = \pm\frac{h}{2}\right)$ 处,$\tau = 0$;而在中性轴上($y = 0$),切应力有最大值

图 10-11

$$\tau_{max} = \frac{F_S h^2}{8I_z} = \frac{3F_S}{2bh} = \frac{3F_S}{2A} \tag{g}$$

式中:$A = bh$ 是横截面的面积。

由此可见,矩形截面梁横截面上的最大切应力是截面平均切应力的1.5倍。

例题 10-5 一矩形截面简支梁如图10-12所示。已知 $l = 3$ m,$h = 160$ mm,$b = 100$ mm,$y = 40$ mm,$F = 3$ kN。试求 m—m 截面上 K 点的切应力。

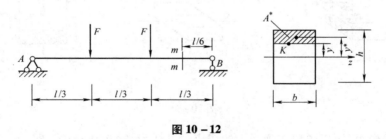

图 10-12

解 先求出 m—m 截面上的剪力为 $F_S = -3$ kN,截面对中性轴的惯性矩为

$$I_z = \frac{bh^3}{12} = \frac{0.1 \times 0.16^3}{12} = 3.41 \times 10^{-5} \text{ m}^4$$

面积 A^* 对中性轴的静矩为

$$S_z = A^* y^* = 0.1 \times 0.04 \times 0.06 = 2.4 \times 10^{-4} \text{ m}^3$$

则 K 点的切应力大小为

$$\tau = \frac{|F_S|S_z}{I_z b} = \frac{3 \times 10^3 \times 2.4 \times 10^{-4}}{3.41 \times 10^{-5} \times 0.1} = 2.1 \times 10^5 \text{ Pa} = 0.21 \text{ MPa}$$

2. 工字形截面梁的切应力

工字形截面由上、下翼缘和中间的腹板组成。

(1)腹板上的切应力

由于腹板是狭长矩形,仍然可以采用前述两个假设,因此上一小节推导的切应力计算公式也适用于工字形截面的腹板,即

$$\tau = \frac{F_S S_z^*}{I_z b_1}$$

式中：F_S 为横截面上的剪力；S_z^* 为欲求应力点到截面边缘间的面积对中性轴的静矩；I_z 为横截面对中性轴的惯性矩；b_1 为腹板的厚度。

腹板上的切应力沿腹板高度方向也按抛物线规律分布，最大切应力发生在截面的中性轴上，如图 10-13(a) 所示。

（2）翼缘上的切应力

翼缘上切应力的情况比较复杂，既有平行于 y 轴的竖向切应力，也有平行于 z 轴的水平切应力。当翼缘的厚度不大时，竖向切应力很小，一般不予考虑。

翼缘上的水平切应力可认为沿翼缘厚度是均匀分布的，其计算公式与矩形截面的切应力公式形式相同，即

$$\tau = \frac{F_S S_z^*}{I_z \delta}$$

式中：F_S 为横截面上的剪力；S_z^* 为欲求应力点到翼缘边缘间的面积对中性轴的静矩；I_z 为横截面对中性轴的惯性矩；δ 为翼缘的厚度。

水平切应力的大小沿翼缘宽度方向呈线性分布，如图 10-13(b) 所示。理论和实验研究表明，工字形截面上各点的切应力方向大致如图 10-13(c) 所示或者与之正好相反。切应力好像是沿截面流动的水流，从一侧翼缘的两个边缘开始，共同向翼缘中间流动，在翼缘和腹板相交处汇合到一起，然后沿着腹板流动到另一侧的翼缘和腹板相交处，又重新分为两股，分别向翼缘的两个边缘流动。把切应力的这种分布形象地称为"切应力流"。薄壁截面梁受横力弯曲时，横截面上的切应力都会形成切应力流。切应力流的方向，可由横截面上剪力的方向确定。

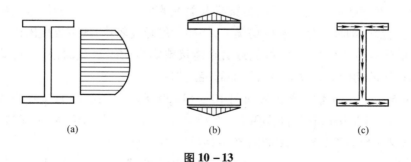

（a）   （b）   （c）

图 10-13

3. T 形截面梁的切应力

T 形截面可以看成是由翼缘和腹板两部分矩形截面组成，其中狭长腹板与工字形截面的腹板相似，因此 T 形截面腹板上的切应力仍用下式计算：

$$\tau = \frac{F_S S_z^*}{I_z b_1}$$

最大切应力仍然发生在截面的中性轴上。

4. 圆形及环形截面梁的切应力

圆形及薄壁环形截面梁的最大竖向切应力都发生在中性轴上,并沿中性轴均匀分布,计算公式如下。

圆形截面

$$\tau_{max} = \frac{4}{3}\frac{F_S}{A}$$

式中:F_S 为横截面上的剪力;A 为圆形截面的面积。

薄壁环形截面

$$\tau_{max} = 2\frac{F_S}{A}$$

式中:F_S 为横截面上的剪力;A 为薄壁环形截面的面积。

5. 梁的切应力强度条件

如上所述,梁任一横截面 K 上的最大切应力一般发生在中性轴上,即

$$\tau_{max}^K = \frac{F_{SK}S_{z,max}^*}{I_z b}$$

对于等截面梁而言,梁内最大切应力发生在剪力最大的横截面上中性轴处,即

$$\tau_{max} = \frac{F_{S,max}S_{z,max}^*}{I_z b}$$

为了保证梁的安全,梁内的最大切应力不能超过材料的许用切应力,因此梁的切应力强度条件为

$$\tau_{max} = \frac{F_{S,max}S_{z,max}^*}{I_z b} \leqslant [\tau] \tag{10-9}$$

在进行梁的强度计算时,必须同时满足正应力强度条件和切应力强度条件。通常,梁的强度计算由正应力强度条件控制,只要根据梁横截面上的最大正应力来设计截面,然后再按切应力强度条件进行校核即可。但在某些情况下,例如梁的跨度较小,或在支座附近作用有较大的荷载,导致梁的弯矩较小而剪力很大时;或者在铆接或焊接的组合截面钢梁中,横截面腹板的高厚比较大时,梁的切应力强度条件也可能起控制作用。

例题 10-6 一外伸工字形钢梁如图 10-14(a)所示。工字钢的型号为 22a,已知 $l = 6$ m,$F = 30$ kN,$q = 6$ kN/m,材料的许用应力 $[\sigma] = 170$ MPa,$[\tau] = 100$ MPa,试校核梁的强度。

解 作出梁的剪力图和弯矩图如图 10-14(b)和(c)所示。

(1)校核最大正应力。最大正应力发生在弯矩最大的截面上。由附录Ⅱ表3可知

$$W_z = 309 \text{ cm}^3 = 3.09 \times 10^{-4} \text{ m}^3$$

则最大正应力为

$$\sigma_{max} = \frac{M_{max}}{W_z} = \frac{39 \times 10^3}{3.09 \times 10^{-4}} = 1.26 \times 10^8 \text{ Pa} = 126 \text{ MPa} < [\sigma]$$

(2)校核最大切应力。最大切应力发生在剪力最大的截面上。由附录Ⅱ表3可知

$$\frac{I_z}{S_{z,max}^*} = 18.9 \text{ cm} = 0.189 \text{ m}$$

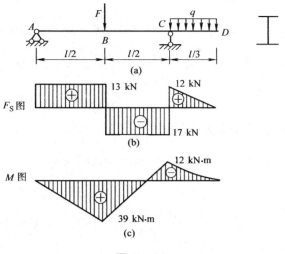

图 10−14

$$b_1 = d = 7.5 \ \text{mm} = 0.0075 \text{m}$$

则最大切应力为

$$\tau_{\max} = \frac{F_{\text{S,max}} S_{z,\text{max}}}{I_z b_1} = \frac{17 \times 10^3}{0.189 \times 0.0075} = 1.2 \times 10^7 \ \text{Pa} = 12 \ \text{MPa} < [\tau]$$

所以,此梁的强度满足要求。

例题 10−7 图 10−15(a)所示为起重设备简图。已知起重量(包含电葫芦自重)$F = 30 \ \text{kN}$,跨长 $l = 5 \ \text{m}$。梁由 20a 号工字钢制成,许用应力 $[\sigma] = 170 \ \text{MPa}$,$[\tau] = 100 \ \text{MPa}$。试校核梁的强度。

解 由于荷载是移动的,需确定简支梁可能出现的最大弯矩和最大剪力,分别称之为绝对最大弯矩和绝对最大剪力。

在集中力作用下,简支梁的最大弯矩发生在集中力作用的截面;而当集中力 F 作用在梁跨中时(图 10−15(b)),跨中截面的弯矩为梁的绝对最大弯矩;当集中力 F 作用在梁任一支座边缘时(图 10−15(d)),支座边缘截面的剪力为梁的绝对最大剪力。

(1)校核正应力强度。集中力 F 作用在梁跨中时,梁的弯矩图如图 10−15(c)所示,梁的绝对最大弯矩值为

$$M_{\max} = 37.5 \ \text{kN} \cdot \text{m}$$

由附录Ⅱ表3查得 20a 号工字钢

$$W_z = 237 \ \text{cm}^3 = 2.37 \times 10^{-4} \ \text{m}^3$$

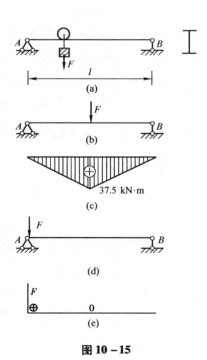

图 10−15

则梁的最大正应力为

$$\sigma_{max} = \frac{M_{max}}{W_z} = \frac{37.5 \times 10^3}{237 \times 10^{-4}} = 1.58 \times 10^8 \ Pa = 158 \ MPa < [\sigma]$$

（2）校核切应力强度。集中力 F 作用在梁 A 支座边缘时，梁的剪力图如图 $10-15(e)$ 所示，梁的绝对最大剪力值为

$$F_{S,max} = F = 30 \ kN$$

对于 20a 号工字钢，由附录 Ⅱ 表 3 可知

$$\frac{I_z}{S_{z,max}} = 17.2 \ cm, b_1 = d = 7 \ mm$$

则梁的最大切应力为

$$\tau_{max} = \frac{F_{S,max} S_{z,max}}{I_z b_1} = \frac{30 \times 10^3}{17.2 \times 10^{-2} \times 7 \times 10^{-3}} = 2.49 \times 10^7 \ Pa = 24.9 \ MPa < [\tau]$$

所以，此梁的强度满足要求。

10.4　梁的合理截面形式及变截面梁

设计梁时，一方面要保证梁有足够的强度，能够在使用期间安全地工作；另一方面应充分利用材料，以达到经济适用的目的。因此，设计师需要合理选择梁的截面形式和尺寸。

1. 梁的合理截面形式

由式（10 - 6）可知，梁的抗弯能力取决于弯曲截面系数 W_z 的大小，所以在截面面积相同的条件下具有较大的弯曲截面系数的截面，就是梁的合理截面形式。

下面将分析比较矩形截面、正方形截面和圆形截面的合理性。

如图 10 - 16 所示四个截面可分为三类：图（a）和（b）为矩形截面，图（c）为正方形截面，图（d）为圆形截面。三类截面的面积相同，即 $bh = a^2 = \frac{\pi d^2}{4}$。

三类截面的 W_z 分别为

$$W_{z矩} = \frac{bh^2}{6}, \quad W_{z方} = \frac{a^3}{6}, \quad W_{z圆} = \frac{\pi d^3}{32}$$

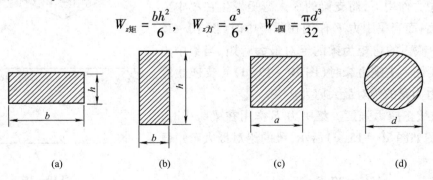

图 10 - 16

先对比矩形和正方形截面。由 $bh = a^2$，可得

$$\frac{W_{z矩}}{W_{z方}} = \frac{bh^2/6}{a^3/6} = \frac{h}{a}$$

当 $h > b$ 时,有 $h^2 > bh = a^2 > b^2$,得 $h > a > b$,从而 $\frac{h}{a} > 1$,即 $W_{z矩} > W_{z方}$,说明图 10-16(b)所示矩形截面比图(c)所示正方形截面更合理。而当 $h < b$ 时,有 $h^2 < bh = a^2 < b^2$,得 $h < a < b$,故 $\frac{h}{a} < 1$,即 $W_{z矩} < W_{z方}$,说明图 10-16(c)所示正方形截面比图(a)所示矩形截面更合理。

再对比正方形和圆形截面。由 $\frac{\pi d^2}{4} = a^2$,得 $a = \frac{\sqrt{\pi}}{2}d$,于是

$$\frac{W_{z方}}{W_{z圆}} = \frac{a^3/6}{\pi d^3/32} = \frac{\pi\sqrt{\pi}d^3/48}{\pi d^3/32} = 1.18 > 1$$

说明图 10-16(c)所示正方形截面比相同面积的圆形截面(图(d))更合理。

从以上分析可以看出,W_z 值与截面的高度和截面的面积分布有关。截面的高度越大,面积分布离中性轴越远,W_z 值就越大;反之,截面的高度越小,面积分布得离中性轴越近,W_z 值就越小。所以,选择合理截面的基本原则是尽可能地增大截面的高度,并让截面面积尽量分布在距中性轴较远的地方。这个原则的合理性也可以用梁横截面上正应力的分布规律来说明。在横截面上距中性轴越远的地方,正应力越大,而在中性轴附近,正应力很小,故在中性轴附近的材料不能充分发挥作用,而距中性轴越远的材料,则越能充分发挥它们的作用。因此,在实际工程中,经常采用工字形、环形、箱形等截面形式,如图 10-17 所示。

图 10-17

当然,在确定梁截面的合理形式时,不能片面地只考虑强度方面的要求,同时还应考虑刚度、稳定性以及施工便利性等方面的要求。例如,设计矩形截面梁时,从强度方面考虑,可加大截面的高度,减小截面的宽度,这样在截面面积不变的条件下,可得到较大的弯曲截面系数。但如果截面的高度过大、宽度过小,梁就可能因侧向失稳而破坏,如图 10-18 所示。

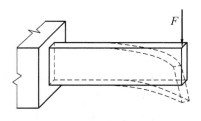

图 10-18

2. 变截面梁

设计一根梁时,通常根据危险截面上的最大弯矩来设计。如果采用等截面梁,在弯矩较小的截面,材料没有充分发挥作用。要想充分利用材料,应该在弯矩较大的地方采用较大的截面,在弯矩较小的地方采用较小的截面,这种横截面沿着梁轴线变化的梁,称为**变截面梁**。最理想的变截面梁是梁的各个截面上的最大正应力同时达到材料的许用应力,即

$$\sigma_{max} = \frac{M(x)}{W_z(x)} = [\sigma]$$

故

$$W_z(x) = \frac{M(x)}{[\sigma]} \qquad\qquad (10-10)$$

式中：$M(x)$ 为任一横截面上的弯矩；$W_z(x)$ 为该截面的弯曲截面系数。截面按式 $(10-10)$ 变化的梁称为**等强度梁**。

下面以长度为 l，自由端作用有集中力 F 的矩形截面悬臂梁为例，说明等强度梁的设计计算步骤。

假定梁截面的高度为常量 $h = h_0$，而其宽度为变量 $b = b(x)$，则距离自由端为 x 处截面的弯曲截面系数为

$$W(x) = \frac{b(x)h_0^2}{6}$$

弯矩为

$$M(x) = -Fx$$

而固定端截面的弯曲截面系数为

$$W_0 = \frac{b_0 h_0^2}{6}$$

弯矩为

$$M_{max} = -Fl$$

利用

$$\sigma_{max} = \frac{M(x)}{W(x)} = \frac{M_{max}}{W_0}$$

可得

$$\frac{6Fx}{b(x)h_0^2} = \frac{6Fl}{b_0 h_0^2}$$

故

$$b(x) = b_0 \frac{x}{l}$$

亦即当等强度梁的截面高度为常数时，截面的宽度将按直线变化，如图 $10-19(a)$ 所示。为了满足抗剪强度的要求，在自由端附近截面，还应根据切应力强度条件计算截面所需要的最小宽度 b_{min}，故该等强度梁的最终形状如图 $10-19(b)$ 所示。

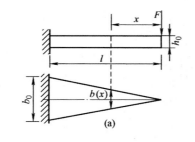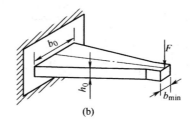

图 10-19

10.5* 剪切中心的概念

在实际工程中,可能遇到非对称梁或单轴对称梁。在荷载作用下,这些梁除了发生弯曲变形外,通常还会发生扭转变形。

例如图 10-20(a)所示的槽形截面悬臂梁,O 点为横截面的形心,Oz 轴为横截面的对称轴,Oy 轴为通过形心与 Oz 轴垂直的非对称轴。若在梁的自由端沿 Oy 轴作用一集中力 F,则梁将发生图 10-20(b)所示的弯曲和扭转联合变形。下面分析梁产生弯扭变形的原因。

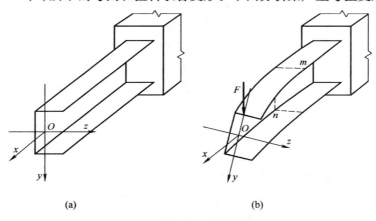

图 10-20

当梁在自由端受竖向集中力 F 作用时,任一横截面 $m—n$ 上的剪力为 F。截面上的切应力形成"切应力流",腹板上存在竖向切应力,上、下翼缘存在方向相反的水平切应力,如图 10-21(a)所示。上、下翼缘切应力的合力大小相等、方向相反,假设用 F_{S1} 表示,则腹板上切应力的合力即为截面的剪力 F,如图 10-21(b)所示。将翼缘上的剪力 F_{S1} 向腹板中心简化,得到一个力偶矩为 $F_{S1}h$ 的力偶,如图 10-21(c)所示。作用在腹板中心的剪力 F 和力偶可进一步简化为作用在 S 点的剪力 F,S 点与腹板中心的距离为 $e = F_{S1}h/F$,如图 10-21(d)所示。

由图 10-21(d)可知,梁横截面上的剪力与外荷载不在同一纵向平面内,因此梁发生弯曲变形的同时,必然发生扭转变形。图 10-21(d)中的 S 点称为截面的**剪切中心**或**弯曲中心**。当集中力 F 通过截面的剪切中心时,梁只产生弯曲而没有扭转,如图 10-22 所示。

扭转变形对梁受弯很不利,因此外荷载应尽量通过截面的剪切中心,以减少梁的扭转。

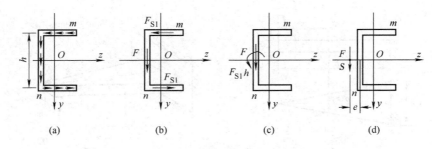

图 10 -21

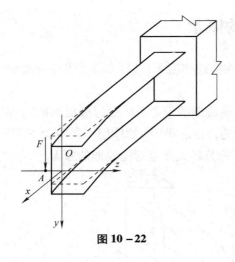

图 10 -22

对于实心截面和封闭空心截面,剪切中心通常靠近形心。这些截面一般具有较高的扭转刚度,因此如果荷载作用于形心或接近形心,可以忽略扭转的影响。

而薄壁开口截面(如槽形截面、角形截面、十字形截面)的扭转刚度很低,如果荷载不通过剪切中心,必须考虑扭转的影响。因此,确定薄壁开口截面的剪切中心具有重要意义。

剪切中心的位置取决于截面的形状和尺寸,与受力条件无关,它是截面的几何性质。确定薄壁开口截面的剪切中心可以利用以下四个规律:

①双轴对称截面的剪切中心位于两个对称轴的交点处;

②单轴对称截面的剪切中心位于对称轴上;

③由两个狭长矩形组成的截面,其剪切中心位于两个狭长矩形中心线的交点处;

④点对称的 z 形截面的剪切中心位于对称中心(或形心)。

表 10 -1 列出了几种常见的薄壁开口截面剪切中心的位置。

表 10 -1　几种常见薄壁开口截面剪切中心位置

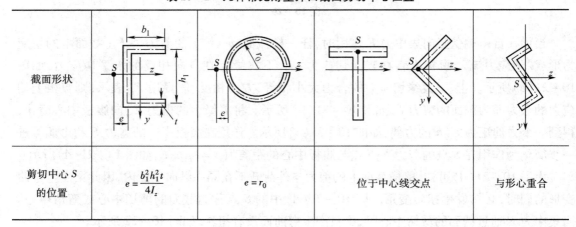

截面形状				
剪切中心 S 的位置	$e = \dfrac{b_1^2 h_1^2 t}{4I_z}$	$e = r_0$	位于中心线交点	与形心重合

思 考 题

10-1 在推导平面弯曲正应力公式时作了哪些假设? 这些假设成立的条件是什么?

10-2 解释下面概念并说明其不同:纯弯曲与横力弯曲、中性轴与形心轴、形心与剪切中心。

10-3 是否弯矩最大的截面,就是梁的最危险截面?

10-4 等直梁在弯曲时,为什么中性轴必定通过截面的形心?

10-5 有一直径为 d 的钢丝,绕在直径为 D 的圆筒上,钢丝仍然处于弹性范围。为了减小弯曲应力,有人认为要加大钢丝的直径,对吗? 试说明其理由。

10-6 矩形或圆形简支木梁,在较大的横向均布荷载作用下,为什么会在两支座处出现纵向裂纹? 这些裂纹最大可能发生在横截面的什么位置? 为什么?

10-7 如何确定剪切中心的位置? 为什么说剪切中心一定在横截面的对称轴上? 没有对称轴的横截面,剪切中心的位置能否直接判断?

本章习题和习题答案请扫二维码。

第 11 章　梁弯曲时的变形

11.1　概　　述

本章将研究梁在平面弯曲时的变形计算。梁在平面弯曲时的变形通常用横截面形心处的竖向位移和横截面的转角这两个位移量来度量。计算梁变形的目的有两个:一是进行梁的刚度计算,以确保梁的变形不超过规范所允许的限值,保证梁的正常工作;二是为超静定梁的计算打下基础,求解超静定梁时,需借助梁的变形条件建立补充方程。

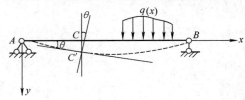

图 11-1

图 11-1 所示的简支梁,在纵向对称平面内作用有任意横向荷载,梁在荷载作用下将发生平面弯曲,梁的轴线由直线变为图中虚线所示的平面曲线。取如图所示的坐标系,任一横截面的形心即轴线上的点在垂直于 x 轴方向的线位移,称为**挠度**,如图中线位移 CC' 即为 C 截面的挠度,用 y 表示;横截面绕中性轴转动的角度,称为该截面的**转角**,用 θ 表示,如图中 C 截面转过的角度 θ 即为 C 截面的转角。

由于研究的是小变形,梁变形后轴线上各点在 x 轴方向的位移分量可以忽略不计,只考虑各点沿竖直方向的线位移。于是,梁变形后的轴线可用下式表示:

$$y = f(x) \tag{11-1}$$

式中:x 为梁在变形前轴线上任一点的横坐标;y 为该点的挠度。通常将梁在变形后的曲线称为**挠曲线**,式(11-1)称为**挠曲线方程**。

由于忽略剪力对变形的影响,梁弯曲时横截面仍保持为平面并与挠曲线正交,因此任一横截面的转角 θ 等于挠曲线在该截面处的切线与 x 轴的夹角,由图 11-1 可知,有下述关系:

$$\theta \approx \tan\theta = \frac{\mathrm{d}y}{\mathrm{d}x} = f'(x) \tag{11-2}$$

即挠曲线上任一点处横截面的转角可以用该点处切线的斜率表示。将式(11-2)称为**转角方程**。

由此可见,只要知道挠曲线方程,就能确定梁任一横截面的挠度,并可通过式(11-2)确定任一横截面的转角,所以求变形的关键在于如何确定梁的挠曲线方程。

在如图 11-1 所示的坐标系中,挠度 y 以向下为正,向上为负;转角 θ 以顺时针旋转为正,逆时针旋转为负。

11.2 梁的挠曲线近似微分方程及其积分

为了确定梁的挠曲线方程,必须利用曲率与弯矩的关系。在第 10 章中已经求得了梁在纯弯曲时的曲率表达式

$$\frac{1}{\rho} = \frac{M}{EI} \tag{a}$$

对于工程中的梁在大多数情况下,剪力 F_S 对变形的影响很小,可略去不计,所以上述关系式仍能用于非纯弯曲的情况。但应注意,当存在剪力时,弯矩 M 与曲率半径 ρ 不再是常量,而是截面位置 x 的函数,即式(a)应写成

$$\frac{1}{\rho(x)} = \frac{M(x)}{EI} \tag{b}$$

从几何方面看,平面曲线 $y = f(x)$ 上任一点的曲率可写成

$$\frac{1}{\rho(x)} = \pm \frac{\dfrac{d^2 y}{dx^2}}{\left[1 + \left(\dfrac{dy}{dx} \right)^2 \right]^{\frac{3}{2}}} \tag{c}$$

将式(c)代入式(b),得

$$\frac{\dfrac{d^2 y}{dx^2}}{\left[1 + \left(\dfrac{dy}{dx} \right)^2 \right]^{\frac{3}{2}}} = \pm \frac{M(x)}{EI} \tag{d}$$

在小变形情况下,梁的挠曲线为一平坦的曲线,因此 $\left(\dfrac{dy}{dx} \right)^2$ 与 1 相比十分微小,可忽略不计,所以式(d)可近似写为

$$\frac{d^2 y}{dx^2} = \pm \frac{M(x)}{EI} \tag{11-3}$$

式(11-3)即为梁在弯曲时的**挠曲线近似微分方程**,式中的正负号取决于 $\dfrac{d^2 y}{dx^2}$ 与 $M(x)$ 的正负号的规定。在如图 11-2 所示的坐标系中,y 轴以向下为正,当 $M(x) > 0$ 时,梁的挠曲线向下凸,此时 $\dfrac{d^2 y}{dx^2} < 0$;当 $M(x) < 0$ 时,梁的挠曲线向上凸,此时 $\dfrac{d^2 y}{dx^2} > 0$。$M(x)$ 与 $\dfrac{d^2 y}{dx^2}$ 的符号关系如图 11-2 所示。这样,在图示坐标系中,$M(x)$ 与 $\dfrac{d^2 y}{dx^2}$ 的符号总是相反,所以式(11-3)中应取负号,即

$$\frac{d^2 y}{dx^2} = - \frac{M(x)}{EI} \tag{11-4}$$

对该挠曲线近似微分方程进行积分,可求得任一截面的挠度及转角。

当梁为等截面直梁时,弯曲刚度 EI 为常数,对式(11-4)积分一次,得

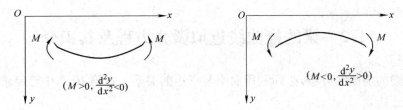

$(M>0,\dfrac{\mathrm{d}^2y}{\mathrm{d}x^2}<0)$ $(M<0,\dfrac{\mathrm{d}^2y}{\mathrm{d}x^2}>0)$

图 11 - 2

$$\theta = \frac{\mathrm{d}y}{\mathrm{d}x} = -\frac{1}{EI}\Big[\int M(x)\,\mathrm{d}x + C\Big] \tag{11-5}$$

再积分一次,可得

$$y = -\frac{1}{EI}\Big[\int\Big(\int M(x)\,\mathrm{d}x\Big)\mathrm{d}x + Cx + D\Big] \tag{11-6}$$

以上两式中,C、D 为积分常数,可通过梁的边界条件及变形连续条件确定。例如在简支梁(图 11-3(a))中,A、B 支座处的挠度都等于零;若在 C 点处作用一集中力 F,则 AC 段与 BC 段在 C 点处的变形是连续的,即 $y_C(AC)=y_C(BC)$,$\theta_C(AC)=\theta_C(BC)$。又如在悬臂梁(图 11-3(b))中,固定端处挠度和转角都等于零。积分常数 C、D 确定后,代入式(11-5)和式(11-6),便可求得梁的转角方程和挠曲线方程,进而可求得梁上任一横截面的转角和挠度。

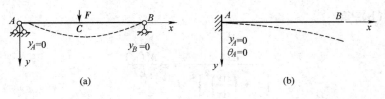

(a) (b)

图 11 - 3

例题 11 -1 图 11-4 所示等截面悬臂梁 AB,在自由端作用一集中力 F,梁的弯曲刚度为 EI,试求梁的挠曲线方程和转角方程,并确定其最大挠度 $y_{\max}$ 和最大转角 $\theta_{\max}$。

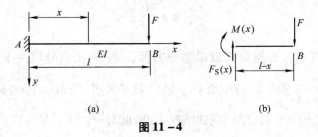

(a) (b)

图 11 - 4

解 (1)列出梁的弯矩方程。

建立坐标系如图 11-4(a)所示,取 x 处横截面右边一段梁作为脱离体(图 11-4(b)),弯矩方程为

$$M(x) = -F(l-x) \tag{a}$$

(2)建立梁的挠曲线近似微分方程。

由式(11-4),得

$$\frac{\mathrm{d}^2 y}{\mathrm{d}x^2} = -\frac{M(x)}{EI} = \frac{F(l-x)}{EI} \tag{b}$$

（3）对微分方程两次积分。

对式（b）积分一次，得

$$\theta = \frac{\mathrm{d}y}{\mathrm{d}x} = \frac{1}{EI}\left(Flx - \frac{1}{2}Fx^2 + C\right) \tag{c}$$

再积分一次，得

$$y = \frac{1}{EI}\left(\frac{1}{2}Flx^2 - \frac{1}{6}Fx^3 + Cx + D\right) \tag{d}$$

（4）利用梁的边界条件确定积分常数。

在梁的固定端，横截面的转角和挠度都等于零，即 $x = 0$ 时，

$$y = 0, \theta = 0$$

将其代入式（c）、式（d），求得 $C = 0, D = 0$。

（5）给出转角方程和挠曲线方程。

$$\theta = \frac{\mathrm{d}y}{\mathrm{d}x} = \frac{1}{EI}\left(Flx - \frac{1}{2}Fx^2\right) \tag{e}$$

$$y = \frac{1}{EI}\left(\frac{1}{2}Flx^2 - \frac{1}{6}Fx^3\right) \tag{f}$$

（6）求最大挠度和最大转角。

根据梁的受力情况和边界条件，可知此梁的最大挠度和最大转角都在自由端，即 $x = l$ 处。将 $x = l$ 代入式（e）、（f），则可求得最大转角及最大挠度分别为

$$\theta_{max} = \frac{Fl^2}{EI} - \frac{Fl^2}{2EI} = \frac{Fl^2}{2EI}$$

$$y_{max} = \frac{Fl^3}{2EI} - \frac{Fl^3}{6EI} = \frac{Fl^3}{3EI}$$

挠度为正，说明梁变形时 B 点向下移动；转角为正，说明横截面 B 沿顺时针方向转动。

例题 11 - 2   图 11 - 5 为简支梁 AB，梁上承受均布荷载 q，梁的弯曲刚度为 EI，试求梁的挠曲线方程和转角方程，并确定其最大挠度 y_{max} 和最大转角 θ_{max}。

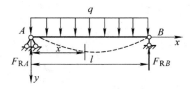

图 11 - 5

解　（1）求支座反力，列出梁的弯矩方程。

首先，由对称关系可知梁的支座反力

$$F_{RA} = F_{RB} = \frac{ql}{2}$$

则梁的弯矩方程为

$$M(x) = \frac{qlx}{2} - \frac{qx^2}{2}$$

（2）建立梁的挠曲线近似微分方程。

由式（11 - 4），得

$$\frac{\mathrm{d}^2 y}{\mathrm{d}x^2} = -\frac{M(x)}{EI} = -\frac{1}{EI}\left(\frac{1}{2}qlx - \frac{1}{2}qx^2\right) \tag{a}$$

（3）对微分方程两次积分。

对式（a）积分一次，得

$$\theta = \frac{\mathrm{d}y}{\mathrm{d}x} = \frac{1}{EI}\left(\frac{1}{6}qx^3 - \frac{1}{4}qlx^2 + C\right) \tag{b}$$

再积分一次，得

$$y = \frac{1}{EI}\left(\frac{1}{24}qx^4 - \frac{1}{12}qlx^3 + Cx + D\right) \tag{c}$$

（4）利用边界条件确定积分常数。

在简支梁中，边界条件是 A、B 支座处挠度都为零，即 $x = 0$ 时，

$$y_A = 0$$

$x = l$ 时，

$$y_B = 0$$

将上述两个边界条件代入式（c），可得

$$C = \frac{1}{24}ql^3, D = 0$$

（5）给出转角方程和挠曲线方程。

将积分常数 C、D 代入式（b）、（c），则得梁的转角方程和挠曲线方程分别为

$$\theta = \frac{\mathrm{d}y}{\mathrm{d}x} = \frac{q}{24EI}(l^3 - 6lx^2 + 4x^3) \tag{d}$$

$$y = \frac{qx}{24EI}(l^3 - 2lx^2 + x^3) \tag{e}$$

（6）求最大挠度和最大转角。

由于梁上外力及边界条件对于梁跨中是对称的，所以梁的挠曲线也是对称的，由图可见，两支座处转角的绝对值相等，而且都是最大值，由式（d）得 $x = 0$ 时，

$$\theta_A = \frac{ql^3}{24EI}$$

$x = l$ 时，

$$\theta_B = -\frac{ql^3}{24EI}$$

梁的最大挠度必在梁跨中点，即 $x = l/2$ 处，将 $x = l/2$ 代入式（e），得梁的最大挠度值为

$$y_{\max} = \frac{5ql^4}{384EI}$$

以上两道例题中，全梁的弯矩可用单一的弯矩方程表示，梁的挠曲线近似微分方程只有一个，这是最简单的情况。在有些情况下，梁的弯矩不能用单一的弯矩方程表示，例如当简支梁上受集中荷载作用时，弯矩方程须分段列出，各段梁的挠曲线微分方程也将不同。因此，在对各段梁的微分方程积分时，都将出现两个积分常数，这时除了利用梁的边界条件外，还应根据挠曲线总是连续光滑的曲线这一特征，利用相邻两段梁在交接处挠度和转角相等的变形连续

条件来确定积分常数。下面举例说明。

例题 11 – 3 图 11 – 6 所示简支梁 *AB* 受集中荷载 *F* 作用,梁的弯曲刚度为 *EI*,试求此梁的挠曲线方程和转角方程,并求力 *F* 作用点 *C* 截面的挠度和 *A* 截面的转角。

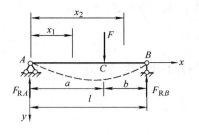

图 11 – 6

解 (1)求支座反力,分段建立弯矩方程。

梁的支座反力

$$F_{RA} = \frac{b}{l}F, \quad F_{RB} = \frac{a}{l}F$$

AC 段弯矩方程为

$$M(x_1) = F_{RA}x_1 = \frac{Fb}{l}x_1 \quad (0 \leqslant x_1 \leqslant a)$$

BC 段弯矩方程为

$$M(x_2) = \frac{Fb}{l}x_2 - F(x_2 - a) \quad (a \leqslant x_2 \leqslant l)$$

(2)分段建立挠曲线近似微分方程,并分别积分。

AC 段$(0 \leqslant x_1 \leqslant a)$:

$$\frac{\mathrm{d}^2 y_1}{\mathrm{d}x_1^2} = -\frac{Fb}{EIl}x_1$$

$$\theta_1 = \frac{\mathrm{d}y_1}{\mathrm{d}x_1} = \frac{1}{EI}\left(-\frac{Fb}{2l}x_1^2 + C_1\right) \quad (\mathrm{a})$$

$$y_1 = \frac{1}{EI}\left(-\frac{Fb}{6l}x_1^3 + C_1 x_1 + D_1\right) \quad (\mathrm{b})$$

BC 段$(a \leqslant x_2 \leqslant l)$:

$$\frac{\mathrm{d}^2 y_2}{\mathrm{d}x_2^2} = -\frac{1}{EI}\left[\frac{Fb}{l}x_2 - F(x_2 - a)\right]$$

$$\theta_2 = \frac{\mathrm{d}y_2}{\mathrm{d}x_2} = \frac{1}{EI}\left[-\frac{Fb}{2l}x_2^2 + \frac{F}{2}(x_2 - a)^2 + C_2\right] \quad (\mathrm{c})$$

$$y_2 = \frac{1}{EI}\left[-\frac{Fb}{6l}x_2^3 + \frac{F}{6}(x_2 - a)^3 + C_2 x_2 + D_2\right] \quad (\mathrm{d})$$

(3)利用边界条件及连续条件确定积分常数。

边界条件为

$$x_1 = 0 \text{ 时}, y_1 = 0 \quad (\mathrm{e})$$

$$x_2 = l \text{ 时}, y_2 = 0 \quad (\mathrm{f})$$

连续条件为

$$x_1 = x_2 = a \text{ 时}, y_1 = y_2, \theta_1 = \theta_2 \quad (\mathrm{g})$$

将式(g)代入式(a)至式(d),得

$$C_1 = C_2, D_1 = D_2$$

将式(e)代入式(b),可得

$$D_1 = 0$$

将式(f)代入式(d),可得

$$C_2 = \frac{Fb}{6l}(l^2 - b^2)$$

所以,积分常数分别为

$$C_1 = C_2 = \frac{Fb}{6l}(l^2 - b^2)$$

$$D_1 = D_2 = 0$$

(4)给出转角方程和挠曲线方程。

将所求得的积分常数代入式(a)至式(d),可得 AC、BC 段梁的转角方程和挠曲线方程。

AC 段($0 \leqslant x_1 \leqslant a$):

$$\theta_1 = \frac{Fb}{2EIl}\left[\frac{1}{3}(l^2 - b^2) - x_1^2\right] \tag{h}$$

$$y_1 = \frac{Fbx_1}{6EIl}(l^2 - b^2 - x_1^2) \tag{i}$$

BC 段($a \leqslant x_2 \leqslant l$):

$$\theta_2 = \frac{1}{EI}\left[\frac{Fb}{6l}(l^2 - b^2 - 3x_2^2) + \frac{F}{2}(x_2 - a)^2\right] \tag{j}$$

$$y_2 = \frac{1}{EI}\left[\frac{Fbx_2}{6l}(l^2 - b^2 - x_2^2) + \frac{F}{6}(x_2 - a)^2\right] \tag{k}$$

(5)求指定截面的位移。

将 $x_1 = 0$ 代入式(h),得

$$\theta_A = \frac{Fb}{6EIl}(l^2 - b^2)$$

将 $x_1 = a$ 代入式(i)或 $x_2 = a$ 代入式(k),得

$$y_C = \frac{Fab}{6EIl}(l^2 - b^2 - a^2)$$

通过上面的几道例题可知,用积分法计算梁的位移时,应先写出梁的弯矩方程,建立梁的挠曲线近似微分方程,然后通过积分得到转角方程和挠曲线方程,积分中出现的积分常数可通过边界条件确定。当全梁的弯矩不能用统一的方程表示时,应分段列出其弯矩方程和挠曲线近似微分方程,并分段积分。积分常数的确定除了利用梁的边界条件外,还需利用梁的变形连续条件。

11.3 叠 加 法

在实际工程中,梁上可能同时作用几种荷载,此时若用积分法计算其位移,则计算过程比较烦琐,计算工作量大。由于研究的是小变形,材料处于线弹性阶段,因此所计算的梁的位移与梁上的荷载成线性关系。所以,当梁上同时作用几种荷载时,所引起的梁的位移可采用**叠加**

法计算,即先分别求出每一项荷载单独作用时所引起的位移,然后计算这些位移的代数和,即为各荷载同时作用时所引起的位移。

为了使用方便,现将各种常见荷载作用下的简单梁的转角和挠度计算公式及挠曲线方程列于表 11-1 中。利用表格,按叠加法计算梁在多个荷载共同作用下所引起的位移是很方便的。

表 11-1　简单荷载作用下梁的转角和挠度

支承和荷载情况	挠曲线方程	转角和挠度
	$y = \dfrac{Fx^2}{6EI}(3l - x)$	$\theta_B = \dfrac{Fl^2}{2EI}$ $y_{\max} = \dfrac{Fl^3}{3EI}$
	$y = \dfrac{Fx^2}{6EI}(3a - x) \ (0 \leqslant x \leqslant a)$ $y = \dfrac{Fa^2}{6EI}(3a - x) \ (a \leqslant x \leqslant l)$	$\theta_B = \dfrac{Fa^2}{2EI}$ $y_{\max} = \dfrac{Fa^2}{6EI}(3l - a)$
	$y = \dfrac{qx^2}{24EI}(x^2 + 6l^2 - 4lx)$	$\theta_B = \dfrac{ql^3}{6EI}$ $y_{\max} = \dfrac{ql^4}{8EI}$
	$y = \dfrac{M_e x^2}{2EI}$	$\theta_B = \dfrac{M_e l}{EI}$ $y_{\max} = \dfrac{M_e l^2}{2EI}$
	$y = \dfrac{Fx}{48EI}(3l^2 - 4x^2)$ $\left(0 \leqslant x \leqslant \dfrac{l}{2}\right)$	$\theta_A = -\theta_B = \dfrac{Fl^2}{16EI}$ $y_{\max} = \dfrac{Fl^3}{48EI}$
	$y = \dfrac{Fbx}{6lEI}(l^2 - b^2 - x^2)$ $(0 \leqslant x \leqslant a)$ $y = \dfrac{F}{EI}\Big[\dfrac{b}{6l}(l^2 - b^2 - x^2)x +$ $\dfrac{1}{6}(x-a)^3\Big] \ (a \leqslant x \leqslant l)$	$\theta_A = \dfrac{Fab(l + b)}{6lEI}$ $\theta_B = \dfrac{-Fab(l + a)}{6lEI}$ $y_{\max} = \dfrac{Fb}{9\sqrt{3}\,lEI}(l^2 - b^2)^{3/2}$ $\left(\text{在 } x = \dfrac{\sqrt{l^2 - b^2}}{3} \text{ 处}\right)$
	$y = \dfrac{qx}{24EI}(l^3 - 2lx^2 + x^3)$	$\theta_A = -\theta_B = \dfrac{ql^3}{24EI}$ $y_{\max} = \dfrac{5ql^4}{384EI}$

支承和荷载情况	挠曲线方程	转角和挠度
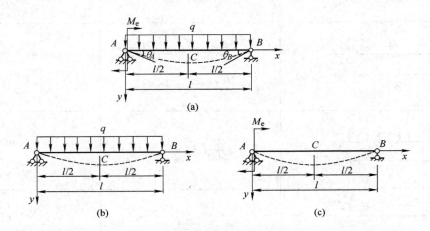	$y = \dfrac{M_{e}x}{6lEI}(l^2 - x^2)$	$\theta_A = \dfrac{M_e l}{6EI}, \theta_B = -\dfrac{M_e l}{3EI}$ $y_{\max} = \dfrac{M_e l^2}{9\sqrt{3}\,EI}$ $\left(在\ x = \dfrac{l}{\sqrt{3}}\ 处\right)$

例题 11 – 4 图 11 – 7(a)所示简支梁 AB 受均布荷载和集中力偶作用,梁的弯曲刚度为 EI,试用叠加法求梁跨中点 C 的挠度值和 A、B 截面的转角。

图 11 –7

解 此梁上的荷载可以分为两项简单荷载,如图 11 –7(b)和(c)所示。

均布荷载单独作用时,从表 11 –1 可以查得

$$y_{Cq} = \frac{5ql^4}{384EI}, \quad \theta_{Aq} = \frac{ql^3}{24EI}, \quad \theta_{Bq} = -\frac{ql^3}{24EI}$$

集中力偶单独作用时,从表 11 –1 可以查得

$$y_{CM_e} = \frac{M_e l^2}{16EI}, \quad \theta_{AM_e} = \frac{M_e l}{3EI}, \quad \theta_{BM_e} = -\frac{M_e l}{6EI}$$

将以上两个结果叠加,得

$$y_C = y_{Cq} + y_{CM_e} = \frac{5ql^4}{384EI} + \frac{M_e l^2}{16EI}$$

$$\theta_A = \theta_{Aq} + \theta_{AM_e} = \frac{ql^3}{24EI} + \frac{M_e l}{3EI}$$

$$\theta_B = \theta_{Bq} + \theta_{BM_e} = -\frac{ql^3}{24EI} - \frac{M_e l}{6EI}$$

例题 11 –5 一外伸梁 AB 承受荷载如图 11 –8(a)所示,梁的弯曲刚度为 EI,试求自由端 C 截面的挠度。

解 表 11 –1 中虽然没有外伸梁的计算公式,但此题仍可利用表中的公式用叠加法计算。

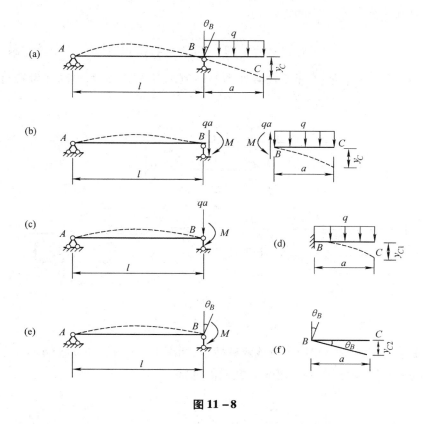

图 11 - 8

外伸梁在荷载作用下的挠曲线如图 11 - 8(a)中虚线所示,两支座处只有转角而挠度为零。将该外伸梁从支座 B 右截面处断开,画出 AB 和 BC 段的受力及变形图(图 11 - 8(b))。由图 11 - 8(b)可知,AB 段可看成一简支梁(图 11 - 8(c)),BC 段可看成一悬臂梁(图 11 - 8(d))。由图 11 - 8(a)可知,BC 段一方面承受均布荷载作用,使 C 截面产生挠度 y_{C1}(图 11 - 8(d)),另一方面 B 截面的转角(图 11 - 8(a))θ_B 使 C 截面也要产生向下的位移 y_{C2}(图 11 - 8(f)),将图 11 - 8(d)的 y_{C1} 与图 11 - 8(f)中的 y_{C2} 相叠加,就是外伸梁上 C 截面的挠度,即

$$y_C = y_{C1} + y_{C2}$$

因 θ_B 很小,y_{C2} 可用 $a\theta_B$ 来表示。外伸梁上 B 截面的转角 θ_B,相当于图 11 - 8(c)所示荷载作用下简支梁上 B 截面的转角。因集中力 qa 作用在支座上,故不引起梁的变形,仅力偶 M 使梁变形。简支梁在 M 作用下 B 截面的转角可从表 11 - 1 中查得为

$$\theta_B = \frac{Ml}{3EI} = \frac{\frac{1}{2}qa^2 l}{3EI} = \frac{qa^2 l}{6EI}$$

则

$$y_{C2} = a\theta_B = \frac{qa^3 l}{6EI}$$

又从表 11 - 1 中查得

$$y_{C1} = \frac{qa^4}{8EI}$$

则外伸梁上 C 截面的挠度

$$y_C = y_{C1} + y_{C2} = \frac{qa^4}{8EI} + \frac{qa^3l}{6EI} = \frac{qa^3}{24EI}(3a + 4l)$$

例题 11 – 6　一悬臂梁 AB 承受荷载如图 11 – 9(a)所示,梁的弯曲刚度为 EI,试求 C 截面的挠度。

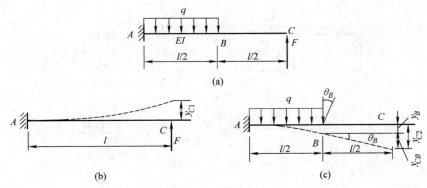

图 11 – 9

解　将荷载分成集中力和均布荷载两种情形,如图 11 – 9(b)和(c)所示。

由表 11 – 1 查得,由集中力引起的 C 截面的挠度

$$y_{C1} = -\frac{Fl^3}{3EI}$$

下面计算由均布荷载引起的 C 截面的挠度 y_{C2}。AB 段由均布荷载作用产生弯曲变形,B 截面的挠度为 y_B,转角为 θ_B。BC 段无荷载作用,仍保持为直线,但因 B 截面的转角为 θ_B,C 截面相对 B 截面的挠度值为 $y_{CB} = \theta_B l/2$。C 截面的实际挠度为 B 截面的挠度与 C 截面相对 B 截面的挠度之和,即

$$y_{C2} = y_B + y_{CB} = y_B + \theta_B \frac{l}{2}$$

由表 11 – 1 查得

$$y_B = \frac{q\left(\frac{l}{2}\right)^4}{8EI} = \frac{ql^4}{128EI}$$

$$\theta_B = \frac{q\left(\frac{l}{2}\right)^3}{6EI} = \frac{ql^3}{48EI}$$

则

$$y_{C2} = \frac{ql^4}{128EI} + \frac{ql^3}{48EI}\frac{l}{2} = \frac{7ql^4}{384EI}$$

在集中力和均布荷载共同作用下,C 截面的挠度

$$y_C = y_{C1} + y_{C2} = -\frac{Fl^3}{3EI} + \frac{7ql^4}{384EI}$$

11.4 梁的刚度校核

在进行梁的结构设计时,除了进行强度计算外,往往还需要进行刚度校核,也就是按梁的刚度条件,检查梁的位移是否在设计规范所允许的范围内。如果梁的位移超过了规定的限值,就不能保证梁的正常工作。在土建工程中,通常对梁的挠度加以限制。例如,建筑中的楼板梁变形过大会使下面的抹灰层开裂或剥落;厂房中吊车梁变形过大会影响吊车的正常运行;桥梁的变形过大会影响行车安全并引起很大的振动。在机械制造方面,通常对构件的挠度和转角加以限制。例如,机床中的主轴,如果挠度过大,会影响加工的精确度;传动轴在支座处如果转角过大,将会使轴承发生严重的磨损等。因此,进行刚度校核是必要的。

对于梁的刚度,通常是以挠度的容许值与跨长的比值 $\left[\dfrac{f}{l}\right]$ 作为校核的标准,即梁在荷载作用下产生的最大挠度 y_{max} 与跨长 l 的比值不能超过 $\left[\dfrac{f}{l}\right]$,所以梁的刚度条件可以写成

$$\frac{y_{max}}{l} \leqslant \left[\frac{f}{l}\right] \tag{11-7}$$

式中:$\left[\dfrac{f}{l}\right]$ 根据不同的工程用途,在有关规范中均有具体的规定值。

例题 11-7 图 11-10 所示悬臂梁 AB,承受均布荷载 q 的作用。已知 $l=4$ m,$q=3$ kN/m,$\left[\dfrac{f}{l}\right]=\dfrac{1}{100}$,梁采用 20a 号工字钢,其弹性模量 $E=200$ GPa,试校核梁的刚度。

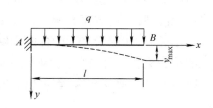

图 11-10

解 查得工字钢的惯性矩

$$I = 0.237 \times 10^{-4} \text{ m}^4$$

梁的最大挠度

$$y_{max} = \frac{ql^4}{8EI} = \frac{3 \times 10^3 \times 4^4}{8 \times 200 \times 10^9 \times 0.237 \times 10^{-4}} = 0.020\ 2 \text{ m}$$

故

$$\frac{y_{max}}{l} = \frac{0.020\ 2}{4} = \frac{1}{197.5} < \frac{1}{100}$$

满足刚度要求。

对于工程中的梁,必须要同时满足强度条件和刚度条件。一般情况下,强度条件往往起控制作用,如果满足强度条件,刚度条件一般也能满足。因此,在设计梁时,一般先由强度条件选择梁的截面,然后再校核刚度。

例题 11-8 一工字钢的简支梁承受荷载如图 11-11 所示。已知 $l=4$ m,$F=30$ kN,$\left[\dfrac{f}{l}\right]=\dfrac{1}{250}$,材料许用应力 $[\sigma]=100$ MPa,弹性模量 $E=200$ GPa,试选择工字钢的型号并校核梁的刚度。

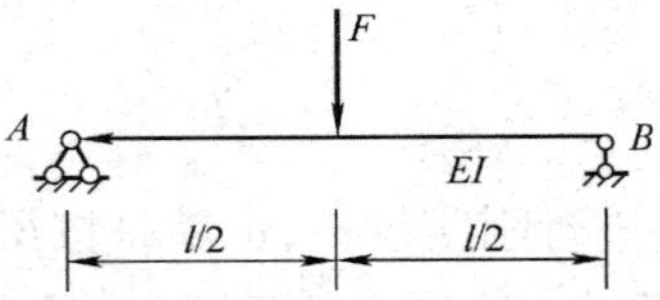

图 11-11

解 （1）按强度条件选择截面。

$$M_{\max} = \frac{1}{4}Fl = \frac{1}{4} \times 30 \times 4 = 30 \text{ kN} \cdot \text{m}$$

所需的抗弯截面系数

$$W_z \geqslant \frac{M_{\max}}{[\sigma]} = \frac{30 \times 10^3}{100 \times 10^6} = 3 \times 10^{-4} \text{ m}^3 = 300 \text{ cm}^3$$

选用 22a 工字钢，其几何特性：

$$W_z = 309 \text{ cm}^3, I_z = 3\,400 \text{ cm}^4$$

（2）刚度校核。

梁的最大挠度在跨中，其值为

$$y_{\max} = \frac{Fl^3}{48EI} = \frac{30 \times 10^3 \times 4^3}{48 \times 200 \times 10^9 \times 3\,400 \times 10^{-8}} = 0.005\,88 \text{ m}$$

$$\frac{y_{\max}}{l} = \frac{0.005\,88}{4} = \frac{1}{680} < \frac{1}{250}$$

刚度符合要求。

在对梁进行刚度校核后，如果梁的变形太大，不能满足刚度要求时，要设法减小梁的变形。从梁的挠度及转角公式中可以得知，梁的挠度和转角除了和梁的支承条件、荷载有关外，还和截面的惯性矩、跨度及材料的弹性模量有关。挠度与截面的惯性矩、弹性模量成反比。由于同类材料的弹性模量值相差不多，因此应当设法增大惯性矩值。在截面面积不变的情况下，采用适当形状的截面，使截面面积分布在距中性轴较远处，以增大截面的惯性矩。这样不但可以使应力减小，同时还能增大梁的弯曲刚度，减小变形。所以，工程上常采用工字形、槽形、箱形等形状的截面梁。另外，挠度与跨度的 n 次幂成正比，说明跨度对变形的影响很大。因此，减小梁的跨度或增加梁的支座，都可以有效地减小梁的变形。

11.5　简单超静定梁的求解

前面分析过的梁，如简支梁和悬臂梁等，其支座反力和内力仅用静力平衡条件就可全部确定，这种梁称为静定梁。如果梁的支座反力和内力仅靠静力平衡条件不能全部确定，这种梁称为超静定梁。例如在简支梁（图 11-12(a)）的中间增加一个支座（图 11-12(b)），此时梁的支座反力有四个，而对该梁只能列出三个独立的静力平衡方程，所以只用静力平衡条件不能求出全部的支座反力，即该梁是超静定梁。又如在悬臂梁（图 11-13(a)）的自由端加一支座（图 11-13(b)），该梁也是超静定梁。

图 11-12(b) 中，可以把支座 C 看作是多余约束，与之相应的支座反力 F_{RC} 是多余约束反力。当然，也可以把支座 B 看作多余约束，则多余约束反力就是 B 支座的反力 F_{RB}。图 11-13(b) 中，可以把支座 B 看作是多余约束，与之相应的支座反力 F_{RB} 是多余约束反力，也可以将支座 A 改为铰支座，则多余约束反力就是 A 支座的约束力偶 M_A。

图 11-12(b) 和图 11-13(b) 所示的梁均为一次超静定梁，而图 11-14 所示的梁为二次超静定梁。

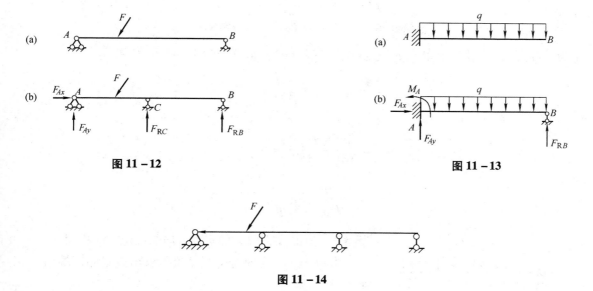

图 11-12

图 11-13

图 11-14

由于多余约束的存在,使得未知力的数目多于能够建立的独立平衡方程的数目。因此,为确定超静定梁的全部支座反力,除利用平衡条件外,还必须根据梁的变形情况建立补充方程。n 次超静定梁就需建立 n 个补充方程。解超静定梁时,首先要根据梁的变形情况建立补充方程,求出各多余的约束反力后,将多余约束反力当作荷载作用在静定梁上,通过静力平衡条件解静定梁。下面结合图 11-15 所示的超静定梁来具体说明其求解过程。

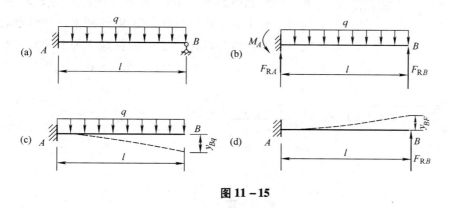

图 11-15

图 11-15(a)所示为一次超静定梁,故需建立一个补充方程。将支座 B 视为多余约束,将该支座解除,并在 B 点施加与所解除的约束相对应的支座反力 F_{RB},假设其方向向上。这样就得到了一个在均布荷载 q 和集中力 F_{RB} 共同作用下的静定悬臂梁(图 11-15(b))。该静定梁的变形情况应与原超静定梁的变形相同。根据原超静定梁的约束条件可知,此梁在 B 点的挠度应等于零,即 $y_B = 0$。则图 11-15(b)所示的静定梁在均布荷载 q 和集中力 F_{RB} 共同作用下,B 点的挠度也应等于零,按叠加法,B 点的挠度可写成

$$y_B = y_{Bq} + y_{BF} = 0 \qquad (\text{a})$$

式中:y_{Bq} 为悬臂梁在均布荷载单独作用下引起的 B 点的挠度(图 11-15(c)),由表 11-1 可查得

$$y_{Bq} = \frac{ql^4}{8EI} \tag{b}$$

y_{BF} 为悬臂梁在 F_{RB} 作用下 B 点的挠度(图 11-15(d)),同样由表 11-1 可查得

$$y_{BF} = -\frac{F_{RB}l^3}{3EI} \tag{c}$$

将式(b)、(c)代入式(a),得

$$\frac{ql^4}{8EI} - \frac{F_{RB}l^3}{3EI} = 0 \tag{d}$$

由该式可解得

$$F_{RB} = \frac{3}{8}ql$$

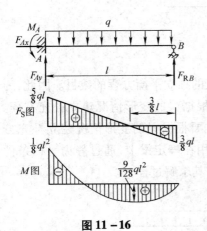

图 11-16

所得 F_{RB} 为正,说明 F_{RB} 的实际方向与假定方向相同。

求得 F_{RB} 后,可按静力平衡条件求出该梁固定端的三个支反力,即

$$F_{Ax} = 0, F_{Ay} = \frac{5}{8}ql, M_A = \frac{1}{8}ql^2$$

并可绘出其剪力图和弯矩图(图 11-16)。

上述求解过程是将支座 B 视为多余约束,此外还可以将支座 A 处阻止该梁端转动的约束作为多余约束,将其解除后就得到图 11-17(a)所示的静定简支梁,则多余约束力为 A 支座处的约束力偶 M_A。根据原超静定梁在 A 支座处的转角为零这一变形条件,建立如下的补充方程:

$$\theta_A = \theta_{Aq} + \theta_{AM} = 0$$

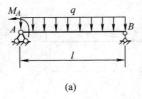 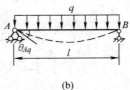 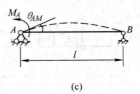

| (a) | (b) | (c) |

图 11-17

其中

$$\theta_{Aq} = \frac{ql^3}{24EI}, \quad \theta_{AM} = -\frac{M_A l}{3EI}$$

代入上式,得

$$\frac{ql^3}{24EI} - \frac{M_A l}{3EI} = 0$$

解得

$$M_A = \frac{1}{8}ql^2$$

其剪力图和弯矩图即为图11-16。

从以上的讨论可知,解超静定梁主要是计算多余的约束反力,可按以下步骤进行:①去掉多余约束,使超静定梁变成静定梁,并施加与多余约束对应的约束反力;②根据多余约束处的变形情况,建立补充方程式,求出多余约束力。求出多余约束力后,剩下的问题就是用静力平衡条件求解其他的反力和内力。

例题 11-9 图11-18(a)所示为一两跨的连续梁,承受均布荷载 q,各跨跨长均为 l,试绘出该梁的弯矩图和剪力图。

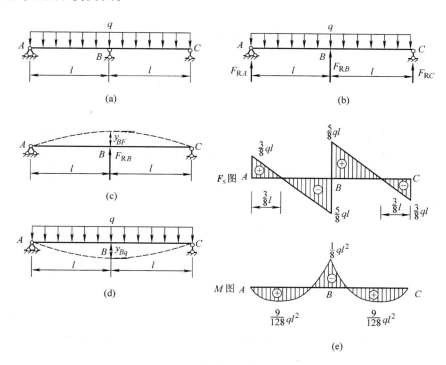

图 11-18

解 该梁为一次超静定梁,将 B 支座视为多余约束,解除该支座,并施加多余约束反力 F_{RB}(图11-18(b))。根据该梁的变形条件,梁在 B 点的挠度应为零,即补充方程为

$$y_B = 0$$

由叠加法

$$y_B = y_{Bq} + y_{BF} = 0 \tag{a}$$

式中:y_{Bq} 为简支梁在均布荷载单独作用下引起的 B 点的挠度(图11-18(d)),由表11-1可查得

$$y_{Bq} = \frac{5q(2l)^4}{384EI} = \frac{5ql^4}{24EI} \tag{b}$$

y_{BF} 为简支梁在 F_{RB} 单独作用下 B 点的挠度,同样由表11-1可查得

$$y_{BF} = -\frac{F_{RB}(2l)^3}{48EI} = -\frac{F_{RB}l^3}{6EI} \tag{c}$$

将式(b)、(c)代入式(a),得

$$\frac{5ql^4}{24EI} - \frac{F_{RB}l^3}{6EI} = 0 \tag{d}$$

由该式可解得

$$F_{RB} = \frac{5}{4}ql$$

所得 F_{RB} 为正,说明 F_{RB} 的实际方向与假定方向相同。

支座 A 及支座 C 的反力可通过静力平衡条件求得

$$F_{RA} = F_{RC} = \frac{3}{8}ql$$

最后绘出梁的弯矩图和剪力图(图 11 – 18(e))。

思　考　题

11 – 1　什么是挠度?什么是转角?什么是挠曲线?它们之间是什么关系?

11 – 2　用积分法求梁的变形时,若采用图示的两种坐标系,挠度和转角的正负号是否会改变?

思考题 11 – 2 图

11 – 3　什么是位移边界条件与连续条件?怎样确定对挠曲线近似微分方程进行积分时所得的积分常数?

11 – 4　如何利用叠加法计算梁的位移?什么情况下可采用叠加法?

11 – 5　什么是多余约束与多余支座反力?如何求解超静定梁?

本章习题和习题答案请扫二维码。

第 12 章　用能量法计算弹性位移

12.1　概　　述

弹性体在受到外力作用后要发生变形,同时弹性体内将积蓄能量。例如钟表的发条(弹性体)被拧紧(发生变形)后,在它放松的过程中,将带动齿轮系使指针转动,这样发条就做了功。这说明拧紧的发条具有做功的本领,这是因为发条在拧紧状态下积蓄有能量。弹性体变形后所积蓄的能量,通常称应变能,应变能与外荷载在相应的位移上做的功有关。对于弹性体,由于变形的可逆性,根据能量守恒原理,外荷载在相应的位移上所做的功 W,在数值上就等于应变能,即 $V = W$。

在此基础上,利用功和能的概念,便可建立荷载与变形间的关系,从而得出计算线弹性体弹性位移的方法,这就是能量法。能量法的应用很广泛,不仅适用于线弹性体,而且适用于非线性弹性体;不仅可用于计算构件与结构在各类因素作用下的位移,还广泛用于稳定、动荷载及其他方面的计算。本章仅讨论线弹性体弹性位移的计算。

12.2　外力功和应变能的计算

1. 外力功的计算

当外力 F 始终保持为常量,作用点处的位移为 Δ,则外力功

$$W = F\Delta \tag{12-1}$$

而当外力 F 由零逐渐增加到最终值 F_1 时,作用点处的位移 Δ 也从零逐渐增加到最终值 Δ_1,如图 12-1 所示,则外力所做的功

$$W = \int_0^{\Delta_1} F \mathrm{d}\Delta$$

由于讨论的变形是在线弹性范围内,即外荷载与它所引起的位移成线性关系,即 $F = k\Delta$,如图 12-2 所示,此时外力所做的功

$$W = \int_0^{\Delta_1} k\Delta \mathrm{d}\Delta = \frac{1}{2}k\Delta_1^2 = \frac{1}{2}F_1\Delta_1$$

对于普遍情况上式可简写成

$$W = \frac{1}{2}F\Delta \tag{12-2}$$

式中:F 为广义力;Δ 为广义位移。

上式表明,在静荷载作用下,变形体处于线弹性阶段时,外力(从零逐渐增加)在其相应位

移上所做的功,等于外力最终值与相应位移最终值乘积的一半。

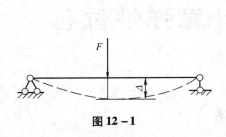

图 12 - 1

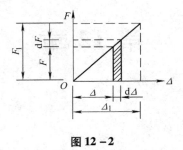

图 12 - 2

如果梁上同时作用多个荷载,则所有外力在梁的变形过程中所做的总功可写为

$$W = \frac{1}{2}\sum_{i=1}^{n} F_i\Delta_i \tag{12 - 3}$$

式中:n 为外力的总数;F_i 为第 i 个外力;Δ_i 为外力 F_i 作用截面处的位移。

2. 应变能的计算

下面主要介绍杆件在基本变形和组合变形情况下应变能的计算。

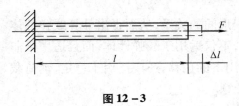

图 12 - 3

(1)轴向拉伸(压缩)时杆内的应变能

如图 12 - 3 所示一拉杆,杆端作用一静荷载 F,杆伸长了 Δl,则由式(12 - 2)可知,F 做的功

$$W = \frac{1}{2}F\Delta l \tag{a}$$

则杆内的应变能为

$$V = W = \frac{1}{2}F\Delta l \tag{b}$$

其中

$$\Delta l = \frac{F_N l}{EA}, \quad F = F_N \tag{c}$$

式中:F_N 为杆内的轴力。

将式(c)代入式(b),则得

$$V = \frac{F_N^2 l}{2EA} \tag{12 - 4}$$

当杆在外力作用下,其横截面上的轴力为变量 $F_N(x)$ 时,杆内的应变能可通过积分计算,即

$$V = \int_0^l \frac{F_N^2(x)}{2EA}dx \tag{12 - 5}$$

(2)扭转杆内的应变能

受扭圆轴(图 12 - 4(a))在外力偶 M_e 作用下,处于线弹性阶段,其扭转角 φ 与 M_e 成线性关系(图 12 - 4(b)),则外力功

$$W = \frac{1}{2}M_e\varphi \tag{d}$$

此时杆内的应变能为

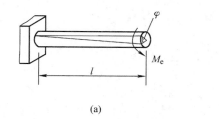
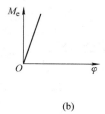

(a)   (b)

图 12 - 4

$$V = W = \frac{1}{2}M_e\varphi \tag{e}$$

由于

$$\left. \begin{array}{c} M_e = T \\ \varphi = \dfrac{Tl}{GI_p} \end{array} \right\} \tag{f}$$

式中:T 为杆内的扭矩。

将式(f)代入式(e),则得

$$V = \frac{T^2 l}{2GI_p} \tag{12 - 6}$$

当圆轴在外荷载作用下各横截面上的扭矩为变量 $T(x)$ 时,可通过积分的方法计算杆内的应变能,即

$$V = \int_0^l \frac{T^2(x)}{2GI_p}\mathrm{d}x \tag{12 - 7}$$

(3)弯曲时梁内的应变能

如图 12 - 5(a)所示的简支梁只受外力偶 M_e 作用,处于纯弯曲状态。外力偶 M_e 与角位移 θ 成线性关系(图 12 - 5(b)),则外力偶 M_e 在相应的位移上做的功

$$W = \frac{1}{2}\left(M_e \times \frac{\theta}{2}\right) \times 2 = \frac{1}{2}M_e\theta$$

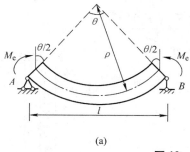
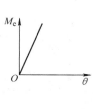

(a)   (b)

图 12 - 5

梁内的应变能

$$V = W = \frac{1}{2}M_e\theta$$

在纯弯曲情况下,

$$M_e = M, \quad \theta = \frac{1}{\rho} = \frac{Ml}{EI}$$

式中:M 为梁横截面上的弯矩。

综上得

$$V = \frac{M^2 l}{2EI} \qquad (12-8)$$

当梁上作用横向荷载时,梁同时发生弯曲变形和剪切变形,梁的应变能包括由弯矩和剪力引起的弹性变形能。一般情况下,由剪力引起的应变能比由弯矩引起的应变能小很多,因此可忽略不计,只需考虑梁的弯矩引起的应变能。

则梁的应变能可按下式计算:

$$V = \int_0^l \frac{M^2(x)}{2EI} dx \qquad (12-9)$$

当各段梁的弯矩表达式不同时,应分段进行积分。

(4)组合变形时的应变能

如图 12-6 所示,处于拉、弯、扭组合变形下的微段杆,截面上的内力为 $F_N(x)$、$M(x)$、$T(x)$,这些内力对微段来说可视为外力,由于它们只在各自引起的位移 $d\Delta l$、$d\theta$、$d\varphi$ 上做功,所以该微段杆内的应变能可用叠加法计算,即

$$dV = \frac{1}{2} F_N(x) d\Delta l + \frac{1}{2} M(x) d\theta + \frac{1}{2} T(x) d\varphi$$

$$= \frac{F_N^2(x)}{2EA} dx + \frac{M^2(x)}{2EI} dx + \frac{T^2(x)}{2GI_p} dx \qquad (12-10)$$

对整个杆件,可用下述积分法求得

$$V = \int_0^l \frac{F_N^2(x)}{2EA} dx + \int_0^l \frac{M^2(x)}{2EI} dx + \int_0^l \frac{T^2(x)}{2GI_p} dx \qquad (12-11)$$

由式(12-11)可知,应变能是内力分量(或变形)的二次函数,所以一般不能应用叠加原理。例如图 12-7 所示的拉杆,承受轴向拉力 F_1、F_2,此时应变能应分段计算,对 AB 段有

$$V_{AB} = \frac{(F_1 + F_2)^2 a}{2EA}$$

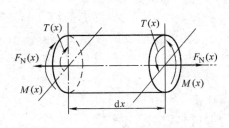

图 12-6

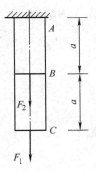

图 12-7

对 BC 段有

$$V_{BC} = \frac{F_1^2 a}{2EA}$$

所以总应变能

$$V = \frac{(F_1 + F_2)^2 a}{2EA} + \frac{F_1^2 a}{2EA}$$

而当 F_1 单独作用时,杆件的应变能为

$$V_1 = \frac{F_1^2 2a}{2EA} = \frac{F_1^2 a}{EA}$$

当 F_2 单独作用时,杆件的应变能为

$$V_2 = \frac{F_2^2 a}{2EA}$$

显然,杆件的弹性变形能 $V \neq V_1 + V_2$。

当杆件上的荷载只在自身引起的位移上做功,在其他荷载引起的位移上均不做功时,应变能可采用叠加法计算。如图 12 - 6 所示,由于各内力只在自身的变形上做功,它们彼此独立,可采用叠加法。

例题 12 - 1 如图 12 - 8 所示的 1、2 两根圆截面杆,其荷载、材料、支承情况都相同,杆长均为 l,杆的横截面面积及变化不同,试分别计算这两根杆的应变能。

解 1 杆为两端受力的等直杆,可直接利用公式计算,即

$$V_1 = \frac{F^2 l}{2EA}$$

2 杆为阶梯状杆,需分段计算,然后取总和。细段的横截面面积 $A = \frac{\pi d^2}{4}$,粗段的横截面面积 $A_1 = \frac{\pi}{4}(2d)^2 = 4A$,则

$$V_2 = \frac{F^2}{2EA} \frac{1}{3}l + \frac{F^2}{2E(4A)} \frac{2}{3}l = \frac{F^2 l}{4EA} = \frac{V_1}{2}$$

由此可见,体积增大,在相同的外荷载作用下,所积蓄的应变能减小。

例题 12 - 2 如图 12 - 9 所示的简支梁受集中力作用,已知梁的弯曲刚度为 EI,试求梁内的应变能。

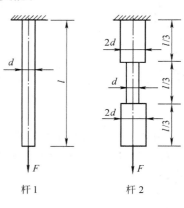

图 12 - 8

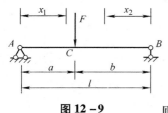

图 12 - 9

解 AC 段与 CB 段任一横截面上的弯矩分别为

$$M(x_1) = \frac{b}{l} F x_1 \quad (0 \leqslant x_1 \leqslant a)$$

$$M(x_2) = \frac{a}{l} F x_2 \quad (0 \leqslant x_2 \leqslant b)$$

则梁内的应变能为

$$V = \int_0^a \frac{M^2(x_1)}{2EI} dx_1 + \int_0^b \frac{M^2(x_2)}{2EI} dx_2$$

$$= \int_0^a \frac{b^2 F^2 x_1^2}{2EIl^2}dx_1 + \int_0^b \frac{a^2 F^2 x_2^2}{2EIl^2}dx_2 = \frac{F^2 a^2 b^2}{6EIl}$$

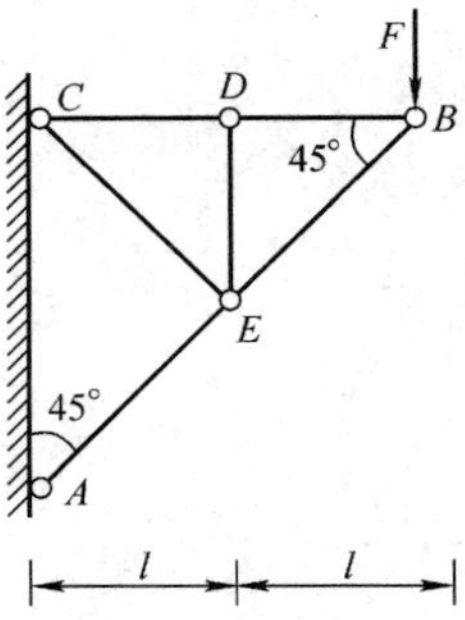

例题 12 – 3 图 12 – 10 所示桁架中,各杆件拉伸刚度均为 EA,试用能量法求 B 点的竖向位移。

解 外力 F 在 B 点位移 Δ_B 上做的功

$$W = \frac{1}{2}F\Delta_B$$

杆系的应变能为各杆应变能之和,即

$$V = \sum \frac{F_{Ni}^2 l_i}{2EA} = \frac{F_{NAE}^2 l_{AE}}{2EA} + \frac{F_{NBE}^2 l_{BE}}{2EA} + \frac{F_{NBD}^2 l_{BD}}{2EA} +$$

$$\frac{F_{NDE}^2 l_{DE}}{2EA} + \frac{F_{NCD}^2 l_{CD}}{2EA} + \frac{F_{NCE}^2 l_{CE}}{2EA}$$

图 12 – 10

其中

$$F_{NAE} = F_{NBE} = -\sqrt{2}F, \quad F_{NBD} = F_{NCD} = F, \quad F_{NDE} = F_{NCE} = 0$$

$$l_{AE} = l_{BE} = l_{CE} = \sqrt{2}l, \quad l_{BD} = l_{DE} = l_{CD} = l$$

代入上式,得

$$V = (1 + 2\sqrt{2}) \frac{F^2 l}{EA}$$

由 $W = V$,得

$$\frac{1}{2}F\Delta_B = (1 + 2\sqrt{2}) \frac{F^2 l}{EA}$$

所以

$$\Delta_B = 2(1 + 2\sqrt{2}) \frac{Fl}{EA}(\downarrow)$$

由本题可知,直接利用 $W = V$,可求得某些特殊情况下的位移,即外荷载只有一个,而所求的位移是外荷载作用点处沿荷载方向的位移。对于一般情况下的位移,可用下节介绍的方法计算。

12.3 卡 氏 定 理

应用上节讲述的应变能可以求解杆变形后任一横截面的位移。从杆件发生各种基本变形或组合变形情况下应变能的计算公式,可以看出:应变能与杆件所承受的荷载(广义力)有关。如图 12 – 11 所示,一端固定、一端自由的等截面直杆在其自由端受轴向拉力 F 作用时,杆件的应变能

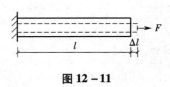

图 12 – 11

$$V = \frac{F^2 l}{2EA}$$

如果将上式对力 F 微分,可得到

$$\frac{\mathrm{d}V}{\mathrm{d}F} = \frac{Fl}{EA} = \Delta l$$

从上式可知,应变能对力 F 的微分等于杆件的自由端在 F 方向的线位移 Δl。

如图 12 – 12 所示的悬臂梁,自由端承受力偶 M 作用,梁的应变能

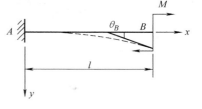

$$V = \frac{M^2 l}{2EI}$$

将上式对 M 微分,则得

$$\frac{\mathrm{d}V}{\mathrm{d}M} = \frac{Ml}{EI}$$

图 12 – 12

由表 11 – 1 可知,Ml/EI 即为自由端截面的转角,即

$$\theta = \frac{Ml}{EI} = \frac{\mathrm{d}V}{\mathrm{d}M}$$

如果梁上同时作用几个荷载,仍可用上述方法计算位移。

通过上述例子,可以得出以下结论。任一弹性体,其上作用任意一组荷载 $F_1, F_2, \cdots, F_n$,则其任一荷载 F_i 的作用点沿该荷载方向的位移 Δ_i,等于弹性体内的应变能 V 对该荷载的偏导数,用公式表示为

$$\Delta_i = \frac{\partial V}{\partial F_i} \qquad (12 – 12)$$

这就是著名的**卡氏(A. Castigliano)定理**。

下面以图 12 –13 所示的简支梁为例,对卡氏定理加以证明。

梁上作用任意一组彼此独立的集中荷载 $F_1, F_2, \cdots, F_n$,在这些荷载作用下,该梁发生了变形,各荷载作用点处的最后位移分别为 $\Delta_1, \Delta_2, \cdots, \Delta_n$,梁的挠曲线从水平位置变到曲线 I 的位置(图 12 –13(a))。为计算方便起见,假定这些荷载都是同时作用在梁上并按同一比例逐渐从零增加到最后值 $F_1, F_2, \cdots, F_n$(通常称之为简单加载),此时梁内的应变能等于各荷载在加载过程中所做功的总和,即

$$V = W = \frac{1}{2}F_1\Delta_1 + \frac{1}{2}F_2\Delta_2 + \cdots + \frac{1}{2}F_n\Delta_n = \sum_{i=1}^{n} \frac{1}{2}F_i\Delta_i \qquad (a)$$

由上式可知,梁内的应变能 V 是各荷载 $F_1, F_2, \cdots, F_n$ 的函数。

现在曲线 I 的基础上,在 F_i 上增加一微力 $\mathrm{d}F_i$,使梁的挠曲线从位置 I 移到位置 II(图 12 –13(b)),此时梁的应变能也增加了一微小增量 $\mathrm{d}V$,$\mathrm{d}V$ 可按下式求得

$$\mathrm{d}V = \frac{\partial V}{\partial F_i}\mathrm{d}F_i \qquad (b)$$

则梁在位置 II 的总应变能

$$V_1 = \sum_{i=1}^{n} \frac{1}{2}F_i\Delta_i + \frac{\partial V}{\partial F_i}\mathrm{d}F_i \qquad (c)$$

现采用相反的加载顺序,即先加微力 $\mathrm{d}F_i$,然后再加荷载 $F_1, F_2, \cdots, F_n$(图 12 –13(c))。加微力 $\mathrm{d}F_i$ 后,梁发生变形,$\mathrm{d}F_i$ 作用点的位移为 $\mathrm{d}\Delta_i$,梁的挠曲线从水平位置变到曲线 I' 的位置(图 12 –13(c))。此时梁内的应变能等于外力 $\mathrm{d}F_i$ 在位移 $\mathrm{d}\Delta_i$ 上所做的功,即

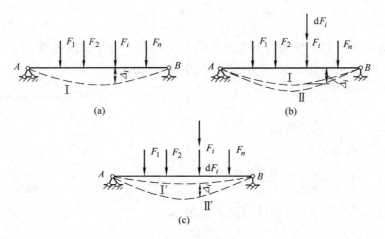

图 12 – 13

$$V' = \frac{1}{2}\mathrm{d}F_i\mathrm{d}\Delta_i$$

然后加荷载 $F_1, F_2, \cdots, F_n$，梁的挠曲线从位置 I′移到位置 II′上（图 12 – 13（c）），此时外荷载

$F_1, F_2, \cdots, F_n$ 所做的功为 $W = \sum_{i=1}^{n} \frac{1}{2}F_i\Delta_i$，而微力所做的功为 $\mathrm{d}F_i\Delta_i$，所以梁增加的应变能

$$V'' = \sum_{i=1}^{n} \frac{1}{2}F_i\Delta_i + \mathrm{d}F_i\Delta_i$$

由此可得出在第二种加载情况下，梁的应变能

$$V_2 = V' + V'' = \frac{1}{2}\mathrm{d}F_i\mathrm{d}\Delta_i + \sum_{i=1}^{n} \frac{1}{2}F_i\Delta_i + \mathrm{d}F_i\Delta_i \qquad (\mathrm{d})$$

由于弹性体的应变能，只决定于变形后的最后状态，而与加载的先后次序无关，所以在上述两种加载情况下，梁所积蓄的应变能是相等的，即

$$V_1 = V_2$$

将式（c）、（d）代入上式，并略去二次微小量 $\mathrm{d}F_i\mathrm{d}\Delta_i/2$，得

$$\Delta_i = \frac{\partial V}{\partial F_i} \qquad (12 – 13)$$

此即为卡氏定理表达式。

虽然是以集中荷载作用下的简支梁为例推导出式（12 – 13），但该式具有普遍意义，对其他形式荷载作用下的任一弹性体，卡氏定理都是成立的。所以式（12 – 13）中的力，应理解成广义力，而位移就是广义力所对应的广义位移。

例题 12 – 4 试用卡氏定理计算图 12 – 14（a）所示桁架 B 节点的竖向位移和水平位移。各杆的拉伸刚度为 EA。

解 （1）求竖向位移。

杆系的应变能为各杆变形能之和，即

$$V = \sum \frac{F_{Ni}^2 l_i}{2EA} = \frac{F_{NAB}^2 l_{AB}}{2EA} + \frac{F_{NBC}^2 l_{BC}}{2EA}$$

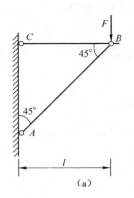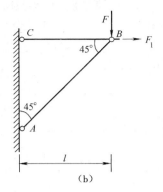

图 12 – 14

其中

$$F_{NBC} = F, \quad F_{NAB} = -\sqrt{2}F$$
$$l_{BC} = l, \quad l_{AB} = \sqrt{2}l$$

代入上式得

$$V = \frac{(-\sqrt{2}F)^2 \sqrt{2}l}{2EA} + \frac{F^2 l}{2EA} = (1 + 2\sqrt{2}) \frac{F^2 l}{2EA}$$

将 F 视为变量,则

$$\Delta_B = \frac{\partial V}{\partial F} = (1 + 2\sqrt{2}) \frac{Fl}{EA}(\downarrow)$$

(2)求水平位移。

在 B 节点加一个与所求位移相应的水平力 F_1,如图12 – 14(b)所示,则杆系的应变能

$$V = \sum \frac{F_{Ni}^2 l_i}{2EA} = \frac{F_{NAB}^2 l_{AB}}{2EA} + \frac{F_{NBC}^2 l_{BC}}{2EA}$$

其中

$$F_{NBC} = F + F_1, \quad F_{NAB} = -\sqrt{2}F$$
$$l_{BC} = l, \quad l_{AB} = \sqrt{2}l$$

代入上式,得

$$V = \frac{(-\sqrt{2}F)^2 \sqrt{2}l}{2EA} + \frac{(F + F_1)^2 l}{2EA} = (1 + 2\sqrt{2}) \frac{F^2 l}{2EA} + \frac{FF_1 l}{EA} + \frac{F_1^2 l}{2EA}$$

将 F_1 视为变量,则

$$\Delta_{Bh} = \frac{\partial V}{\partial F_1} = \frac{Fl}{EA} + \frac{F_1 l}{EA}$$

令 $F_1 = 0$,则

$$\Delta_{Bh} = \frac{Fl}{EA}(\rightarrow)$$

从该题可知,利用卡氏定理求位移时,在需求位移处需存在相应的广义力。在所求位移处

没有广义力时,仍可用卡氏定理求解,只要在所求位移处加相应的广义力 F_i,然后计算弹性体在荷载与广义力共同作用下的应变能,再计算 $\partial V/\partial F_i$,最后在结果中令广义力 F_i 等于零即可。

例题 12-5 用卡氏定理计算图 12-15(a)所示悬臂梁在均布荷载作用下自由端 A 截面的转角。梁的弯曲刚度为 EI。

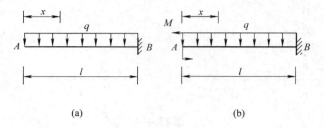

(a)   (b)

图 12-15

解 在自由端加一个与所求位移相应的广义力偶 M(图 12-15(b)),则梁内任一横截面处的弯矩表达式为

$$M(x) = -M - \frac{1}{2}qx^2$$

梁内的应变能

$$V = \int_0^l \frac{M^2(x)}{2EI}dx = \frac{1}{2EI}\int_0^l \left(-M - \frac{1}{2}qx^2\right)^2 dx = \frac{1}{2EI}\left(M^2 l + \frac{Mql^3}{3} + \frac{q^2 l^5}{20}\right)$$

将 M 视为变量,则

$$\theta_A = \frac{\partial V}{\partial M} = \frac{1}{2EI}\left(2Ml + \frac{ql^3}{3}\right)$$

令 $M = 0$,则

$$\theta_A = \frac{\partial V}{\partial M} = \frac{ql^3}{6EI}$$

结果为正,说明 θ_A 的转向与荷载 M 的转向一致。

例题 12-6 用卡氏定理计算图 12-16(a)所示梁在荷载作用下自由端 C 点的竖向位移及 B 截面的转角。梁的弯曲刚度为 EI。

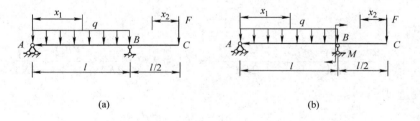

(a)   (b)

图 12-16

解 (1)求 C 点的竖向位移。

AB 段与 BC 段的弯矩方程分别为

$$M_1(x_1) = \left(\frac{ql}{2} - \frac{F}{2}\right)x_1 - \frac{q}{2}x_1^2, \quad M_2(x_2) = -Fx_2$$

梁的应变能

$$V = \int_0^l \frac{M_1^2(x_1)}{2EI}\mathrm{d}x_1 + \int_0^{\frac{l}{2}} \frac{M_2^2(x_2)}{2EI}\mathrm{d}x_2$$

将 F 视为变量,由卡氏定理得

$$\Delta_C = \frac{\partial V}{\partial F} = \frac{\partial}{\partial F}\Big[\int_0^l \frac{M_1^2(x_1)}{2EI}\mathrm{d}x_1 + \int_0^{\frac{l}{2}} \frac{M_2^2(x_2)}{2EI}\mathrm{d}x_2\Big]$$

由于上式中偏导数与积分运算无关,可将其放入积分号内,故上式可写为

$$\Delta_C = \int_0^l \frac{M_1(x_1)}{EI}\frac{\partial M_1(x_1)}{\partial F}\mathrm{d}x_1 + \int_0^{\frac{l}{2}} \frac{M_2(x_2)}{EI}\frac{\partial M_2(x_2)}{\partial F}\mathrm{d}x_2$$

$$= \frac{1}{EI}\Big[\int_0^l \Big(\frac{ql}{2}x_1 - \frac{F}{2}x_1 - \frac{q}{2}x_1^2\Big)\Big(-\frac{x_1}{2}\Big)\mathrm{d}x_1 + \int_0^{\frac{l}{2}} Fx_2 x_2 \mathrm{d}x_2\Big]$$

$$= \frac{1}{EI}\Big(-\frac{ql}{4}\frac{l^3}{3} + \frac{F}{4}\frac{l^3}{3} + \frac{q}{4}\frac{l^4}{4} + F\frac{1}{3}\frac{l^3}{8}\Big)$$

$$= \frac{Fl^3}{8EI} - \frac{ql^4}{48EI}$$

(2)求 B 截面的转角。

在 B 截面加一个与所求位移相应的广义力偶 M(图 $12-16$(b)),则 AB 段与 BC 段的弯矩方程分别为

$$M_1(x_1) = \Big(\frac{ql}{2} - \frac{F}{2} - \frac{M}{l}\Big)x_1 - \frac{q}{2}x_1^2, \quad M_2(x_2) = -Fx_2$$

梁的应变能

$$V = \int_0^l \frac{M_1^2(x_1)}{2EI}\mathrm{d}x_1 + \int_0^{\frac{l}{2}} \frac{M_2^2(x_2)}{2EI}\mathrm{d}x_2$$

将 M 视为变量,由卡氏定理得

$$\theta_B = \frac{\partial V}{\partial M} = \frac{\partial}{\partial M}\Big[\int_0^l \frac{M_1^2(x_1)}{2EI}\mathrm{d}x_1 + \int_0^{\frac{l}{2}} \frac{M_2^2(x_2)}{2EI}\mathrm{d}x_2\Big]$$

由于上式中偏导数与积分号无关,可将其放入积分号内,故上式可写为

$$\theta_B = \int_0^l \frac{M_1(x_1)}{EI}\frac{\partial M_1(x_1)}{\partial F}\mathrm{d}x_1 + \int_0^{\frac{l}{2}} \frac{M_2(x_2)}{EI}\frac{\partial M_2(x_2)}{\partial F}\mathrm{d}x_2$$

$$= \frac{1}{EI}\Big[\int_0^l \Big(\frac{ql}{2}x_1 - \frac{F}{2}x_1 - \frac{M}{l}x_1 - \frac{qx_1^2}{2}\Big)\Big(-\frac{x_1}{l}\Big)\mathrm{d}x_1 + 0\Big]$$

$$= \frac{1}{EI}\Big(-\frac{q}{2}\frac{l^3}{3} + \frac{F}{2l}\frac{l^3}{3} + \frac{M}{l^2}\frac{l^3}{3} + \frac{q}{2l}\frac{l^4}{4}\Big)$$

$$= \frac{Fl^2}{6EI} - \frac{ql^3}{24EI} + \frac{Ml}{3}$$

令 $M=0$,则

$$\theta_B = \frac{Fl^2}{6EI} - \frac{ql^3}{24EI}$$

12.4　单位力法计算位移

单位力法是基于能量法的另外一种用来求位移的方法,它可以从上节所述的卡氏定理中推证出来。

以图 12 – 17(a)所示的简支梁为例,在图示荷载作用下,梁产生变形,梁内所积蓄的应变能为

$$V = \int_l \frac{M^2(x)}{2EI} \mathrm{d}x$$

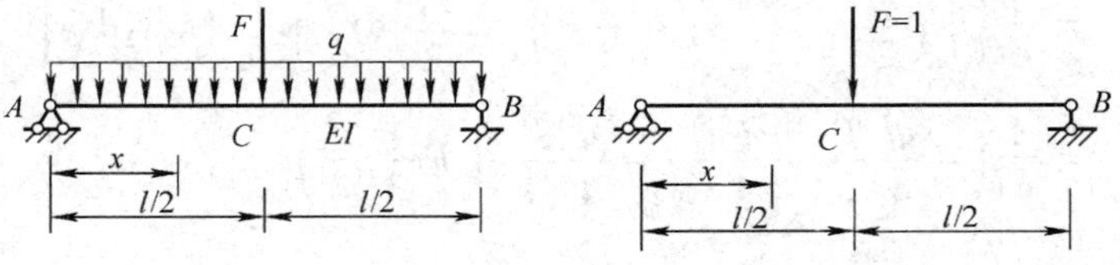

（a）　　　　　　　　　　　　　（b）

图 12 – 17

现在用卡氏定理求 F 作用点 C 沿 F 作用线方向的位移 Δ,由式(12 – 13)知

$$\Delta = \frac{\partial V}{\partial F} = \frac{\partial}{\partial F}\Big[\int \frac{M^2(x)}{2EI}\mathrm{d}x\Big] \tag{a}$$

由于上式中偏导数与积分运算无关,可将其放入积分号内,故上式可写为

$$\Delta = \int_l \frac{M(x)}{EI}\frac{\partial M(x)}{\partial F}\mathrm{d}x \tag{b}$$

其中

$$M(x) = \frac{Fx}{2} + \frac{qlx}{2} - \frac{qx^2}{2}$$

则

$$\frac{\partial M(x)}{\partial F} = \frac{1}{2}x \tag{c}$$

由图 12 – 17(b)可知,如果有单位荷载 $F = 1$ 作用在 C 点处,则梁上的弯矩

$$\overline{M}(x) = \frac{1}{2}x \tag{d}$$

由式(c)和(d)得

$$\overline{M}(x) = \frac{\partial M(x)}{\partial F}$$

将其代入式(b),得

$$\Delta = \int_l \frac{M(x)\,\overline{M}(x)}{EI}\mathrm{d}x \tag{12 – 14}$$

这就是单位力法计算位移的一般表达式。由此可见,用卡氏定理计算线弹性体的位移与按单

位力法求位移的表达式实质上是完全相同的。以上结论虽是以具体的梁为例得出的,但可以推广到普遍受力情况下。

上面公式的建立是以线位移为例。对其他情况下的位移,式(12−14)同样成立。例如,如果计算某个横截面的转角,只需在该截面处加一单位力偶 $M = 1$,它所引起的弯矩为 $\overline{M}(x)$,则转角的计算公式为

$$\theta = \int_l \frac{M(x)\,\overline{M}(x)}{EI}\mathrm{d}x \qquad (12-15)$$

下面给出用单位力法求位移的步骤。

①在所求位移点处沿位移方向加单位荷载,若求某点的线位移,则施加一单位集中力;若求某截面的转角,则在该截面处施加一单位力偶。

②分别列出梁在原荷载作用下的弯矩表达式 $M(x)$ 以及单位荷载作用下的弯矩表达 $\overline{M}(x)$。

③将 $M(x)$ 及 $\overline{M}(x)$ 代入式(12−14)或式(12−15),通过积分运算,即可求出所要求的位移。

若全梁的弯矩表达式须分段列出,积分应分段进行。单位荷载的指向可任意假定,如果求出的位移为正,则说明实际位移方向与假定的单位荷载的方向一致;如果为负,则说明实际位移方向与假定的单位荷载的方向相反。

例题 12−7 图 12−18(a)所示简支梁 AB 受集中荷载 F 作用。试求 F 作用点 C 处的竖向位移 Δ_C 和转角 θ_C。梁的弯曲刚度 EI 为常数。

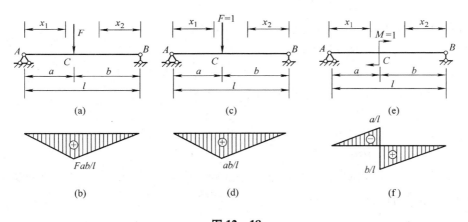

图 12−18

解 (1)画出梁在外荷载 F 作用下的弯矩图(图 12−18(b)),列出其弯矩表达式。

AC 段:

$$M_1 = \frac{Fb}{l}x_1 \qquad (0 \leqslant x_1 \leqslant a)$$

BC 段:

$$M_2 = \frac{Fa}{l}x_2 \qquad (0 \leqslant x_2 \leqslant b)$$

(2)求 Δ_C。在 C 点加一单位集中力 $F = 1$(图 12−18(c)),绘出其弯矩图(图 12−18(d)),列出其弯矩表达式。

AC 段：

$$\overline{M}_1 = \frac{b}{l}x_1 \quad (0 \leqslant x_1 \leqslant a)$$

BC 段：

$$\overline{M}_2 = \frac{a}{l}x_2 \quad (0 \leqslant x_2 \leqslant b)$$

将上述弯矩表达式代入式(12 – 14)，积分得

$$\Delta_C = \frac{1}{EI}\Big[\int_0^a \frac{Fb}{l}x_1 \frac{bx_1}{l}\mathrm{d}x_1 + \int_0^b \frac{Fa}{l}x_2 \frac{ax_2}{l}\mathrm{d}x_2\Big] = \frac{Fa^2b^2}{3EIl}$$

当 $a = b = l/2$ 时，$\Delta_C = \dfrac{Fl^3}{48EI}(\downarrow)$。

(3)求 θ_C。在 C 点加一单位力偶(图 12 – 18(e))，绘出其弯矩图(图 12 – 18(f))，列出其弯矩表达式。

AC 段：

$$\overline{M}_1 = -\frac{1}{l}x_1 \quad (0 \leqslant x_1 \leqslant a)$$

BC 段：

$$\overline{M}_2 = \frac{1}{l}x_2 \quad (0 \leqslant x_2 \leqslant b)$$

将弯矩表达式代入式(12 – 15)，积分得

$$\theta_C = \int_l \frac{M(x)\,\overline{M}(x)}{EI}\mathrm{d}x$$

$$= \frac{1}{EI}\Big[\int_0^a \frac{Fb}{l}x_1\Big(-\frac{1}{l}x_1\Big)\mathrm{d}x_1 + \int_0^b \frac{Fa}{l}x_2 \frac{x_2}{l}\mathrm{d}x_2\Big]$$

$$= \frac{Fab}{3EIl^2}(-a^2 + b^2)$$

当 $a > b$ 时，θ_C 为负，表明 θ_C 的方向与假定的单位力偶的方向相反，即为逆时针方向；

当 $a < b$ 时，θ_C 为正，表明 θ_C 的方向与假定的单位力偶的方向相同，即为顺时针方向；

当 $a = b = l/2$ 时，$\theta_C = 0$。

例题 12 – 8　图 12 – 19(a)所示悬臂梁 AB，承受均布荷载作用，试求梁自由端的竖向线位移 Δ_A 及转角 θ_A。梁的弯曲刚度为 EI。

解　(1)绘出梁在均布荷载作用下的弯矩图(图 12 – 19(b))，弯矩表达式为

$$M(x) = -\frac{1}{2}qx^2$$

(2)求 Δ_A。在 A 点加一单位集中力 $F = 1$(图 12 – 19(c))，绘出 $\overline{M}(x)$ 弯矩图(图 12 – 19(d))，其弯矩表达式为

$$\overline{M}(x) = -x$$

由式(12 – 14)，得

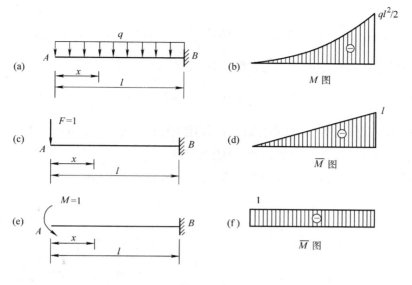

图 12－19

$$\Delta_A = \int_0^l \frac{M(x)\,\overline{M}(x)}{EI}\mathrm{d}x = \int_0^l \frac{\left(-\frac{1}{2}qx^2\right)(-x)}{EI}\mathrm{d}x = \frac{1}{EI}\int_0^l \frac{qx^3}{2}\mathrm{d}x = \frac{ql^4}{8EI}(\downarrow)$$

（3）求 θ_A。在 A 点加一单位力偶（图 12－19(e)），绘出其弯矩图（图 12－19(f)），其弯矩表达式为

$$\overline{M}(x) = -1$$

由式（12－15），得

$$\theta_A = \int_0^l \frac{M(x)\,\overline{M}(x)}{EI}\mathrm{d}x = \int_0^l \frac{\left(-\frac{1}{2}qx^2\right)(-1)}{EI}\mathrm{d}x = \frac{ql^3}{6EI}(\curvearrowleft)$$

用单位力法计算位移时，应注意以下三点：①所施加的单位荷载必须与所求的位移相对应；②单位荷载的方向可任意假定，如果所求的位移为正，表明位移的实际方向与所加的单位荷载的方向一致，为负则相反；③列 $M(x)$ 与 $\overline{M}(x)$ 时，应取相同的坐标原点及相同的正负号规定。

单位力法不仅可以计算梁的弯曲位移，还可以计算其他杆件或杆系结构在发生基本变形及组合变形时的位移；既可以计算某一指定截面的位移，又可以计算任意两横截面之间的相对位移。用单位力法计算其他杆件或杆系结构的位移时，依照上述推导过程，可得以下位移公式。

轴向拉伸（压缩）

$$\Delta = \int_l \frac{F_N(x)\,\overline{F}_N(x)}{EA}\mathrm{d}x \qquad (12-16)$$

圆轴扭转

$$\Delta = \int_l \frac{T(x)\,\overline{T}(x)}{GI_p}\mathrm{d}x \qquad (12-17)$$

组合变形

$$\Delta = \int_l \frac{M(x)\ \overline{M}(x)}{EI}\mathrm{d}x + \int_l \frac{F_N(x)\ \overline{F}_N(x)}{EA}\mathrm{d}x + \int_l \frac{T(x)\ \overline{T}(x)}{GI_p}\mathrm{d}x \qquad (12-18)$$

对桁架结构,一般杆件中的轴力为常数,所以位移可按下式计算:

$$\Delta = \sum \frac{F_{Ni}\ \overline{F}_{Ni}}{EA_i}l_i \qquad (12-19)$$

以上各式中:$F_N(x)$、$T(x)$、$M(x)$分别为外荷载作用下杆内的轴力、扭矩和弯矩;$\overline{F}_N(x)$、$\overline{T}(x)$、$\overline{M}(x)$分别为单位荷载作用下杆内的轴力、扭矩和弯矩。

例题 12-9 试计算图 12-20(a)所示桁架节点 B 的竖向位移。设各杆的 EA 为同一常数。

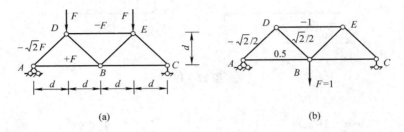

(a)　　　　　　　　　　　(b)

图 12-20

解 由于桁架及其荷载均对称,故只需计算桁架对称轴左侧(或右侧)各杆的内力。在节点 B 加一竖向单位力,计算出轴力如图 12-20(b)所示。由荷载产生的轴力如图 12-20(a)所示,则节点 B 的竖向位移

$$\begin{aligned}
\Delta_{By} &= \sum \frac{F_{Ni}\ \overline{F}_{Ni}}{EA_i}l_i \\
&= \frac{1}{EA}\Big[2 \times (-\sqrt{2}F) \times (-\frac{\sqrt{2}}{2}) \times \sqrt{2}d + 2F \times \frac{1}{2} \times 2d + (-F) \times (-1) \times 2d \Big] \\
&= \frac{2Fd}{EA}(2 + \sqrt{2})
\end{aligned}$$

计算结果为正,说明节点 B 的位移与假设单位荷载的方向一致,即向下。

例题 12-10 试求图 12-21(a)所示刚架 A 截面的角位移。

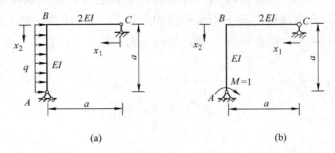

(a)　　　　　　　　　　　(b)

图 12-21

解 加单位荷载如图 12-21(b)所示。

取各段杆的坐标原点如图所示,则实际荷载与单位荷载所引起的弯矩分别如下(以内侧受拉为正)。

BC 杆:

$$M(x_1) = \frac{1}{2}qax_1, \quad \overline{M}(x) = \frac{1}{a}x_1$$

AB 杆:

$$M(x_2) = \frac{1}{2}q(a^2 - x_2^2), \quad \overline{M}(x) = 1$$

则

$$\theta_A = \sum \int \frac{M(x)\overline{M}(x)}{EI}dx$$

$$= \int_0^a \frac{\frac{1}{a}x_1 \cdot \frac{1}{2}qax_1}{2EI}dx_1 + \int_0^a \frac{\frac{1}{2}q(a^2 - x_2^2) \times 1}{EI}dx_2$$

$$= \frac{qa^3}{12EI} + \frac{q}{2EI}\left(a^3 - \frac{1}{2}a^3\right) = \frac{5qa^3}{12EI}$$

计算结果为正,说明 A 截面的转角与假设单位力偶的方向一致,即顺时针转向。

12.5 图　乘　法

由上节可知,用单位荷载法计算梁的位移时,先要写出荷载及单位荷载作用下的弯矩表达式 $M(x)$ 和 $\overline{M}(x)$,然后代入公式

$$\Delta = \int_l \frac{M(x)\overline{M}(x)}{EI}dx \tag{a}$$

进行积分运算。当荷载比较复杂时,上述积分运算仍相当烦琐。但是,在一定条件下,上述积分运算可得到简化。

在实际工程中,大多数梁均为等截面直杆,即沿梁长 EI 为一常数,所以 EI 可提到积分号外面,即上式可写为

$$\Delta = \frac{1}{EI}\int_l M(x)\overline{M}(x)dx \tag{b}$$

此外,在单位荷载作用下,梁的弯矩表达式 $\overline{M}(x)$ 通常为 x 的一次函数,即 $\overline{M}(x)$ 图多是由直线段组成。在这种情况下,可以用图乘法计算积分

$$\int_l M(x)\overline{M}(x)dx$$

图 12-22 所示等截面直杆 AB 段的两个弯矩图,单位荷载作用下的弯矩图 $\overline{M}(x)$ 为一段直线,荷载作用下的弯矩图 $M(x)$ 为任意一段曲线。以杆轴为 x 轴,以 $\overline{M}(x)$ 图的延长线与 x 轴的交点 O 为原点并设置 y 轴,则 $\overline{M}(x)$ 图的弯矩表达式可写为 $\overline{M}(x) = x\tan\alpha$,且 $\tan\alpha$ 为常数,代入式(b),得

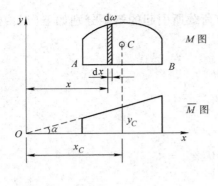

图 12 – 22

$$\frac{1}{EI}\int_l M(x)\,\overline{M}(x)\,\mathrm{d}x = \frac{1}{EI}\int_l M(x)\,x\tan\,\alpha\,\mathrm{d}x$$

$$= \frac{\tan\,\alpha}{EI}\int_l M(x)\,x\mathrm{d}x = \frac{\tan\,\alpha}{EI}\int_l x\mathrm{d}\omega \qquad (\text{c})$$

式中:$\mathrm{d}\omega = M(x)\,\mathrm{d}x$ 为图中阴影部分所示的微分面积,所以 $x\mathrm{d}\omega$ 为微分面积 $\mathrm{d}\omega$ 对 y 轴的静矩,则 $\int x\mathrm{d}\omega$ 为整个 $M(x)$ 图对 y 轴的静矩,它应等于 $M(x)$ 图的面积 ω 乘以其形心 C 到 y 轴的距离 x_C,即

$$\int x\mathrm{d}\omega = \omega x_C \qquad (\text{d})$$

代入式(c),得

$$\frac{1}{EI}\int_l M(x)\,\overline{M}(x)\,\mathrm{d}x = \frac{\tan\,\alpha}{EI}\omega x_C \qquad (\text{e})$$

而 $x_C\tan\,\alpha = y_C$,y_C 为 $\overline{M}(x)$ 图中与 $M(x)$ 图的形心相对应的弯矩值。所以式(a)可以写成

$$\int \frac{M(x)\,\overline{M}(x)}{EI}\mathrm{d}x = \frac{\omega y_C}{EI} \qquad (12-20)$$

由上述的推证过程可知,上式成立必须满足下述三个条件:①杆件的轴线为直线;②杆件的 EI 为常数;③两个弯矩图中至少有一个为直线图形(当荷载作用下的弯矩图 $M(x)$ 为直线图形时,ω 也可取为单位荷载作用下的弯矩图 $\overline{M}(x)$ 的面积),即上述积分式等于一个弯矩图的面积乘以其形心处所对应的另一个直线图形上的弯矩值,再除以 EI。这种积分运算转化为数值乘除运算的方法称为**图乘法**。

应用图乘法计算位移时,应注意以下三点:①必须符合上述三个前提条件;②y_C 只能取自直线图形;③ω 与 y_C 在杆件的同侧时,乘积 ωy_C 取正号,异侧取负号。

现将几种常用的简单图形的面积及形心画在图 12 – 23 中。在各抛物线图形中,"顶点"是指其切线平行于底边的点,而顶点在中点或端点的抛物线称为标准抛物线图形。

当图形的面积或形心位置不易确定时,可以将图形分解为几个容易确定各自形心位置的部分,将它们分别与另一图形作图乘法运算,然后将所得的结果进行代数叠加。

例如图 12 – 24 所示两个梯形图乘,可不必确定梯形的形心位置,而把它分解成两个三角形(也可分解成一个矩形和一个三角形),分别图乘后再叠加,即

$$\frac{1}{EI}\int M(x)\,\overline{M}(x)\,\mathrm{d}x = \frac{1}{EI}(\omega_1 y_1 + \omega_2 y_2) \qquad (\text{f})$$

对于在均布荷载作用下任一段杆件的弯矩图(图 12 – 25(a)),可以把它看作是两端弯矩竖标所组成的梯形(图 12 – 25(b))与相应简支梁在均布荷载作用下的弯矩图(图 12 – 25(c))叠加而成。分解后,再分别与单位弯矩图图乘,求代数和,即得所求结果。

此外,在应用图乘法时,当 y_C 所属的图形不是一段直线而是由若干段直线组成,或当各杆段的截面不相等时,均应分段图乘,再进行叠加。例如对于图 12 – 26(a),应为

$$\Delta = \frac{1}{EI}(\omega_1 y_1 + \omega_2 y_2 + \omega_3 y_3)$$

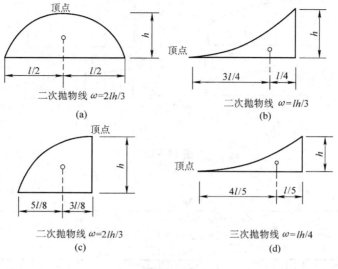

顶点

二次抛物线 $\omega=2lh/3$

(a)

顶点

二次抛物线 $\omega=lh/3$

(b)

顶点

二次抛物线 $\omega=2lh/3$

(c)

三次抛物线 $\omega=lh/4$

(d)

图 12 – 23

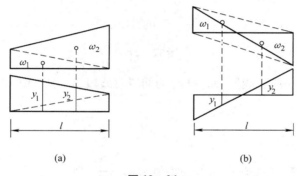

(a)   (b)

图 12 – 24

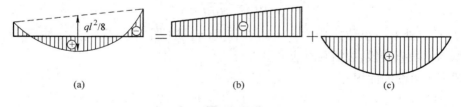

(a)   (b)   (c)

图 12 – 25

对于图 12 – 26(b),应为

$$\Delta = \frac{\omega_1 y_1}{EI_1} + \frac{\omega_2 y_2}{EI_2} + \frac{\omega_3 y_3}{EI_3}$$

例题 12 – 11 图 12 – 27 所示简支梁 AB,在跨中 C 点承受集中力 F 作用,试求支座 A 处的转角及 C 点的竖向位移。EI 为常数。

解 (1)绘制荷载作用下的弯矩图(M 图)(图 12 – 27(a))。

(2)在支座 A 处加单位力偶 $M = 1$,并作单位荷载作用下的弯矩图($\overline{M}(x)$ 图)(图 12 – 27

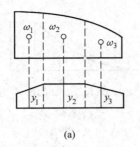
(a)

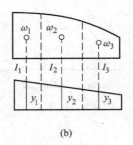
(b)

图 12 – 26

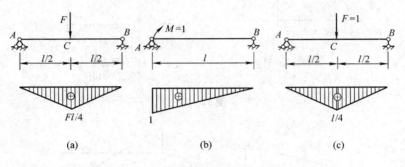

(a)　　　　　　　(b)　　　　　　　(c)

图 12 – 27

(b))。由于 $\overline{M}(x)$ 图为一段直线段,而 $M(x)$ 为两段直线段,ω 宜取 $M(x)$ 图的面积。

$M(x)$ 图的面积

$$\omega = \frac{1}{2} \times l \times \frac{Fl}{4} = \frac{1}{8}Fl^2$$

又 $M(x)$ 图的形心对应的 $\overline{M}(x)$ 图的弯矩值为 $y_C = \frac{1}{2}$,则

$$\theta_A = \frac{\omega y_C}{EI} = \frac{Fl^2}{16EI} \quad (\searrow)$$

(3)在 C 点处加一单位集中力 $F = 1$,并作 $\overline{M}(x)$ 图(图 12 – 27(c))。由于 $M(x)$ 图与 $\overline{M}(x)$ 图均为两段直线段,故图乘时应分段进行。

AC 段:$M(x)$ 图的面积

$$\omega = \frac{1}{2} \times \frac{1}{4}Fl \times \frac{l}{2} = \frac{Fl^2}{16}$$

$\overline{M}(x)$ 图的弯矩值

$$y_C = \frac{2}{3} \times \frac{l}{4} = \frac{l}{6}$$

由于两个弯矩图均为对称图形,故

$$\Delta_C = 2 \times \frac{\omega y_C}{EI} = 2 \times \frac{1}{EI} \times \frac{Fl^2}{16} \times \frac{l}{6} = \frac{Fl^3}{48EI}(\downarrow)$$

例题 12 – 12　图 12 – 28 所示悬臂梁 AB,在自由端有一集中力 F 作用,试求梁中点 C 的挠度。EI 为常数。

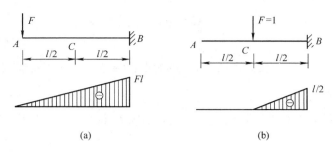

(a)   (b)

图 12－28

解 (1)绘制荷载作用下的弯矩图($M(x)$图)(图12－28(a))。

(2)在中点C处加单位力$F = 1$,并作单位荷载作用下的弯矩图($\overline{M}(x)$图)(图12－28(b))。

由于$\overline{M}(x)$图为一折线,故图乘时应分两段进行。左段$\overline{M}(x) = 0$,故图乘结果为零,右段两弯矩图均为直线,可在$\overline{M}(x)$上计算面积$\omega = \frac{1}{2} \times \frac{l}{2} \times \frac{l}{2} = \frac{l^2}{8}$,其形心对应的$M(x)$图的弯矩值为$y_C = \frac{5}{6}Fl$。

所以

$$\Delta_C = \frac{1}{EI} \times \frac{l^2}{8} \times \frac{5}{6}Fl = \frac{5Fl^3}{48EI} \quad (\downarrow)$$

例题 12－13 图12－29(a)所示外伸梁AC,梁上承受均布荷载,试求C点的挠度。EI为常数。

解 (1)绘制荷载作用下的弯矩图($M(x)$图)(图12－29(b))。

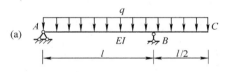

(2)在点C处加单位力$F = 1$,并作单位荷载作用下的弯矩图($\overline{M}(x)$图)(图12－29(c))。

BC段的$M(x)$图为标准二次抛物线,AC段的$M(x)$图较复杂,可将其分解为一个三角形和一个标准二次抛物线图(图12－29(b)),图中:

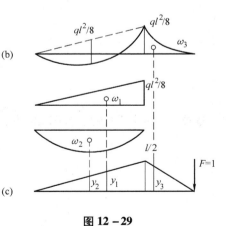

$$\omega_1 = \frac{1}{2} \times \frac{1}{8}ql^2 \times l = \frac{ql^3}{16}, \quad y_1 = \frac{l}{3}$$

$$\omega_2 = \frac{2}{3} \times \frac{1}{8}ql^2 \times l = \frac{ql^3}{12}, \quad y_2 = \frac{l}{4}$$

$$\omega_3 = \frac{1}{3} \times \frac{1}{8}ql^2 \times \frac{l}{2} = \frac{ql^3}{48}, \quad y_3 = \frac{3l}{8}$$

图 12－29

则C点的挠度

$$\Delta_{Cy} = \sum \frac{\omega y_C}{EI} = \frac{1}{EI}(\omega_1 y_1 - \omega_2 y_2 + \omega_3 y_3) = \frac{ql^4}{128EI} \quad (\downarrow)$$

思 考 题

12-1 一悬臂梁承受荷载如图所示,梁的弯曲刚度为 EI,其应变能按公式 $V = \dfrac{F^2 l^3}{6EI} + \dfrac{M^2 l}{2EI}$ 计算是否正确? 为什么?

12-2 一悬臂梁受力如图所示,试问能否用 $\partial V/\partial F$ 来求 B 点的挠度?

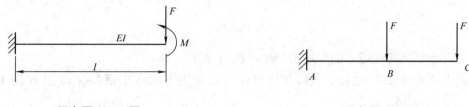

思考题 **12-1** 图   思考题 **12-2** 图

12-3 应用卡氏定理时,为什么有时要引入附加力 F_i?

12-4 下列图乘法是否正确? 如不正确,应如何改正?

12-5 用单位力法求位移时,若所得结果为正,则位移方向与单位荷载的方向一致,这是什么原因?

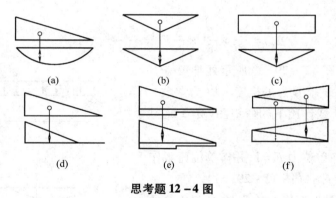

思考题 **12-4** 图

本章习题和习题答案请扫二维码。

第 13 章　应力状态和强度理论

13.1　概　　述

对扭转或弯曲的研究表明,在杆件的某一横截面上,位置不同的点应力也不同。就一点而言,除通过这一点的横截面以外,还可以有其他方位的斜截面。但是在不同方位的斜截面上应力也各不一样(参见 6.4 节中拉压杆斜截面上应力和 8.4 节中受扭圆杆斜截面上应力的分析)。对于轴向拉压和平面弯曲中的正应力,将其与材料在轴向拉伸(压缩)时的许用应力相比较来建立强度条件。同样,对于圆杆扭转和平面弯曲中的切应力,由于杆件危险点处横截面上切应力为最大值,且处于纯剪切应力状态,故可将其与材料在纯剪切下的许用应力相比较来建立强度条件。构件的强度条件为

$$\sigma_{max} \leqslant [\sigma] \qquad 或 \qquad \tau_{max} \leqslant [\tau]$$

式中:工作应力 σ_{max} 或 τ_{max} 由相关的应力公式计算;材料的许用应力 $[\sigma]$ 或 $[\tau]$,应用直接试验的方法(如拉伸试验或扭转试验),测得材料相应的极限应力并除以安全因数来求得。

但是,在一般情况下,受力构件内的一点处既有正应力,又有切应力。例如,各种机器中的传动轴,它们在工作时会同时发生扭转和弯曲的组合变形,框架结构中的主梁在荷载和自重的作用下,将同时发生弯曲和扭转的组合变形。若需对这类点的应力进行强度计算,则不能分别按正应力和切应力来建立强度条件,而需综合考虑正应力和切应力的影响。这时,一方面要研究通过该点各不同方位截面上应力的变化规律,从而确定该点处的最大正应力和最大切应力及其所在截面的方位。受力构件内一点处所有方位截面上应力的集合,称为**一点处的应力状态**。也就是说,需研究受力构件内一点处的应力状态。另一方面,由于该点处的应力状态较为复杂,而应力的组合形式又有无限多的可能性,因此就不可能用直接试验的方法来确定每一种应力组合情况下材料的极限应力。于是,就需探求材料破坏(断裂或屈服)的规律。如果能确定引起材料破坏的决定因素,那就可以通过比较轴向拉伸的试验结果来确定各种应力状态下破坏因素的极限值,从而建立相应的强度条件,即**强度理论**。

研究一点的应力状态时,往往围绕该点取一个无限小的正六面体——单元体来研究。作用在单元体各面上的应力可认为是均匀分布的。

一般情况下,各截面上存在正应力与切应力,按截面法向定义截面且规定应力方向与坐标轴方向一致为正,如图 13 - 1(a)所示,此应力状态称为**空间应力状态**。如果单元体一对截面上没有应力,即不等于零的应力分量均处于同一坐标平面内,则称之为**平面应力状态**,如图 13 - 1(b)所示。

当截面上的切应力等于零,而只有正应力,这样的面称为**应力主平面(简称主平面)**,主平

面上的正应力称为**主应力**。根据弹性力学的研究,任何应力状态总可找到三对互相垂直的主平面的应力状态,主平面上的主应力一般以 σ_1、σ_2、σ_3 表示(按代数值 $\sigma_1 \geqslant \sigma_2 \geqslant \sigma_3$),如图 13 – 2(a)所示。如果三个主应力都不等于零,称为**三向应力状态**(图 13 – 2(a));如果只有一个主应力等于零,称为**双向应力状态**(图 13 – 2(b));如果有两个主应力等于零,称为**单向应力状态**(图 13 – 2(c))。单向应力状态也称为**简单应力状态**,其他的称为**复杂应力状态**。

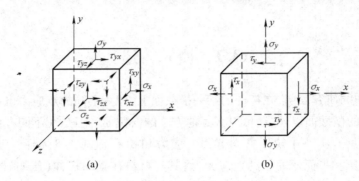

(a)   (b)

图 13 – 1

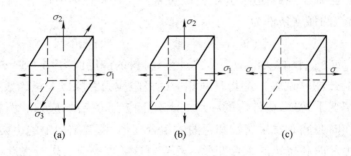

(a)   (b)   (c)

图 13 – 2

本章主要研究平面应力状态,并讨论关于材料破坏规律的强度理论。从而为在各种应力状态下的强度计算提供必要的基础。

13.2　平面应力状态的应力分析——解析法

一般情况下的平面应力单元体如图 13 – 3(a)所示。为了简便起见,常用平面图形来表示(图 13 – 3(b)),放在 x—y 坐标系里。作为一般情况,设其上作用有正应力 σ_x 和 σ_y 及切应力 τ_x 和 τ_y,应力脚标 x 和 y 表示其作用面的法线方向与 x 和 y 轴同向。现研究在普遍形式的平面应力状态下,根据单元体各面上已知的应力分量来确定其任一斜截面上的未知应力分量,并从而确定该点处的最大正应力及其所在截面的方位。

1. 斜截面应力

设 ef 为一与单元体前后截面垂直的任一斜截面,其外法线 n 与 x 轴间的夹角(方位角)为 α(图 13 – 3(b)),简称为 α 截面,并规定从 x 轴到外法线 n 逆时针转向的方位角 α 为正值。α 截面上的正应力和切应力用 σ_α 和 τ_α 表示。对正应力 σ_α,规定以拉应力为正,压应力为负;对

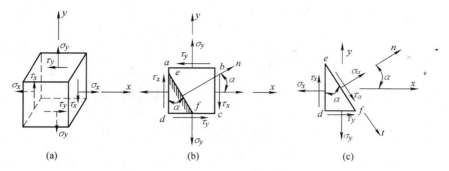

图 13 -3

切应力 τ_α，则以其对单元体内任一点的矩为顺时针转向者为正，反之为负。

假想沿斜截面 ef 将单元体截分为二，取 efd 为脱离体，如图 13 -3(c) 所示。由于脱离体 efd 处于平衡状态，所以可利用平衡条件来求各截面上应力之间的关系。在列平衡方程时，取斜截面的法线 n 和切线 t 为投影轴，并令斜截面面积为 dA，根据

$$\left.\begin{array}{c} \sum F_n = 0 \\ \sum F_t = 0 \end{array}\right\}$$

(a)

分别有

$$\sigma_\alpha dA - \sigma_x dA\cos\,\alpha\cos\,\alpha + \tau_x dA\cos\,\alpha\sin\,\alpha - \sigma_y dA\sin\,\alpha\sin\,\alpha + \tau_y dA\sin\,\alpha\cos\,\alpha = 0 \quad (b)$$

$$\tau_\alpha dA - \sigma_x dA\cos\,\alpha\sin\,\alpha - \tau_x dA\cos\,\alpha\cos\,\alpha + \sigma_y dA\sin\,\alpha\cos\,\alpha + \tau_y dA\sin\,\alpha\,\sin\,\alpha = 0 \quad (c)$$

根据切应力互等定律，有

$$\tau_y = \tau_x$$

(d)

将式(d)分别代入式(b)和式(c)，经整理后有

$$\sigma_\alpha = \sigma_x\cos^2\alpha + \sigma_y\sin^2\alpha - 2\tau_x\sin\,\alpha\cos\,\alpha \tag{13 -1}$$

$$\tau_\alpha = (\sigma_x - \sigma_y)\sin\,\alpha\cos\,\alpha + \tau_x(\cos^2\alpha - \sin^2\alpha) \tag{13 -2}$$

利用三角关系

$$\left.\begin{array}{c} \cos^2\alpha = \dfrac{1 + \cos 2\alpha}{2} \\[2mm] \sin^2\alpha = \dfrac{1 - \cos 2\alpha}{2} \\[2mm] 2\sin\,\alpha\cos\,\alpha = \sin 2\alpha \end{array}\right\} \tag{e}$$

即可得到

$$\sigma_\alpha = \frac{\sigma_x + \sigma_y}{2} + \frac{\sigma_x - \sigma_y}{2}\cos 2\alpha - \tau_x\sin 2\alpha \tag{13 -3}$$

$$\tau_\alpha = \frac{\sigma_x - \sigma_y}{2}\sin 2\alpha + \tau_x\cos 2\alpha \tag{13 -4}$$

上面两式就是平面应力状态(图 13 -3(a))下，任意斜截面上应力 σ_α 和 τ_α 的计算公式。

例题 13 -1 图 13 -4(a)为一平面应力状态单元体，试求与 x 轴成 30°角的斜截面上的应力。

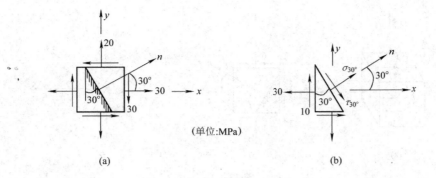

(单位:MPa)

(a)   (b)

图 13 – 4

解 由图可知

$$\sigma_x = 30 \text{ MPa}, \quad \sigma_y = 20 \text{ MPa}, \quad \tau_x = 30 \text{ MPa}$$

则由式(13 – 3)及式(13 – 4)可直接得到该斜截面上的应力:

$$\sigma_{30°} = \frac{\sigma_x + \sigma_y}{2} + \frac{\sigma_y - \sigma_y}{2}\cos 2\alpha - \tau_x\sin 2\alpha = \frac{30 + 20}{2} + \frac{30 - 20}{2}\cos(2 \times 30°) - 30\sin(2 \times 30°)$$

$$= 1.52 \text{ MPa}$$

$$\tau_{30°} = \frac{\sigma_x - \sigma_y}{2}\sin 2\alpha + \tau_x\cos 2\alpha = \frac{30 - 20}{2}\sin(2 \times 30°) + 30\cos(2 \times 30°) = 19.33 \text{ MPa}$$

2. 主应力和主平面

根据上面导出的确定斜截面上的正应力和切应力的式(13 – 3)和式(13 – 4),可以确定这些应力的极值(极大值或极小值)及其作用面的方位。

将式(13 – 3)对 α 取导数

$$\frac{\mathrm{d}\sigma_\alpha}{\mathrm{d}\alpha} = -2\left(\frac{\sigma_x - \sigma_y}{2}\sin 2\alpha + \tau_x\cos 2\alpha\right) \tag{a}$$

令此导数等于零,可求得 σ_α 达到极值时的 α 值,以 α_0 表示此值,则

$$\frac{\sigma_x - \sigma_y}{2}\sin 2\alpha_0 + \tau_x\cos 2\alpha_0 = 0 \tag{b}$$

故

$$\tan 2\alpha_0 = \frac{-2\tau_x}{\sigma_x - \sigma_y} \tag{13 – 5}$$

由此式可求出 α_0 的相差 90°的两个根,也就是说有相互垂直的两个面,其中一个面上作用的正应力是极大值,以 σ_{max} 表示,另一个面上的是极小值,以 σ_{min} 表示。

利用三角关系:

$$\left.\begin{array}{r}\sin^2\alpha + \cos^2\alpha = 1 \\ 1 + \tan^2 2\alpha = \dfrac{1}{\cos^2\alpha}\end{array}\right\} \tag{c}$$

$$\left.\begin{array}{l} \cos 2\alpha_0 = \pm \dfrac{1}{\sqrt{1 + \tan^2 2\alpha_0}} \\[4mm] \sin 2\alpha_0 = \pm \dfrac{\tan 2\alpha_0}{\sqrt{1 + \tan^2 2\alpha_0}} \end{array}\right\} \tag{d}$$

将式(13-5)代入上两式,再回代到式(13-3)经整理后即可得到求 $\sigma_{\max}$ 和 $\sigma_{\min}$ 的计算公式如下:

$$\left.\begin{array}{l} \sigma_{\max} \\ \sigma_{\min} \end{array}\right\} = \dfrac{\sigma_x + \sigma_y}{2} \pm \sqrt{\left(\dfrac{\sigma_x - \sigma_y}{2}\right)^2 + \tau_x^2} \tag{13-6}$$

式中:根号前取"+"号时得 $\sigma_{\max}$,取"-"号时得 $\sigma_{\min}$。

至于由式(13-5)所求得的两个 α_0 值中,哪个是 $\sigma_{\max}$ 作用面的方位角(以 $\alpha_{0\max}$ 表示),哪个是 $\sigma_{\min}$ 作用面的方位角(以 $\alpha_{0\min}$ 表示),则可按下述规则进行判定:

① 若 $\sigma_x > \sigma_y$,则有 $|\alpha_{0\max}| < 45°$;

② 若 $\sigma_x < \sigma_y$,则有 $|\alpha_{0\max}| > 45°$;

③ 若 $\sigma_x = \sigma_y$,则有 $\alpha_{0\max} = \begin{cases} -45° (\tau_x > 0) \\ +45° (\tau_x < 0) \end{cases}$。

求得 $\alpha_{0\max}$ 后,$\alpha_{0\min}$ 就自然得到:

$$\alpha_{0\min} = \alpha_{0\max} \pm 90° \tag{13-7}$$

这里指出一点,将式(b)与式(13-4)比较,可知当 $\alpha = \alpha_0$ 时,$\tau_{\alpha 0} = 0$,这表明在正应力达到极值的面上,切应力必等于零,即为主平面,相应的正应力即为主应力。主应力通常用 σ_1、σ_2、σ_3 等表示,并按 $\sigma_1 \geq \sigma_2 \geq \sigma_3$ 排序。此时,应注意到平面应力状态下,应力为零的平面也是主平面,其主应力等于零,它与 $\sigma_{\max}$ 和 $\sigma_{\min}$ 进行排列,确定出 σ_1、σ_2、σ_3。即确定 α_1,α_2,α_3。

另外,若把式(13-6)的 $\sigma_{\max}$ 和 $\sigma_{\min}$ 相加可有下面的关系:

$$\sigma_{\max} + \sigma_{\min} = \sigma_x + \sigma_y \tag{13-8}$$

即对于同一个点所截取的不同方位的单元体,其相互垂直面上的正应力之和是一个不变量,称之为第一弹性应力不变量,并可用此关系来校核计算结果。

用完全相似的方法,可以讨论切应力 τ_α 的极值和它们所在的平面。将式(13-4)对 α 取导数,得

$$\dfrac{\mathrm{d}\tau_\alpha}{\mathrm{d}\alpha} = (\sigma_x - \sigma_y)\cos 2\alpha - 2\tau_x \sin 2\alpha \tag{a}$$

令此导数等于零,此时 τ_α 取得极值,其所在的平面的方位角用 α_τ 表示,则

$$(\sigma_x - \sigma_y)\cos 2\alpha_\tau - 2\tau_x \sin 2\alpha_\tau = 0 \tag{b}$$

$$\tan 2\alpha_\tau = \dfrac{\sigma_x - \sigma_y}{2\tau_x} \tag{13-9}$$

由式(13-9)解出 $\sin 2\alpha_\tau$ 和 $\cos 2\alpha_\tau$。代入式(13-4)求得切应力的最大和最小值为

$$\left.\begin{array}{l} \tau_{\max} \\ \tau_{\min} \end{array}\right\} = \pm \sqrt{\left(\dfrac{\sigma_x + \sigma_y}{2}\right)^2 + \tau_x^2} \tag{13-10}$$

与式(13-6)比较,可得

$$\left.\begin{array}{c}\tau_{max}\\\tau_{min}\end{array}\right\} = \pm \frac{\sigma_{max} - \sigma_{min}}{2} \qquad (13-11)$$

再比较式(13-5)和式(13-9),则有

$$\tan 2\alpha_0 = -\frac{1}{\tan 2\alpha_\tau} \qquad (13-12)$$

这表明 $2\alpha_0$ 与 $2\alpha_\tau$ 相差90°,即切应力极值所在平面与主平面的夹角为45°。当考虑三向应力状态时,则有 $\tau_{max} = \frac{\sigma_1 - \sigma_3}{2}$,且一般情况下 τ_{max} 按三向应力状态考虑。

以上所述分析平面应力状态的方法称为**解析法**。

例题 13-2 图13-5所示为某构件某一点的应力状态,试确定该点的主应力的大小及方位。

解 由图可知:

$$\sigma_x = 30 \text{ MPa}, \quad \sigma_y = 20 \text{ MPa}, \quad \tau_x = -30 \text{ MPa}$$

将其代入式(13-6),得

$$\left.\begin{array}{c}\sigma_{max}\\\sigma_{min}\end{array}\right\} = \frac{\sigma_x + \sigma_y}{2} \pm \sqrt{\left(\frac{\sigma_x - \sigma_y}{2}\right)^2 + \tau_x^2}$$

$$= \frac{30+20}{2} \pm \sqrt{\left(\frac{30-20}{2}\right)^2 + (-30)^2} = \begin{cases}55.4 \text{ MPa}\\-5.4 \text{ MPa}\end{cases}$$

则主应力为

$$\sigma_1 = 55.4 \text{ MPa}, \quad \sigma_2 = 0, \quad \sigma_3 = -5.4 \text{ MPa}$$

由式(13-5),得

$$\tan 2\alpha_0 = \frac{-2 \times \tau_x}{\sigma_x - \sigma_y} = \frac{-2(-30)}{30-20} = 6$$

故

$$\alpha_0 = 40.26° \text{ 或 } -49.74°$$

由于 $\sigma_x > \sigma_y$,则 $\alpha_{0max} = 40.26°$,即主应力 σ_1 与 x 轴的夹角为40.26°。

例题 13-3 对图13-6所示单元体,试用解析法求:

(1)主应力值;

(2)主平面的方位(用单元体图表示);

(3)最大切应力值。

解 由图可知:

$$\sigma_x = 200 \text{ MPa}, \quad \sigma_y = -200 \text{ MPa}, \quad \tau_x = -300 \text{ MPa}$$

故

$$\left.\begin{array}{c}\sigma_{max}\\\sigma_{min}\end{array}\right\} = \frac{200 + (-200)}{2} \pm \left(\left[\frac{200 - (-200)}{2}\right]^2 + \right.$$

$$\left. (-300)^2 \right)^{\frac{1}{2}} = \begin{cases}361 \text{ MPa}\\-361 \text{ MPa}\end{cases} \qquad (a)$$

$$\sigma_1 = 361 \text{ MPa}, \sigma_2 = 0, \sigma_3 = -361 \text{ MPa}$$

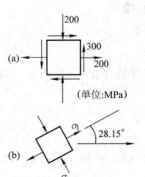

图13-6

又
$$\tan 2\alpha_0 = \frac{-2 \times (-300)}{200 - (-200)} = 1.5 \qquad (b)$$

故
$$\alpha_0 = 28.15° \text{或} -61.85°$$

由于 $\sigma_x > \sigma_y$，则 $\alpha_{0max} = 28.15°$，即主应力 σ_1 与 x 轴的夹角为 $28.15°$。最大切应力

$$\tau_{max} = \frac{\sigma_1 - \sigma_3}{2} = \frac{361 - (-361)}{2} = 361 \text{ MPa}$$

13.3 应 力 圆

对于平面应力状态同样也可利用图解法进行分析。

1. 应力圆

由斜截面应力计算公式(13-3)与(13-4)可知，应力 σ_α 和 τ_α 均为 2α 的函数。将二式分别改写成如下形式：

$$\sigma_\alpha - \frac{\sigma_x + \sigma_y}{2} = \frac{\sigma_x - \sigma_y}{2} \cos 2\alpha - \tau_x \sin 2\alpha \qquad (a)$$

$$\tau_\alpha - 0 = \frac{\sigma_x - \sigma_y}{2} \sin 2\alpha + \tau_x \cos 2\alpha \qquad (b)$$

然后，将以上二式各自平方后再相加，于是得

$$\left(\sigma_\alpha - \frac{\sigma_x + \sigma_y}{2}\right)^2 + (\tau_\alpha - 0)^2 = \left(\frac{\sigma_x - \sigma_y}{2}\right)^2 + \tau_x^2 \qquad (c)$$

这是一个以正应力 σ 为横坐标、切应力 τ 为纵坐标的圆的方程，圆心在横坐标轴上，其坐标为 $\left(\dfrac{\sigma_x + \sigma_y}{2}, 0\right)$，半径为 $\sqrt{\left(\dfrac{\sigma_x - \sigma_y}{2}\right)^2 + \tau_x^2}$，而圆的任一点的纵、横坐标则分别代表单元体相应截面上的切应力与正应力，此圆称为**应力圆或莫尔**(O. Mohr)**圆**，如图 13-7 所示。

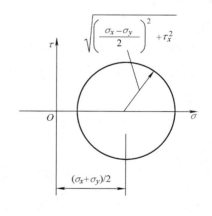

图 13-7

2. 应力圆的绘制及应用

根据图 13-8 所示一平面应力状态单元体，作出相应的应力圆，并求 α 斜截面上的正应力 σ_α 和切应力 τ_α 及主应力。在 $\sigma—\tau$ 坐标系的平面内，按选定的比例尺，找出与 x 截面对应的点位于 $D_1(\sigma_x, \tau_x)$，与 y 截面对应的点位于 $D_2(\sigma_y, \tau_y)$，连接 D_1 和 D_2 两点形成直线，由于 τ_x 和 τ_y 数值相等，即 $\overline{D_1B_1} = \overline{D_2B_2}$，因此直线 $\overline{D_1D_2}$ 与坐标轴 σ 的交点 C 的横坐标为 $(\sigma_x + \sigma_y)/2$，即 C 为应力圆的圆心。于是，以 C 为圆心，$\overline{CD_1}$ 或 $\overline{CD_2}$ 为半径作圆 $\left(\overline{CD_1} = \overline{CD_2} = \sqrt{\left(\dfrac{\sigma_x - \sigma_y}{2}\right)^2 + \tau_x^2}\right)$，即得相应的应力圆。

应力圆确定后，如欲求 α 斜截面的应力，则只需将半径 CD_1 沿方位角 α 的转向旋转 2α 至

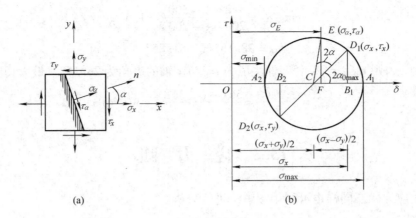

图 13 – 8

CE 处,所得 E 点的纵、横坐标 τ_E 与 σ_E 即分别代表 α 截面的切应力 τ_α 与正应力 σ_α,令圆心角 $\angle A_1CD_1 = 2\alpha_{0\max}$,现证明如下:

$$\sigma_E = \overline{OF} = \overline{OC} + \overline{CF} = \overline{OC} + \overline{CE}\cos(2\alpha_{0\max} + 2\alpha) = \overline{OC} + \overline{CD}\cos(2\alpha_{0\max} + 2\alpha)$$
$$= \overline{OC} + \overline{CD}\cos 2\alpha_{0\max}\cos 2\alpha - \overline{CD}\sin 2\alpha_{0\max}\sin 2\alpha$$
$$= \frac{\sigma_x + \sigma_y}{2} + \frac{\sigma_x - \sigma_y}{2}\cos 2\alpha - \tau_x\sin 2\alpha = \sigma_\alpha$$

上式即为式(13 – 3)。按类似方法可证明 E 点的纵坐标

$$\tau_E = \overline{EF} = \frac{\sigma_x - \sigma_y}{2}\sin 2\alpha - \tau_x\cos 2\alpha = \tau_\alpha$$

即为式(13 – 4)。

利用应力圆,可以确定应力的极值(极大值和极小值)及其作用面的方位,如图 13 – 8 所示。圆上点 A_1 和点 A_2 的横坐标分别代表正应力的两个极值 $\sigma_{\max}$ 和 $\sigma_{\min}$,从图上可得它们的值为

$$\overline{OA_1} = \overline{OC} + \overline{CA_1} = \overline{OC} + \overline{CD_1} = \frac{\sigma_x + \sigma_y}{2} + \sqrt{\left(\frac{\sigma_x - \sigma_y}{2}\right)^2 + \tau_x^2} \tag{d}$$

$$\overline{OA_2} = \overline{OC} - \overline{CA_2} = \overline{OC} - \overline{CD_2} = \frac{\sigma_x + \sigma_y}{2} - \sqrt{\left(\frac{\sigma_x - \sigma_y}{2}\right)^2 + \tau_x^2} \tag{e}$$

将二式合并有

$$\left.\begin{array}{c}\sigma_{\max}\\\sigma_{\min}\end{array}\right\} = \frac{\sigma_x + \sigma_y}{2} \pm \sqrt{\left(\frac{\sigma_x - \sigma_y}{2}^2\right) + \tau_x^2} \tag{f}$$

此式即为求解 $\sigma_{\max}$ 和 $\sigma_{\min}$ 的式(13 – 6)。

由图可知该两点的纵坐标都等于零,这表明在 $\sigma_{\max}$ 和 $\sigma_{\min}$ 作用的面上,切应力必等于零。这样的面为主平面,其上作用的 $\sigma_{\max}$ 和 $\sigma_{\min}$ 为主应力。

现确定主应力作用面的方位,例如要确定 $\sigma_{\max}$ 作用面的方位角 $\alpha_{0\max}$,可以从基线 CD 起始(图 13 – 8(b)),顺时针转到 CB_1 线,即得 $2\alpha_{0\max}$,根据前面的规定,顺时针转为负,所以有

$$\tan 2\alpha_{0max} = -\frac{\overline{AD}}{\overline{CA}} = \frac{-\tau_x}{\dfrac{\sigma_x - \sigma_y}{2}} = \frac{-2\tau_x}{\sigma_x - \sigma_y} \tag{g}$$

与上节的式(13-5)相同。

　　在利用应力圆分析应力时,应注意应力圆上的点与单元体内的截面的对应关系。如图13-9所示,当单元体内截面 A 和 B 的夹角为 α 时,应力圆上相应点 a 和 b 所对应的圆心角则为 2α,且二角的转向相同。实质上,这种对应关系是应力圆的参数表达式(13-3)和(13-4)以两倍方位角为参变量的必然结果。因此,单元体上两相互垂直截面上的应力,在应力圆上的对

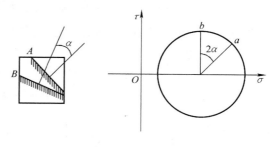

图 13-9

应点必位于同一直径的两端。例如在图13-8中,与 x 截面上应力对应的点 D_1 以及与 y 截面上应力对应的点 D_2,即位于同一直径的两端。

　　例题 13-4　试用图解法求解图13-10所示应力状态单元体的主应力。

　　解　首先,在选定坐标系的比例尺,由坐标(200,-300)和(-200,300)分别确定 C 和 C' 点(图13-10(b))。然后,以 CC' 为直径画圆,即得相应的应力圆。

　　从应力圆量得主应力及方位角,并画出主单元的应力状态如图13-10(c)所示。

$$\sigma_1 = 360 \text{ MPa}, \quad \sigma_3 = -360 \text{ MPa}$$

$$\alpha_1 = 28°$$

$$\tau_{max} = 360 \text{ MPa}$$

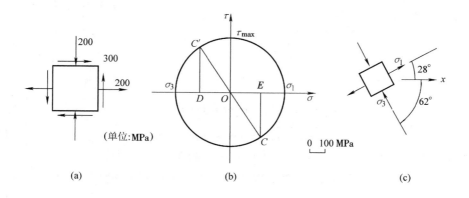

图 13-10

13.4 三向应力状态的最大应力

以上在研究斜截面的应力及相应极值应力时,曾引进两个限制,其一是单元体处于平面应力状态,其二是所取斜截面均平行于 z 轴,即垂直于单元体的不受力表面。本节研究应力状态的一般形式——三向应力状态,并研究所有斜截面的应力。

1. 三向应力圆

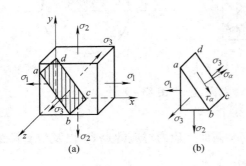

图 13 – 11

将三个坐标轴取在三个互相垂直的主应力方向上,选取如图 13 – 11(a)所示单元体。

首先分析与主应力 σ_3 平行的斜截面 $abcd$ 上的应力。不难看出(图 13 – 11(b)),该截面的应力 σ_α 和 τ_α 仅与主应力 σ_1 与 σ_2 有关。所以,在 σ—τ 坐标平面内,与该类斜截面对应的点,必位于由 σ_1 与 σ_2 所确定的应力圆上(图 13 – 12)。同理,与主应力 σ_2(或 σ_1)平行的各截面的应力,则可由 σ_1 与 σ_3(或 σ_2 与 σ_3)所画应力圆确定。至于与三个主应力均不平行的任意斜截面 ABC(图 13 – 13),由四面体 $OABC$ 的平衡可得该截面的正应力与切应力分别为

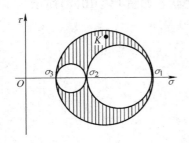

图 13 – 12

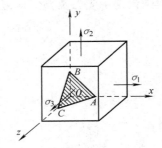

图 13 – 13

$$\sigma_n = \sigma_1\cos^2\alpha + \sigma_2\cos^2\beta + \sigma_3\cos^2\gamma \tag{13 – 13}$$

$$\tau_n = \sqrt{\sigma_1^2\cos^2\alpha + \sigma_2^2\cos^2\beta + \sigma_3^2\cos^2\gamma - \sigma_n^2} \tag{13 – 14}$$

式中:α、β、γ 分别代表斜截面 ABC 的外法线与 x、y、z 轴的夹角。

利用上述关系可以证明,在 σ—τ 坐标平面内,与上述截面对应的点 $K(\sigma_n, \tau_n)$ 必位于图 13 – 12 所示三圆所构成的阴影区域内。

2. 最大切应力

综上所述,在 σ—τ 坐标平面内,代表任一截面的应力的点,或位于应力圆上,或位于由上述三圆所构成的阴影区域内。自此可见,一点处的最大与最小正应力分别为最大与最小主应力,即

$$\sigma_{\max} = \sigma_1 \tag{13 – 15}$$

$$\sigma_{\min} = \sigma_3 \tag{13-16}$$

而最大切应力则为

$$\tau_{\max} = \frac{\sigma_1 - \sigma_3}{2} \tag{13-17}$$

并位于与 σ_1 及 σ_3 均成 $45°$ 的截面上。

上述结论同样适用于单向和双向应力状态。

例题 13-5 图 13-14(a)所示应力状态,应力 $\sigma_x = 80$ MPa,$\tau_x = 35$ MPa,$\sigma_y = 20$ MPa,$\sigma_z = -40$ MPa,试画三向应力圆,并求主应力、最大切应力。

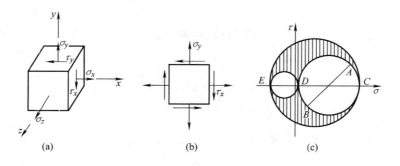

图 13-14

解 (1)画三向应力圆。

对于图示应力状态,已知 σ_z 为主应力,其他两个主应力则可由 σ_x、τ_x 与 σ_y 确定,如图 13-14(b)所示。

在 σ—τ 坐标平面内(图 13-14(c)),由坐标 $(80,35)$ 与 $(20,-35)$ 分别确定 A 点和 B 点,然后以 AB 为直径画圆并与 σ 轴相交于 C 点和 D 点,其横坐标分别为

$$\sigma_C = 96.1 \text{ MPa}$$

$$\sigma_D = 3.90 \text{ MPa}$$

取 $E(-40,0)$ 对应于主平面 z,于是分别以 ED 及 EC 为直径画圆,即得三向应力圆。

(2)主应力与最大切应力。

由上述分析可知,主应力为

$$\sigma_1 = \sigma_C = 96.1 \text{ MPa}$$

$$\sigma_2 = \sigma_D = 3.90 \text{ MPa}$$

$$\sigma_3 = \sigma_E = -40.0 \text{ MPa}$$

而最大正应力与最大切应力则分别为

$$\sigma_{\max} = \sigma_1 = 96.1 \text{ MPa}$$

$$\tau_{\max} = \frac{\sigma_1 - \sigma_3}{2} = 68.1 \text{ MPa}$$

13.5　空间应力状态下的广义胡克定律

1. 双向应力状态下的广义胡克定律

材料处于双向应力状态(图 13 – 15(a))时,为求沿两个主应力方向的应变 ε_1 和 ε_2,可按叠加原理分解为图 13 – 15(b)和(c)两种单向应力状态。

在弹性变形范围内,材料处于单向应力状态(图 13 – 15(b))时的胡克定律是

$$\varepsilon_1' = \frac{\sigma_1}{E} \tag{a}$$

式中:ε_1' 是沿主应力 σ_1 方向的线应变;E 是拉、压弹性模量。

垂直于该方向的线应变

$$\varepsilon_2'' = -\nu\varepsilon_1' = -\nu\frac{\sigma_1}{E} \tag{b}$$

式中:ν 是泊松比。

上两式对于只有 σ_2 作用的情况(图 13 – 15(c))为

$$\varepsilon_2' = \frac{\sigma_2}{E} \tag{c}$$

$$\varepsilon_1'' = -\nu\varepsilon_2' = -\nu\frac{\sigma_2}{E} \tag{d}$$

如果要求材料处于双向应力状态(图 13 – 15)时沿两个主应力方向的应变 ε_1 和 ε_2,只要将上述结果叠加即可,即

$$\left.\begin{array}{l}\varepsilon_1 = \varepsilon_1' + \varepsilon_1'' = \dfrac{\sigma_1}{E} - \nu\dfrac{\sigma_2}{E} \\[2mm] \varepsilon_2 = \varepsilon_2' + \varepsilon_2'' = \dfrac{\sigma_2}{E} - \nu\dfrac{\sigma_1}{E}\end{array}\right\} \tag{13 – 18}$$

这就是双向应力状态下的广义胡克定律。

对于平面应力状态(图 13 – 16),即单元上既作用有正应力 σ_x 和 σ_y,又作用有切应力 τ_x 和 τ_y,则广义胡克定律为

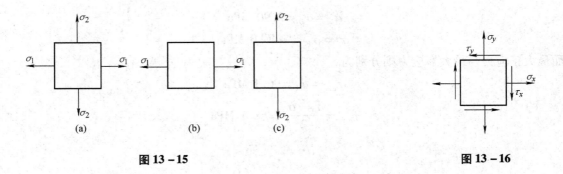

图 13 – 15　　　　　　　　　　　　　　　　　　　　图 13 – 16

$$\left.\begin{aligned} \varepsilon_x &= \frac{\sigma_x}{E} - \nu\,\frac{\sigma_y}{E} \\ \varepsilon_y &= \frac{\sigma_y}{E} - \nu\,\frac{\sigma_x}{E} \\ \gamma_{xy} &= \frac{\tau_x}{G} \end{aligned}\right\} \tag{13-19}$$

式中:γ_{xy}是在 xy 平面内由切应力 τ_x 或 τ_y 所引起的切应变;G 是切变模量。

2. 空间应力状态下的广义胡克定律

同理,三向应力状态下(图 13 - 17(a))的广义胡克定律为

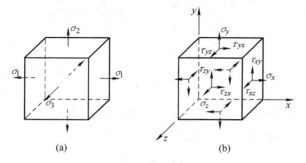

图 13 - 17

$$\left.\begin{aligned} \varepsilon_1 &= \frac{1}{E}\big[\sigma_1 - \nu(\sigma_2 + \sigma_3)\big] \\ \varepsilon_2 &= \frac{1}{E}\big[\sigma_2 - \nu(\sigma_3 + \sigma_1)\big] \\ \varepsilon_3 &= \frac{1}{E}\big[\sigma_3 - \nu(\sigma_1 + \sigma_2)\big] \end{aligned}\right\} \tag{13-20}$$

对于空间应力状态(图 13 - 17(b)),即单元上既作用有正应力 σ_x、σ_y、σ_z,又作用有切应力 τ_{xy}、τ_{zx}、τ_{yz},则正应力 σ_x、σ_y、σ_z 与沿 x、y、z 方向的线应变 ε_x、ε_y、ε_z 的关系为

$$\left.\begin{aligned} \varepsilon_x &= \frac{1}{E}\big[\sigma_x - \nu(\sigma_y + \sigma_z)\big] \\ \varepsilon_y &= \frac{1}{E}\big[\sigma_y - \nu(\sigma_z + \sigma_x)\big] \\ \varepsilon_z &= \frac{1}{E}\big[\sigma_z - \nu(\sigma_x + \sigma_y)\big] \end{aligned}\right\} \tag{13-21}$$

切应变 γ_{xy}、γ_{yz}、γ_{zx} 与切应力 τ_{xy}、τ_{yz}、τ_{zx} 之间的关系为

$$\left.\begin{aligned} \gamma_{xy} &= \frac{\tau_{xy}}{G} \\ \gamma_{yz} &= \frac{\tau_{yz}}{G} \\ \gamma_{zx} &= \frac{\tau_{zx}}{G} \end{aligned}\right\} \tag{13-22}$$

式(13-21)和式(13-22)即为一般空间应力状态下、线弹性范围内、小变形条件下各向同性材料的广义胡克定律。

例题 13-6 有一边长 $a = 200$ mm 的正立方体混凝土试块,无空隙地放在刚性凹座(图 13-18(a))里。上表面受压力 $F = 300$ kN 作用。已知混凝土的泊松比 $\nu = 1/6$。试求凹座壁上所受的压力 F_N。

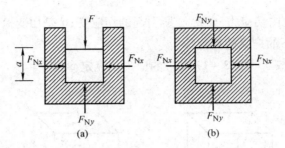

图 13-18

解 混凝土试块在 z 方向受压力 F 作用后,将在 x、y 方向发生伸长。但由于 x、y 方向受到凹座壁的阻碍,两个方向的变形为零,即

$$\varepsilon_x = \varepsilon_y = 0$$

此式即为变形条件。此时,在 x、y 方向所受到凹座壁的反力 F_{Nx} 和 F_{Ny},因对称而相等,即

$$F_{Nx} = F_{Ny}$$

由三向应力的胡克定律,有

$$\varepsilon_x = \frac{1}{E}\left[\sigma_x - \nu(\sigma_y + \sigma_z)\right] = 0$$

$$\varepsilon_y = \frac{1}{E}\left[\sigma_y - \nu(\sigma_z + \sigma_x)\right] = 0$$

解出

$$\sigma_x = \sigma_y = \frac{\nu}{1-\nu}\sigma_z$$

由于试块较小,可认为应力分布均匀,则式中

$$\sigma_x = -\frac{F_{Nx}}{a^2}, \quad \sigma_y = -\frac{F_{Ny}}{a^2}, \quad \sigma_z = -\frac{F}{a^2}$$

将有关数据代入,得

$$\sigma_z = -\frac{F}{a^2} = -\frac{300 \times 10^3}{200^2 \times 10^{-6}} = -7.5 \times 10^6 \text{ Pa} = -7.5 \text{ MPa}$$

$$\sigma_x = \sigma_y = \frac{\frac{1}{6}}{1 - \frac{1}{6}} \times (-7.5) = -1.5 \text{ MPa}$$

$$F_{Nx} = F_{Ny} = -\sigma_x a^2 = 1.5 \times 10^6 \times 200^2 \times 10^{-6} = 60 \times 10^3 \text{ N} = 60 \text{ kN}$$

3. 体应变的概念

单元体在主应力 σ_1、σ_2、σ_3 作用下各个方向均产生线应变,因而单元体在三向应力状态

下体积也将发生改变,这种微元体的体积改变率称为**体积应变**,简称为**体应变**。设单元体在变形前各边长度分别为 dx、dy、dz(图 13 - 11(a)),则单元体的体积

$$V = dxdydz \tag{e}$$

而变形后的体积

$$
\begin{aligned}
V_1 &= (dx + \varepsilon_1 dx)(dy + \varepsilon_2 dy)(dz + \varepsilon_3 dz) \\
&= (1 + \varepsilon_1)(1 + \varepsilon_2)(1 + \varepsilon_3)dxdydz \\
&= (1 + \varepsilon_1 + \varepsilon_2 + \varepsilon_3 + \varepsilon_1\varepsilon_2 + \varepsilon_2\varepsilon_3 + \varepsilon_{31}\varepsilon_1 + \varepsilon_1\varepsilon_2\varepsilon_3)V
\end{aligned} \tag{f}
$$

略去高阶微量 $\varepsilon_1\varepsilon_2$、$\varepsilon_2\varepsilon_3$、$\varepsilon_3\varepsilon_1$ 和 $\varepsilon_1\varepsilon_2\varepsilon_3$,可得

$$V_1 = (1 + \varepsilon_1 + \varepsilon_2 + \varepsilon_3)V \tag{g}$$

若用 Θ 表示单元体的单位体积改变量,则有

$$\Theta = \frac{V_1 - V}{V} = \varepsilon_1 + \varepsilon_2 + \varepsilon_3 \tag{13 - 23}$$

一般将 Θ 称为**体应变**。

根据广义胡克定律,即将公式中的主应变 ε_1、ε_2、ε_3 用主应力 σ_1、σ_2、σ_3 代替,整理后可得

$$\Theta = \frac{1 - 2\nu}{E}(\sigma_1 + \sigma_2 + \sigma_3) \tag{13 - 24}$$

由此可见,对于某种固定材料,体应变只取决于三个主应力的代数和,而与它们之间的比值无关。若三个主应力之和为零,则体应变也为零,即单元体的体积没有改变。

例题 13 - 7 一体积为 $10 \text{ mm} \times 10 \text{ mm} \times 10 \text{ mm}$ 的正方体钢块放入宽度也为 10 mm 的钢槽中,如图 13 - 19(a)所示。在钢块顶部表面作用一合力 $F = 8 \text{ kN}$ 的均布压力,试求钢块的三个主应力及体应变。已知材料的泊松比 $\nu = 0.33$,材料的弹性模量 $E = 200 \text{ GPa}$,且不计钢槽的变形。

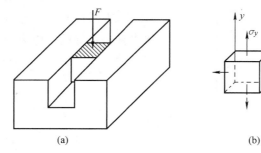

(a)　　　　　　　　　(b)

图 13 - 19

解 由分析可知,正方体钢块处于二向应力状态。在 y 方向的应力为压应力,即

$$\sigma_y = -\frac{F}{A} = -\frac{8 \times 10^3}{10 \times 10 \times 10^{-6}} = -80 \times 10^6 \text{ Pa} = -80 \text{ MPa}$$

在 x 方向,应变为零,则由广义胡克定律

$$\varepsilon_x = \frac{1}{E}[\sigma_x - \nu(\sigma_y + \sigma_z)] = 0$$

而 $\sigma_z = 0$,代入上式,得

$$\sigma_x = \nu\sigma_y = 0.33 \times (-80) = -26.4 \text{ MPa}$$

因此,正方体钢块的三个主应力为

$$\sigma_1 = 0, \quad \sigma_2 = -26.4 \text{ MPa}, \quad \sigma_3 = -80 \text{ MPa}$$

由体积应变计算公式(13-24),可得

$$\Theta = \frac{1-2\nu}{E}(\sigma_1 + \sigma_2 + \sigma_3) = \frac{1-2\times0.33}{200\times10^9}(-26.4-80)\times10^6 = -1.81\times10^{-4}$$

13.6 主应力迹线的概念

在钢筋混凝土梁里,混凝土的抗拉性能很差,因而放置钢筋来承受拉应力。由梁的弯曲理论知,在竖向荷载作用下,每个横截面上既有剪力又有弯矩,因而在同一横截面上的各点就既有正应力又有切应力。于是由主应力的概念可知各点的最大应力的方向将随不同的截面和截面上不同的点而变化。因而有必要找出梁内主拉应力方向的变化规律,从而使钢筋沿着主拉应力方向放置。下面来讨论这个问题。

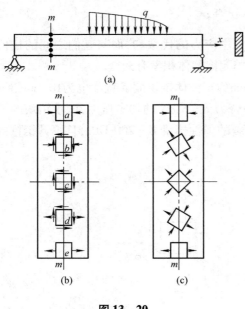

图13-20

图13-20(a)所示一梁受荷载作用,任取一截面 m—m,在 m—m 截面取五个点来考虑,其中 a、e 两个点靠近顶面和底面(图13-20(b)),处于单向应力状态;c 点位于中性轴,处于纯剪切应力状态;而 b、d 两点分别在上、下四分之一梁高处,同时承受着弯曲正应力 σ 与弯曲剪应力 τ 作用。

1. m—m 截面上的主应力

根据式(13-5)与前述规则,可以计算出梁内任一点处的主应力及其方位角,即

$$\sigma_1 = \frac{1}{2}(\sigma + \sqrt{\sigma^2 + 4\tau^2}) > 0 \qquad (a)$$

$$\sigma_3 = \frac{1}{2}(\sigma - \sqrt{\sigma^2 + 4\tau^2}) < 0 \qquad (b)$$

$$\sigma_2 = 0 \qquad (c)$$

$$\tan 2\alpha_0 = -\frac{2\tau}{\sigma} \qquad (d)$$

式(a)和式(b)表明,在梁内任一点处的两个主应力中,其一必为拉应力,则另一必为压应力。

2. 主应力迹线

根据梁内各点处的主应力方向(图13-20(c)),可绘制两组曲线。在一组曲线上,各点的切向即为该点的主拉应力方向;而在另一组曲线上,各点的切向则为该点的主压应力方向。由于各点处的主拉应力与主压应力相互垂直,所以上述两组曲线相互正交。上述曲线族称为**梁的主应力迹线**。

梁上作用的荷载不同,其主应力迹线也不同。给出简支梁跨中受力的主应力迹线如图 13-21 所示。图中,实线代表主拉应力迹线,虚线代表主压应力迹线。在梁的轴线上,所有迹线与轴线成 45°夹角;而在梁的上、下边缘,由于该处弯曲切应力为零,因而主应力迹线与边缘相切或垂直。

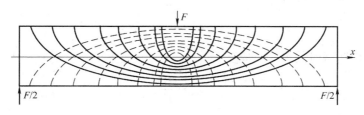

图 13-21

在钢筋混凝土梁中,主要承力钢筋均大致沿主拉应力迹线配置,以使钢筋承担拉应力,从而提高混凝土梁的承载能力。

13.7　强度理论概述

在实际工程中,有很多受力构件上的危险点是处于复杂应力状态,此时材料的破坏与三个主应力有关,显然要用试验的方法直接求得这些极限应力是办不到的。于是,经过长期的试验研究发现,材料处于复杂应力状态时,其破坏形式仍可归结为前述的两种:塑性屈服和脆性断裂。

长期以来,人们根据长期的实践和大量的试验结果,对材料失效的原因提出了各种不同的假说,通常就将这些假说称为**强度理论**。研究强度理论的目的,就是要设法找到在任何应力状态下材料破坏的共同原因,然后利用轴向拉伸(或压缩)的试验结果来建立一般复杂应力状态下的强度条件。

下面主要介绍经过试验和实践检验,在工程中常用的四个强度理论。

1. 最大拉应力理论(第一强度理论)

这一理论认为,最大拉应力是引起材料断裂的主要因素。即无论材料处于何种应力状态,只要最大拉应力 σ_1 达到材料单向拉伸断裂时的最大拉应力即强度极限 σ_b,材料即发生断裂,即材料断裂破坏的条件为

$$\sigma_1 = \sigma_b \tag{a}$$

试验表明:脆性材料在双向或三向拉伸断裂时,最大拉应力理论与试验结果相当接近;而当存在压应力时,则只要最大压应力值不超过最大拉应力值或超过不多,最大拉应力理论与试验结果也大致相近。

将式(a)的极限应力 σ_b 除以安全因数,就得到材料的许用应力 $[\sigma]$,因此按第一强度理论所建立的强度条件为

$$\sigma_1 \leqslant [\sigma] \tag{13-25}$$

2. 最大拉应变理论(第二强度理论)

这一理论主要也是针对脆性断裂破坏的,即引起材料断裂的主要因素是最大拉应变。而

且认为,不论材料处于何种应力状态,只要最大拉应变 ε_1 达到材料单向拉伸断裂时的最大拉应变值 ε_u,材料即发生断裂。按此理论,材料断裂破坏的条件为

$$\varepsilon_1 = \varepsilon_u \tag{b}$$

复杂应力状态下的最大拉应变

$$\varepsilon_1 = \frac{1}{E}\left[\sigma_1 - \nu(\sigma_2 + \sigma_3)\right] \tag{13-26}$$

而材料在单向拉伸断裂时的最大拉应变

$$\varepsilon_u = \frac{\sigma_b}{E} \tag{c}$$

则材料的断裂条件可改写为

$$\sigma_1 - \nu(\sigma_2 + \sigma_3) = \sigma_b \tag{d}$$

即为主应力表示的断裂破坏条件。

再将上式中的极限应力除以安全因数,就得到许用应力 $[\sigma]$,故此可得第二强度理论的强度条件为

$$\sigma_1 - \nu(\sigma_2 + \sigma_3) \leqslant [\sigma] \tag{13-27}$$

试验表明,脆性材料在双向拉伸—压缩应力状态下,且应力值不超过拉应力值时,与这一理论和试验结果基本符合。该理论说明了砖、石、混凝土等脆性材料试件作单向压缩试验时,会沿纵向截面断裂。但这一理论对脆性材料在双向受拉或受压情况下的失效试验却完全不符。

3. 最大切应力理论(第三强度理论)

这一理论是针对塑性屈服破坏的。该理论认为,最大切应力是引起材料发生屈服的主要因素。也就是说,无论材料处于何种应力状态,只要最大切应力 τ_{max} 达到材料单向拉伸屈服时的最大切应力 τ_s,材料即发生屈服破坏,即

$$\tau_{max} = \tau_s \tag{a}$$

对于复杂应力状态,最大切应力

$$\tau_{max} = \frac{\sigma_1 - \sigma_3}{2} \tag{b}$$

而材料单向拉伸屈服时的最大切应力则为

$$\tau_s = \frac{\sigma_s}{2} \tag{c}$$

考虑安全因数后,就得到第三强度理论的强度条件

$$\sigma_1 - \sigma_3 \leqslant [\sigma] \tag{13-28}$$

这一理论与试验符合较好,比较满意地解释了塑性材料出现屈服现象,因此在工程中得到广泛应用。但该理论没有考虑第二主应力 σ_2 的影响,而且对三向等值拉伸情况,按这个理论来分析,材料将永远不会发生破坏,这也与实际情况不符。

4. 形状改变比能理论(第四强度理论)

这一理论也是针对塑性屈服破坏的。众所周知,在外力作用下构件将发生变形,则外力作用点即随之发生改变,从而外力将在其相应的位移上做功。与此同时,构件因其形状和体积都

发生改变而在其内部积蓄了能量,称为变形能。通常将构件单位体积内所积蓄的变形能,称为**比能**。进而也将比能分为形状改变比能和体积改变比能两部分。可以推得(从略),三向应力状态下形状改变比能的表达式为

$$v_d = \frac{1+\nu}{6E}[(\sigma_1 - \sigma_2)^2 + (\sigma_2 - \sigma_3)^2 + (\sigma_3 - \sigma_1)^2] \qquad (a)$$

形状改变比能理论认为,形状改变比能是引起材料发生屈服的主要因素。即无论材料处于何种应力状态,只要形状改变比能 v_d 达到材料单向拉伸屈服时的形状改变比能 v_{ds},材料就会发生屈服破坏,即

$$v_d = v_{ds} \qquad (b)$$

材料单向拉伸屈服时的形状比能

$$v_{ds} = \frac{1+\nu}{3E}\sigma_s^2 \qquad (c)$$

因此,材料的屈服破坏条件为

$$\sqrt{\frac{1}{2}[(\sigma_1 - \sigma_2)^2 + (\sigma_2 - \sigma_3)^2 + (\sigma_3 - \sigma_1)^2]} = \sigma_s \qquad (d)$$

考虑安全因数后,就得到第四强度理论的强度条件为

$$\sqrt{\frac{1}{2}[(\sigma_1 - \sigma_2)^2 + (\sigma_2 - \sigma_3)^2 + (\sigma_3 - \sigma_1)^2]} \leqslant [\sigma] \qquad (13-29)$$

试验表明,对于塑性材料,第四强度理论比第三强度理论更符合试验结果。工程实际中第三与第四强度理论均得到广泛应用。

需要指出的是,要确定哪种材料破坏时必定是断裂,哪种材料破坏时必定是屈服是相当困难的,因为这与所处的应力状态有关。例如由低碳钢制成的等直杆处于单向拉伸时,会发生显著的塑性流动,但它处于三向拉应力状态时,会发生脆性断裂,即无显著的塑性变形。低碳钢圆截面杆在中间切一条环形槽,当该杆受单向拉伸时发现,直到拉断时止,看不出有显著的塑性变形,最后在切槽根部截面最小处发生断裂,其断口平齐,与铸铁拉断时的断口相仿,属脆性断裂。这是因为在截面急剧改变处有应力集中,属三向拉应力状态,相应的切应力较小,不易发生塑性流动。又如大理石在单向压缩时,其破坏形式同脆性断裂,但若处于双向不等压应力状态,却会显现出塑性变形。上述例子说明,破坏形式不但与材料有关,还与应力状态等因素有关。

5. 相当应力

综合上述四个强度理论的强度条件,可以将它们写成下面的统一形式:

$$\sigma_r \leqslant [\sigma] \qquad (13-30)$$

此处 $[\sigma]$ 为根据拉伸试验而确定的材料的许用拉应力,σ_r 为三个主应力按不同强度理论的组合,称为**相当应力**。对于不同强度理论,σ_r 分别为

$$\sigma_{r1} = \sigma_1 \qquad (13-30a)$$

$$\sigma_{r2} = \sigma_1 - \nu(\sigma_2 + \sigma_3) \qquad (13-30b)$$

$$\sigma_{r3} = \sigma_1 - \sigma_3 \qquad (13-30c)$$

$$\sigma_{r4} = \sqrt{\frac{1}{2}\left[(\sigma_1 - \sigma_2)^2 + (\sigma_2 - \sigma_3)^2 + (\sigma_3 - \sigma_1)^2\right]} \qquad (13-30d)$$

例题 13-8 图 13-22 所示一简支工字组合梁,由钢板焊成。已知 $F = 500$ kN, $l = 4$ m。试求:

(1)在危险截面上位于翼缘与腹板交界处的 A、B 两点的主应力值,并指出它们的作用面的方位;

(2)根据第三、第四强度理论,求出相应应力值。

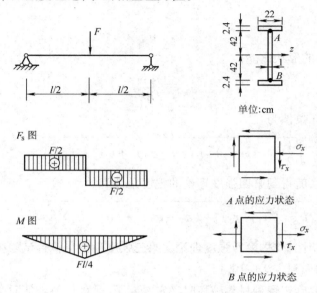

图 13-22

解 在跨中左侧截面的 A 点处的应力状态为

$$\sigma_x = \frac{M_z}{I_z}y = -85.19 \text{ MPa}, \qquad \sigma_y = 0$$

$$\tau_x = \frac{F_S S_z}{I_z b} = 23.13 \text{ MPa}$$

A 点的主应力

$$\left.\begin{array}{l}\sigma_1 \\ \sigma_3\end{array}\right\} = \frac{\sigma_x}{2} \pm \sqrt{\left(\frac{\sigma_x}{2}\right)^2 + \tau_x^2} = \begin{cases} 5.88 \text{ MPa} \\ -91.07 \text{ MPa} \end{cases}$$

$$\sigma_2 = 0$$

又

$$\tan 2\alpha_0 = \frac{-2\tau_x}{\sigma_x} = 0.543$$

故

$$\alpha_0 = 14°15' \text{或} -75°45'$$

第三、第四强度理论的相当应力

$$\sigma_{r3} = \sigma_1 - \sigma_3 = 96.9 \text{ MPa}$$

$$\sigma_{r4} = \sqrt{\frac{1}{2}\left[(\sigma_1 - \sigma_2)^2 + (\sigma_2 - \sigma_3)^2 + (\sigma_3 - \sigma_1)^2\right]}$$

$$= \sqrt{\sigma_x^2 + 3\tau_x^2} = 94.1 \text{ MPa}$$

在跨中左侧截面的 B 点处的应力状态为

$$\sigma_x = 85.19 \text{ MPa}, \quad \tau_x = 23.13 \text{ MPa}$$

$$\sigma_1 = 91.07 \text{ MPa}, \quad \sigma_2 = 0, \quad \sigma_3 = -5.88 \text{ MPa}$$

$$\alpha_0 = -14°15' \text{ 或 } 75°45'$$

$$\alpha_1 = -14°15'$$

$$\sigma_{r3} = 96.9 \text{ MPa}, \quad \sigma_{r4} = 94.1 \text{ MPa}$$

例题 13 - 9 试对图 13 - 23 所示单元体写出第一、二、三、四强度理论的相当应力值,设 $\nu = 0.3$。

解 对于图示应力状态,已知 $\sigma_x = 15$ MPa 为主应力,其他两个主应力则可由纯剪切应力状态 $\tau = 20$ MPa 确定(图 13 - 23(b))。其主应力为

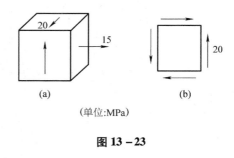

(a)　　　(b)

(单位:MPa)

图 13 - 23

$$\left.\begin{array}{l}\sigma_1 \\ \sigma_3\end{array}\right\} = \pm \sqrt{20^2} = \begin{cases} 20 \text{ MPa} \\ -20 \text{ MPa} \end{cases}$$

$$\sigma_2 = 15 \text{ MPa}$$

四个强度理论的相当应力为

$$\sigma_{r1} = 20 \text{ MPa}$$

$$\sigma_{r2} = 20 - 0.3(15 + (-20)) = 21.5 \text{ MPa}$$

$$\sigma_{r3} = \sigma_1 - \sigma_3 = 20 - (-20) = 40 \text{ MPa}$$

$$\sigma_{r4} = \sqrt{\frac{1}{2}\{(20-15)^2 + [15-(-20)]^2 + [(-20)-20]^2\}} = 37.75 \text{ MPa}$$

思 考 题

13 - 1 何谓一点的应力状态?为什么要研究一点的应力状态?如何研究一点的应力状态?

13 - 2 如何用解析法确定平面应力状态任意斜截面的应力,关于应力与方位角的正负符号有何规定。

13 - 3 何谓主平面和主应力?主应力与正应力有何异同?

13 - 4 如何画应力圆?如何利用应力圆确定平面应力状态任意斜截面的应力?如何确定主应力及主平面方位?如何确定最大切应力?

13 - 5 对于一个单元体而言,最大正应力所在平面上切应力是否一定为零?在最大切应力所在平面上正应力是否一定为零?

13 - 6 何谓主应力迹线?主应力迹线有何特点?研究主应力迹线有何实际意义?

13 - 7 冬天的自来水管因水结冰时受到内压作用而破裂,管中的冰虽受到大小相同的反作用力,但并未破碎,这是否说明冰的强度大于水管材料(铸铁)的强度?分别指出冰和水管各处于什么应力状态,并说明冰未碎的理由。

13 - 8 若单元体某方向上的线应变为零,则其相应的正应力是否必定为零?若在某方向

的正应力为零,则该方向的线应变是否必定为零? 为什么?

13 - 9   何谓强度理论? 为什么要提出强度理论? 常用的四个强度理论是什么? 它们各适用什么样的破坏条件? 金属材料破坏主要有几种形式? 相应应用有几类强度理论?

本章习题和习题答案请扫二维码。

第 14 章　组 合 变 形

14.1　概　　述

在前面几章中,已经研究了杆件的四种基本变形形式:轴向拉伸(压缩)变形、剪切变形、扭转变形和弯曲变形。这四种基本变形形式都是在特定的荷载条件下发生的。在实际工程中,杆件所承受的荷载常常是比较复杂的,杆件所发生的变形也是比较复杂的,往往同时包含两种或两种以上的基本变形形式。这些变形形式所对应的应力或变形对杆件的强度或刚度产生同等重要的影响,而不能忽略其中的任何一种,像这类杆件的变形称为**组合变形**。例如,在有吊车的厂房中,带有牛腿的柱子受到屋架以及吊车梁传来的竖向荷载 F_1、F_2(图 14 – 1(a)),它们的作用线与上、下柱的轴线都不重合,属于偏心受压,这可以看作是**轴向压缩与纯弯曲的组合**;斜屋架上的檩条(图 14 – 1(b)),受到屋面板上传来的荷载 F,该荷载的作用线并不与工字钢的任一形心主轴重合,所以引起的不是平面弯曲,将 F 沿两形心主轴分解成两个分量,这两个分量分别引起两个方向的弯曲,这种情况称为**斜弯曲**或**双向弯曲**;雨篷梁(图 14 – 1(c))一方面受到梁上墙传来的荷载,引起梁的弯曲,另一方面受到雨篷板传来的荷载,这部分荷载将引起梁的扭转变形,所以雨篷梁可看作是**弯曲与扭转的组合变形**。

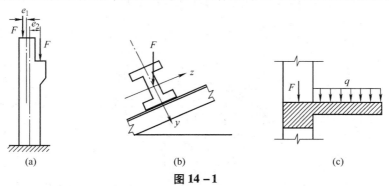

图 14 – 1

在弹性范围内,对于小变形的组合变形问题,可以采用叠加原理。首先把荷载进行简化和分解,使所得到的每一组等效静力荷载,只引起一种基本形式的变形,然后分别计算构件在每一种变形时的应力和变形,将所得结果叠加,即得组合变形的解。

在组合变形中,如果有一种变形是主要的,而其他变形所引起的应力或位移很小,可以忽略不计时,可将主要变形作为基本变形计算。

本章将研究在工程实践中较常遇到的几种组合变形问题,即斜弯曲、轴向拉伸(压缩)与弯曲、偏心拉伸(压缩)、弯曲与扭转的组合变形问题。

14.2 斜 弯 曲

对于横截面具有对称轴的梁,如果外力作用在梁的对称平面内,梁在变形后的轴线位于外力所在的平面内,这种变形称为平面弯曲。但在实际工程中有些梁,如屋架上的檩条(图 14 – 1(b)),它所承受的荷载通过其横截面的形心,但不作用在纵向对称平面内。理论分析及试验结果均指出,此时梁在变形后的轴线就不再位于外力所在的平面内,即不属于平面弯曲,这种弯曲称为斜弯曲。此时,可将外力分解为在两个形心主惯性平面内的分力,它们分别引起平面弯曲。将两个平面弯曲的解叠加可得到斜弯曲的解。试验证明,用上述方法处理斜弯曲问题是正确的。

现以矩形截面悬臂梁为例,说明斜弯曲问题中应力和变形的计算。

如图 14 – 2(a)所示,悬臂梁在自由端受集中力 F 作用,其作用线通过横截面的形心,并与截面的铅垂对称轴间的夹角为 φ。选取坐标系如图所示,梁轴线为 x 轴,两个对称轴分别为 y 轴和 z 轴。

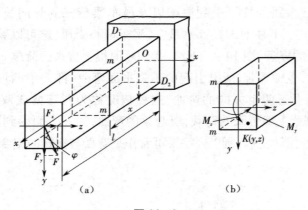

图 14 – 2

1. 内力分析

现将 F 沿 y 轴和 z 轴分解为两个分力 F_y 和 F_z,即

$$\left.\begin{aligned} F_y &= F\cos\varphi \\ F_z &= F\sin\varphi \end{aligned}\right\} \tag{a}$$

将每一个分力以及与它相应的支反力看作为一组力,在每一组力作用下,梁将在相应的纵向对称平面内发生平面弯曲。这两个分力在梁的任意横截面 m—m(图 14 – 2(b))上引起的弯矩分别为

$$\left.\begin{aligned} M_z &= F_y(l-x) = F\cos\varphi(l-x) = M\cos\varphi \\ M_y &= F_z(l-x) = F\sin\varphi(l-x) = M\sin\varphi \end{aligned}\right\} \tag{b}$$

式中:$M = F(l-x)$ 是力 F 在横截面 m—m 上所引起的弯矩。由以上两式的最后结果可知,弯矩也可以由总弯矩 M 沿两坐标轴进行矢量分解来求得。

· 232 ·

2. 应力分析

由于已把横截面 $m-m$ 上的弯矩分解为两个分量,这两个分量分别引起梁的平面弯曲,则任意一点 $K(y,z)$ 处的正应力可以按叠加原理求得。设杆件在 xOy 和 xOz 平面内发生平面弯曲时,K 点处的正应力分别为 σ'、σ'',则

$$\left.\begin{array}{l} \sigma' = \dfrac{M_z}{I_z}y = \dfrac{F\cos\varphi}{I_z}(l-x)y = \dfrac{M\cos\varphi}{I_z}y \\[3mm] \sigma'' = \dfrac{M_y}{I_y}z = \dfrac{F\sin\varphi}{I_y}(l-x)z = \dfrac{M\sin\varphi}{I_y}z \end{array}\right\} \tag{c}$$

弯矩 M_y、M_z 的正负号可以这样规定:使截面上位于第一象限的各点产生拉应力时取正值,产生压应力时取负值。应力的正负号也可以通过观察梁的变形和应力点的位置来判定。计算时,弯矩及坐标值均以绝对值代入,若为拉应力,则取正号,若为压应力,则取负号。例如图14-2(b)所示的 K 点,当 F_y 和 F_z 分别单独作用时,K 点均位于受压区,正应力均为压应力。

取式(c)两式的代数和,即得在 F_y 和 F_z 共同作用下,K 点的正应力

$$\sigma = \sigma' + \sigma'' = M\left(\dfrac{\cos\varphi}{I_z}y + \dfrac{\sin\varphi}{I_y}z\right) \tag{14-1}$$

式中:I_z、I_y 分别为横截面对 z 轴和 y 轴的惯性矩;z、y 分别为所求应力点到 y 轴和 z 轴的距离。

3. 强度计算

在进行梁的强度计算时,首先要确定梁的危险截面以及危险截面上的危险点,也就是应力最大的点。对于所研究的悬臂梁(图14-2),其危险截面在固定端,与 $M_{z,\max}$ 和 $M_{y,\max}$ 对应的弯曲正应力的变化规律如图14-3(a)和(b)所示。将此两图中的正应力叠加后,即可得到梁在斜弯曲时横截面上的正应力的变化规律如图14-3(c)所示。由图可见,在该截面处的 D_1 点,叠加后的正应力为最大拉应力,在 D_2 点处,叠加后的正应力为最大压应力,它们的数值相等,可以写成下式:

$$\sigma_{\max} = \dfrac{M_{z,\max}}{I_z}y_{\max} + \dfrac{M_{y,\max}}{I_y}z_{\max} \tag{d}$$

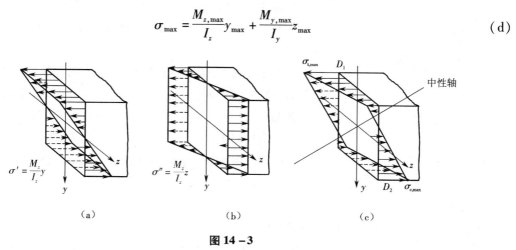

图 14-3

若材料的许用拉应力与许用压应力相等,其强度条件可写成

$$\sigma_{max} = \frac{M_{z,max}}{W_z} + \frac{M_{y,max}}{W_y} \leqslant [\sigma] \qquad (14-2)$$

式中

$$W_z = \frac{I_z}{y_{max}}, \qquad W_y = \frac{I_y}{z_{max}} \qquad (e)$$

对于不易确定危险点的截面,例如边界呈弧线且没有棱角的截面,则需研究截面上正应力的变化规律。由式(14-1)可知,正应力 σ 是点的坐标 y、z 这两个变量的线性函数,它的分布规律是一个平面。在该平面与横截面相交的直线上,各点处的正应力为零,所以该直线即为中性轴,则离中性轴最远的点,正应力为最大。因此为了计算横截面上的最大正应力,首先要定出中性轴的位置。

设中性轴上任一点的坐标为 (y_0, z_0),由于中性轴上各点处的正应力都等于零,则由式(14-1)可得

$$M\left(\frac{\cos\varphi}{I_z}y_0 + \frac{\sin\varphi}{I_y}z_0\right) = 0$$

由于 M 不等于零,得

$$\frac{\cos\varphi}{I_z}y_0 + \frac{\sin\varphi}{I_y}z_0 = 0 \qquad (14-3)$$

上式即为中性轴方程,它是一条通过横截面形心的直线,设它与 z 轴间的夹角为 α,则

$$\tan\alpha = \frac{y_0}{z_0} = -\frac{I_z}{I_y}\tan\varphi \qquad (14-4)$$

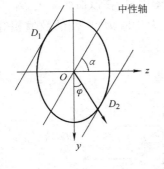

图 14-4

由式(14-4)可知,当 F 通过第 Ⅰ、Ⅲ 象限时,中性轴通过第 Ⅱ、Ⅳ 象限。一般情况下,$I_y \neq I_z$,所以中性轴与 F 作用线并不垂直,这是斜弯曲的特点。当 $I_y = I_z$ 时,即截面的两个形心主惯性矩相等,如圆形、正方形以及一般正多边形截面梁,中性轴与 F 作用线垂直,此时无论 F 力的 φ 角等于多少,梁所发生的弯曲总是平面弯曲,而不会发生斜弯曲。

中性轴把截面划分为受拉和受压区域。确定了中性轴的位置后,就很容易确定正应力最大的点。在横截面的周边上,作两条与中性轴平行的切线(图14-4),则两切点 D_1、D_2 就是横截面上离中性轴最远的点,也就是正应力最大的点。将这两点的 y、z 坐标代入式(14-1),就可分别得到横截面上的最大拉应力、最大压应力。求出该应力值后,就可以根据材料的许用拉、压应力建立强度条件,进行强度计算。

4. 变形计算

梁在斜弯曲时的挠度也可按叠加原理计算。以图14-2所示的悬臂梁为例,计算自由端的挠度时,同计算应力一样,首先将作用在梁自由端的外力 F 分解为两个分力 F_y 和 F_z,然后按平面弯曲的挠度计算公式分别计算这两个分力在自由端所引起的两个方向的挠度 f_y 和 f_z,即

$$f_y = \frac{F_y l^3}{3EI_z} = \frac{F\cos\varphi l^3}{3EI_z} \left.\begin{array}{c}\\\\\end{array}\right\}$$

$$f_z = \frac{F_z l^3}{3EI_y} = \frac{F\sin\varphi l^3}{3EI_y} \left.\begin{array}{c}\\\\\end{array}\right\}$$ (f)

求出其矢量和,即为总挠度 f,则总挠度 f 的大小为

$$f = \sqrt{f_y^2 + f_z^2}$$ (14-5)

总挠度 f 与 y 轴的夹角 β,可由下式求得

$$\tan\beta = \frac{f_z}{f_y} = \frac{F\sin\varphi l^3}{3EI_y} \cdot \frac{3EI_z}{F\cos\varphi l^3} = \frac{I_z}{I_y}\tan\varphi$$ (14-6)

由此式可知,一般情况下总挠度 f 的方向与 F 方向不相同,如图 14-5 所示,即荷载平面与挠曲线平面不相重合,这正是斜弯曲的特点。在 $I_y = I_z$ 这一特殊情况下,$\beta = \varphi$,即荷载平面与挠曲线平面重合,而这就是平面弯曲。

以上的讨论都是以悬臂梁为依据,但其原理同样适用于其他支承形式的梁和荷载情况。

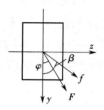

图 14-5

例题 14-1 一矩形截面悬臂梁受力如图 14-6(a)所示,已知 $l=1.2$ m,$F_y = F_z = 1$ kN,$b=40$ mm,$h=80$ mm,许用应力 $[\sigma]=160$ MPa。试校核此梁的强度。

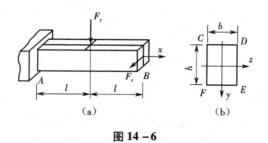

图 14-6

解 (1)内力分析。

在荷载 F_y 作用下,梁将在 x—y 平面内发生对称弯曲,弯矩用 M_z 表示。

在荷载 F_z 作用下,梁将在 x—z 平面内发生对称弯曲,弯矩用 M_y 表示。

所以,在这两种荷载共同作用下,梁将发生斜弯曲。

固定端 A 截面为危险截面,其弯矩最大值为

$$M_z = F_y \cdot l = 1.2 \text{ kN}\cdot\text{m}$$

$$M_y = F_z \cdot 2l = 2.4 \text{ kN}\cdot\text{m}$$

(2)应力分析。

在荷载 F_y 作用下,最大拉应力发生在 C、D 两点(图 14-6(b)),最大压应力发生在 E、F 两点,在荷载 F_z 作用下,最大拉应力发生在 D、E 两点,最大压应力发生在 C、F 两点,则叠加后,D 为最大拉应力点,F 为最大压应力点,其绝对值相等,即

$$\sigma_{\max} = \frac{M_{z,\max}}{W_z} + \frac{M_{y,\max}}{W_y}$$

其中

$$W_z = \frac{bh^2}{6} = \frac{0.04 \times 0.08^2}{6} = 4.267 \times 10^{-5} \text{ m}^3$$

$$W_y = \frac{b^2 h}{6} = \frac{0.04^2 \times 0.08}{6} = 2.133 \times 10^{-5} \text{ m}^3$$

代入上式,得危险点处的正应力为

$$\sigma_{max} = \frac{1.2 \times 10^3}{4.267 \times 10^{-5}} + \frac{2.4 \times 10^3}{2.133 \times 10^{-5}} = 140.125 \times 10^6 \text{ Pa} = 140.125 \text{ MPa} < [\sigma]$$

可见,此梁符合强度要求。

例题 14-2 一矩形截面木檩条放置在屋架上,如图 14-7 所示。承受铅垂的屋面荷载沿檩条长度方向的线荷载集度 $q = 700$ N/m 的均布荷载作用。檩条跨长 $l = 4$ m,木材的容许弯曲应力 $[\sigma] = 10$ MPa,弹性模量 $E = 10$ GPa,截面的高宽比 $h/b = 1.5$。(1)试选择截面尺寸;(2)计算最大挠度及其方向。

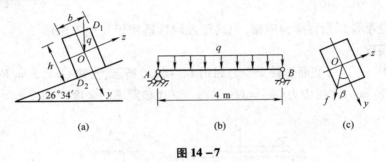

图 14-7

解 (1)选择截面尺寸。

将荷载 q 沿 z 轴和 y 轴分解,即

$$q_z = q\sin 26°34' = 313.07 \text{ N/m}$$

$$q_y = q\cos 26°34' = 626.09 \text{ N/m}$$

简支梁的危险截面在跨中,其最大弯矩为

$$M_{z,max} = \frac{1}{8} q_y l^2 = \frac{1}{8} \times 626.09 \times 4^2 = 1\ 252.2 \text{ N} \cdot \text{m}$$

$$M_{y,max} = \frac{1}{8} q_z l^2 = \frac{1}{8} \times 313.07 \times 4^2 = 626.14 \text{ N} \cdot \text{m}$$

最危险的点是 D_1、D_2 两点(图 14-7(a)),其值为

$$\sigma_{max} = \frac{M_{z,max}}{W_z} + \frac{M_{y,max}}{W_y}$$

建立强度条件为

$$\frac{M_{z,max}}{W_z} + \frac{M_{y,max}}{W_y} \leqslant [\sigma] \qquad\qquad (a)$$

式中:W_z、W_y 均与截面尺寸有关,故有两个未知数,所以需先选定矩形截面的高宽比,求得 W_z 与 W_y 的比值,就可从式(a)确定 W_z(或 W_y)值。则

$$\frac{W_z}{W_y} = \frac{bh^2}{6} \frac{6}{hb^2} = \frac{h}{b} = 1.5$$

代入式(a),得

$$\frac{M_{z,\max}}{1.5W_y} + \frac{M_{y,\max}}{W_y} \leqslant [\sigma]$$

即

$$W_y \geqslant \frac{1}{[\sigma]}\left(\frac{M_{z,\max}}{1.5} + M_{y,\max}\right) = \frac{1}{10 \times 10^6}\left(\frac{1\ 252.2}{1.5} + 626.14\right) = 1.46 \times 10^{-4}\ \text{m}^3$$

由 $W_y = \dfrac{b^2 h}{6} = \dfrac{1.5b^3}{6} \geqslant 1.46 \times 10^{-4}$,得

$$b \geqslant \sqrt[3]{\frac{6 \times 1.46 \times 10^{-4}}{1.5}} = 0.083\ 6\ \text{m} = 83.6\ \text{mm}$$

则

$$h = 1.5 \times 83.6 = 125.4\ \text{mm}$$

故可选用 90 mm × 125 mm 的矩形截面。

(2)计算最大挠度及方向。

与 q_y、q_z 相应的跨中最大挠度分别为

$$f_y = \frac{5q_y l^4}{384EI_z} = \frac{5 \times 626.09 \times 4^4}{384 \times 10 \times 10^9 \times \dfrac{90 \times 125^3}{12} \times 10^{-12}} = 0.014\ \text{m} = 14\ \text{mm}$$

$$f_z = \frac{5q_z l^4}{384EI_y} = \frac{5 \times 313.07 \times 4^4}{384 \times 10 \times 10^9 \times \dfrac{125 \times 90^3}{12} \times 10^{-12}} = 0.013\ 7\ \text{m} = 13.7\ \text{mm}$$

总挠度

$$f = \sqrt{f_y^2 + f_z^2} = \sqrt{14^2 + 13.7^2} = 19.6\ \text{mm}$$

f 与 y 轴的夹角 β(图 14-7(c))为

$$\tan\beta = \frac{f_z}{f_y} = \frac{13.7}{14} = 0.978\ 6$$

故

$$\beta = 44.4°$$

14.3 拉伸(压缩)与弯曲

如果作用在杆件上的外力除了横向力,还有轴向力,这时杆件将发生弯曲与轴向拉伸(压缩)的组合变形。

例如烟囱(图 14-8),一方面承受风荷载作用,引起截面的弯曲,另一方面承受自重作用,引起轴向压缩,所以是轴向压缩与弯曲的组合作用。

对于弯曲刚度 EI 较大的杆件,横向力引起的挠度与横截面的尺寸相比很小,因此由轴向拉(压)力在挠度上所引起的附加弯矩可忽略不计,仍按杆件的原始形状计算。因此,可把横

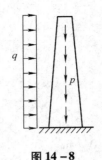

图 14-8

向力和轴向力分为两组力,分别计算由每一组力所引起的横截面上的正应力,然后按叠加原理求得上述两正应力的代数和。

现以图 14-9(a)所示的梁为例,说明弯曲与轴向拉伸(压缩)组合时的正应力的计算。该梁为一矩形截面梁(图 14-9(b)),承受横向力 F_1 和轴向力 F 的作用。

在轴向力 F 作用下,梁将发生轴向拉伸,各横截面上的轴力均为 $F_N = F$,正应力均匀分布(图 14-9(c)),其值为

$$\sigma_N = \frac{F_N}{A}$$

在横向力 F_1 作用下,梁发生平面弯曲,横截面上的正应力沿高度按直线规律分布(图 14-9(d)),任一点处的正应力

$$\sigma_M = \frac{M}{I_z} y$$

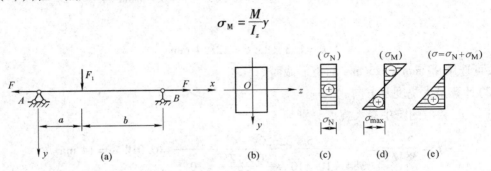

图 14-9

在轴向拉力和横向力共同作用下,横截面任一点处的正应力可按下式计算:

$$\sigma = \sigma_N + \sigma_M = \frac{F_N}{A} + \frac{M}{I_z} y \tag{14-7}$$

按式(14-7)计算正应力时,应注意应力的正负号:轴向拉伸时 σ_N 为正,压缩时 σ_N 为负;σ_M 的正负应根据梁的变形情况及点的位置来判断,拉应力为正,压应力为负。

对于图 14-9(a)所示的简支梁,危险截面在 F_1 作用点,最大正应力发生在截面下边缘处,按下式计算:

$$\sigma_{max} = \frac{M_{max}}{W_z} + \frac{F_N}{A}$$

则正应力强度条件可写成

$$\sigma_{max} = \frac{M_{max}}{W_z} + \frac{F_N}{A} \leqslant [\sigma] \tag{14-8}$$

以上讨论是以图 14-9 所示的简支梁为例的,但其原理同样适用于非矩形截面及其他形式拉伸(压缩)与弯曲组合的杆件。当轴向力为压力时,则危险点处的正应力为压应力。若材料的许用拉应力 $[\sigma_t]$ 和许用压应力 $[\sigma_c]$ 不同,须分别对最大拉应力和最大压应力进行强度计算。

例题 14-3 如图 14-10(a)所示一矩形截面简支梁,受均布荷载 q 和轴向拉力 F 作用。已知

$q = 5 \text{ kN/m}, F = 30 \text{ kN}, l = 4 \text{ m}, b = 150 \text{ mm}, h = 200 \text{ mm}$，试求梁截面上的最大拉应力和最大压应力。

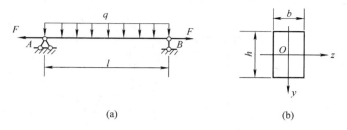

(a) (b)

图 14-10

解 最大弯矩发生在梁跨中，其值为

$$M_{\max} = \frac{1}{8} q l^2 = \frac{1}{8} \times 5 \times 4^2 = 10 \text{ kN} \cdot \text{m}$$

由弯矩引起的最大正应力，发生在跨中截面的下边缘处和上边缘处，其值为

$$\sigma_{\mathrm{M,max}} = \frac{M_{\max}}{W_z} = \frac{10 \times 10^3}{\frac{1}{6} \times 0.15 \times 0.2^2} = 10 \times 10^6 \text{ Pa} = 10 \text{ MPa}$$

由轴向拉力引起的拉应力

$$\sigma_{\mathrm{N}} = \frac{F_{\mathrm{N}}}{A} = \frac{30 \times 10^3}{0.15 \times 0.2} = 1.0 \times 10^6 \text{ Pa} = 1 \text{ MPa}$$

最大压应力发生在梁上边缘，其值为

$$\sigma_{\mathrm{c,max}} = \frac{F_{\mathrm{N}}}{A} - \frac{M_{\max}}{W_z} = -9 \text{ MPa}$$

最大拉应力发生在梁下边缘，其值为

$$\sigma_{\mathrm{t,max}} = \frac{F_{\mathrm{N}}}{A} + \frac{M_{\max}}{W_z} = 11 \text{ MPa}$$

14.4 偏心拉伸(压缩)、截面核心

1. 偏心拉伸(压缩)

当杆件所受外力的作用线与杆件的轴线平行而不重合时，引起的变形称为偏心拉伸(压缩)。如厂房中支承吊车梁的柱子，承受吊车梁传来的压力(图 14-1(a))，就是属于偏心压缩的变形。偏心拉伸(压缩)变形可分解为轴向拉伸(压缩)和弯曲基本变形，也是一种组合变形。

现以图 14-11(a)所示矩形截面直杆为例，说明偏心拉伸杆件的强度计算问题。拉力 F 作用在 A 点，作用点 A 到 z 轴、y 轴的距离分别为 y_F 和 z_F。

要研究任意横截面 $ABCD$ 上的应力，可将作用在杆端的偏心拉力 F 用其等效力系来代替，即将力 F 简化到截面的形心处，简化后的等效力系中包含一个轴向拉力和两个力偶 M_y、M_z (图 14-11(b))，它们将分别使杆件发生轴向拉伸和在两纵向对称平面(即形心主惯性平面)

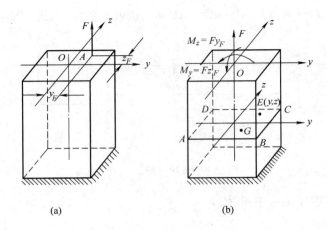

图 14-11

内的纯弯曲,其中两个力偶矩分别为

$$M_y = Fz_F, \quad M_z = Fy_F$$

它们在横截面 $ABCD$ 上任一点 $E(y,z)$ 处产生的弯曲正应力分别为

$$\sigma' = \frac{M_y}{I_y}z = \frac{Fz_Fz}{I_y}$$

$$\sigma'' = \frac{M_z}{I_z}y = \frac{Fy_Fy}{I_z}$$

由轴向拉力 F 引起的正应力

$$\sigma_N = \frac{F}{A}$$

按叠加原理,$E(y,z)$ 点处的正应力即为上述三组应力的代数和,即

$$\sigma = \frac{F}{A} + \frac{M_y}{I_y}z + \frac{M_z}{I_z}y \qquad (14-9)$$

或

$$\sigma = \frac{F}{A} + \frac{Fz_F}{I_y}z + \frac{Fy_F}{I_z}y \qquad (14-10)$$

在上述两式中,F 为拉力时取正值,为压力时取负值。力偶矩 M_y、M_z 的正负号可以这样规定:使截面上位于第一象限的各点产生拉应力时取正值,产生压应力时取负值。还可以根据杆件的变形情况来确定。例如图 14-11(b) 中确定 G 点的应力时,在 M_y 作用下 G 处于受压区,则式中第二项取负值,在 M_z 作用下 G 处于受拉区,则式中第三项取正值。

在 F、M_y、M_z 各自单独作用下,横截面上应力的分布情况如图 14-12(a)、(b)、(c) 所示,图 14-12(d) 为三者共同作用下横截面上的应力分布情况。

下面讨论偏心拉伸(压缩)时的应力分布规律。将式(14-10)改写为

$$\sigma = \frac{F}{A}\left(1 + \frac{y_F A}{I_z}y + \frac{z_F A}{I_y}z\right) \qquad (a)$$

引入惯性半径 i_y、i_z,有

· 240 ·

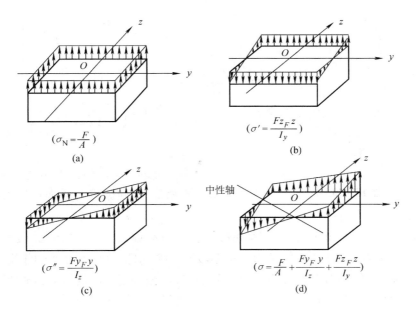

$$\left(\sigma_{\rm N} = \frac{F}{A}\right)$$

(a)

$$\left(\sigma' = \frac{Fz_F z}{I_y}\right)$$

(b)

$$\left(\sigma'' = \frac{Fy_F y}{I_z}\right)$$

(c)

中性轴

$$\left(\sigma = \frac{F}{A} + \frac{Fy_F y}{I_z} + \frac{Fz_F z}{I_y}\right)$$

(d)

图 14 – 12

$$i_y = \sqrt{\frac{I_y}{A}}, \quad i_z = \sqrt{\frac{I_z}{A}}$$

则

$$\sigma = \frac{F}{A}\left(1 + \frac{y_F y}{i_z^2} + \frac{z_F z}{i_y^2}\right) \tag{b}$$

上式表明应力 σ 是一平面方程,此平面与横截面相交的直线上的正应力为零,该直线即为中性轴。令 y_0、z_0 为中性轴上任一点的坐标,将它们代入式(b),则所得到的应力必为零,即

$$\frac{F}{A}\left(1 + \frac{y_F y_0}{i_z^2} + \frac{z_F z_0}{i_y^2}\right) = 0$$

由此得中性轴的方程为

$$1 + \frac{y_F y_0}{i_z^2} + \frac{z_F z_0}{i_y^2} = 0 \tag{c}$$

由式(c)可知,中性轴是一条不通过横截面形心(坐标原点)的直线。设它在两坐标轴上的截距为 a_y、a_z。上式中令 $z_0 = 0$,则相应的 y_0 即为 a_y,令 $y_0 = 0$,则相应的 z_0 即为 a_z,由此求得

$$a_y = -\frac{i_z^2}{y_F}, \quad a_z = -\frac{i_y^2}{z_F} \tag{14-11}$$

上式表明 a_y、a_z 分别与 y_F、z_F 符号相反,所以中性轴与外力作用点分别处于截面形心的两侧。

中性轴把截面分为拉应力和压应力两个区域,只要把中性轴的位置确定后,就很容易确定危险点的位置。很显然,离中性轴最远的点 D_1 和 D_2(图 14 – 13)就是危险点。这两点处的正应力分别是横截面上的最大拉应力和最大压应力。把 D_1、D_2 两点的坐标分别代入式(a),就可求得这两点处的正应力值,若材料的许用拉应力和许用压应力相等,则可选取其中绝对值最大的应力作为强度计算的依据,即强度条件为

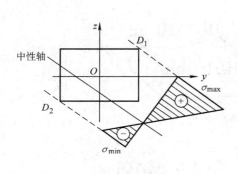

中性轴

图 14-13

$$\sigma_{\max} = \left| \frac{F}{A} + \frac{M_z}{I_y}y_{\max} + \frac{M_y}{I_y}z_{\max} \right|_{\max} \leqslant [\sigma]$$

$$(14-12)$$

或

$$\sigma_{\max} = \left| \frac{F}{A}\left(1 + \frac{y_F}{i_z^2}y_{\max} + \frac{z_F}{i_y^2}z_{\max}\right) \right|_{\max} \leqslant [\sigma]$$

$$(14-13)$$

若材料的许用拉应力 $[\sigma_t]$ 和许用压应力 $[\sigma_c]$ 不相等,则须分别对最大拉应力和最大压应力作强度计算。

对箱形和工字形等截面的杆件,同样可按式(14-12)式(14-13)计算最大正应力。

例题 14-4　图 14-14(a)所示为一矩形截面短柱,承受偏心压力 F 的作用,F 的作用点位于截面的 y 轴上。短柱截面尺寸为 $b \times h$,试求短柱的横截面不出现拉应力时,F 的作用点至 z 轴的最大距离即最大偏心距 e。

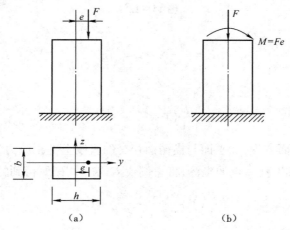

图 14-14

解　将力 F 简化到截面形心,得到轴向压力 F 和力偶矩 $M = Fe$,如图 14-14(b)所示。

在力 F 作用下,横截面上各点均产生压应力,在 M 作用下,z 轴左侧受拉,最大拉应力出现在截面的左边缘处,欲使横截面不出现拉应力,应使 F 和 M 共同作用下横截面左边缘处的正应力为零,即

$$\sigma = -\frac{F}{A} + \frac{M}{W_z} = 0$$

即

$$-\frac{F}{bh} + \frac{Fe}{\frac{1}{6}bh^2} = 0$$

解得

$$e = \frac{h}{6}$$

即最大偏心距为 $\dfrac{h}{6}$。

例题 14 – 5 图 14 – 15(a)所示一矩形截面短柱,承受偏心压力 F 的作用。已知 $F = 150$ kN,$b = 150$ mm,$h = 250$ mm,$y_F = 50$ mm,$z_F = 40$ mm,试求任一横截面 $ABCD$ 上的最大压应力。

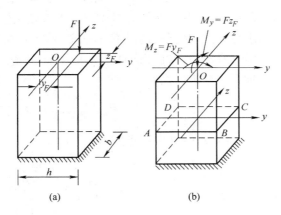

(a) (b)

图 14 – 15

解 将力 F 简化到截面的形心处,得轴向压力 F 和两力偶 M_y、M_z,如图 14 – 15(b)所示。其中

$$M_y = Fz_F, \qquad M_z = Fy_F$$

在任一横截面 $ABCD$ 上,当 M_z 单独作用时,BC 边各点压应力最大,当 M_y 单独作用时,CD 边各点压应力最大。所以当三者共同作用时,压应力出现在 C 点,其最大压应力

$$
\begin{aligned}
\sigma_{c,max} &= -\frac{F}{A} - \frac{M_y}{W_y} - \frac{M_z}{W_z} \\
&= -\frac{150 \times 10^3}{0.15 \times 0.25} - \frac{150 \times 0.04 \times 10^3}{\dfrac{1}{6} \times 0.25 \times 0.15^2} - \frac{150 \times 0.05 \times 10^3}{\dfrac{1}{6} \times 0.15 \times 0.25^2} \\
&= -15.2 \times 10^6 \text{ Pa} = -15.2 \text{ MPa}
\end{aligned}
$$

2. 截面核心

由以上的讨论可知,对于承受偏心拉(压)力的杆件,截面上既有拉应力,又有压应力,这两种应力的分界线即为中性轴。由式(14 – 11)可知,对于给定的截面,y_F、z_F 越小,a_y、a_z 值就越大,即外力的作用点离形心越近,中性轴就离形心越远,甚至在截面的外边。此时,截面上只会产生一种符号的应力;若偏心力为拉力,则横截面上全部为拉应力;若偏心力为压力,则横截面上全部为压应力而不会出现拉应力。

对于在工程中经常使用的材料,如混凝土、砖、石等,它们的抗压强度很高,而抗拉强度却很低,所以主要用作承压构件。这类构件在偏心压力作用时,其横截面上最好不出现拉应力,以避免开裂。这样就必须限制压力作用点的位置,使得相应的中性轴不通过横截面,而是在截面的外边,至多与截面的外边界相切。这样,以截面上外边界点的切线作为中性轴,绕截面边界转动一圈时,截面内相应地有无数个力的作用点。这些点的轨迹为一条包围形心的封闭曲线,当压力作用点位于曲线以内或边界上时,中性轴移到截面外面或与截面边缘相切,即截面上只产生压应力。封闭曲线所包围的区域称为**截面核心**。下面以偏心受压的圆形和矩形截面杆为例,来说明如何确定截面核心。

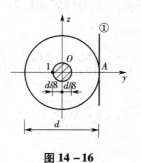

图 14 – 16

如图 14 – 16 所示一直径为 d 的圆截面。由于截面对于圆心是极对称的,因此截面核心对于圆心也应该是极对称的,所以其截面核心也是个圆,其直径按以下方法求得。将与截面周边相切于 A 点的直线①看作中性轴,取 OA 为 y 轴,则该中性轴在 y、z 两个形心主惯性轴上的截距分别为

$$a_{y1} = \frac{d}{2}, a_{z1} = \infty$$

对圆截面,其惯性半径为

$$i_y = i_z = \sqrt{\frac{I}{A}} = \sqrt{\frac{\frac{\pi d^4}{64}}{\frac{\pi d^2}{4}}} = \frac{d}{4}$$

由式(14 – 11)得

$$y_F = -\frac{i_z^2}{a_{y1}} = -\frac{\frac{d^2}{16}}{\frac{d}{2}} = -\frac{d}{8}, \quad z_F = -\frac{i_y^2}{a_{z1}} = 0$$

此即为与中性轴对应的截面核心边界上的点 1 的坐标。所以,圆截面的截面核心的边界是以 O 为圆心的圆,其直径为 $d/4$,如图 14 – 16 所示。

如图 14 – 17 所示一矩形截面,边长为 b 和 h,两形心主惯性轴为 y、z 轴,当压力作用点位于第 I 象限时,此时若 A 点的应力为零,则可保证截面上均产生压应力。由式(14 – 10)得 A 点的应力

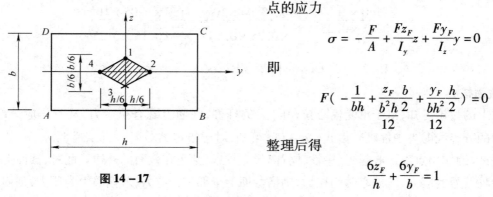

图 14 – 17

$$\sigma = -\frac{F}{A} + \frac{Fz_F}{I_y}z + \frac{Fy_F}{I_z}y = 0$$

即

$$F\left(-\frac{1}{bh} + \frac{z_F}{\frac{b^2 h}{12}}\frac{b}{2} + \frac{y_F}{\frac{bh^2}{12}}\frac{h}{2}\right) = 0$$

整理后得

$$\frac{6z_F}{h} + \frac{6y_F}{b} = 1$$

这就是外力作用点 y_F、z_F 的关系式,可见它是一条直线。当 $y_F = 0$ 时,$z_F = h/6$,当 $z_F = 0$ 时,$y_F = b/6$,从而绘出直线 12,即为截面核心在第 I 象限的边界线。同理,当作用点位于第 II、III、IV 象限时,根据角点 B、C、D 点的应力为零的条件,可依次求出截面核心的边界线 14、34、23(图 14 – 17),最后得到一个菱形。所以,矩形截面的截面核心的边界是一个菱形,其对角线长度为截面边长的三分之一。由此可知,当矩形截面杆件承受偏心压力时,欲使截面上都是压应力,则此压力作用点必须在上述菱形范围内。

14.5 弯曲与扭转

工程中,有许多杆件同时承受弯曲与扭转的作用。如机械工程中的传动轴,建筑工程中的雨篷梁,厂房中的吊车梁受偏心的吊车轮压作用等,都属于弯曲与扭转的组合变形。

本节以圆形截面杆为例,说明弯曲与扭转组合变形的强度计算。如图 14 – 18(a)所示为一曲拐 ABC,其中 AB 为等截面实心圆杆,A 端固定,C 端受一集中力 F 作用。现研究 AB 段的受力情况。

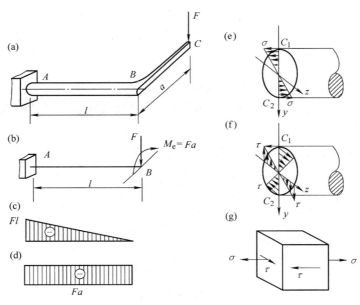

图 14 – 18

将力 F 向 B 截面的形心处简化,简化后其等效力系可分成两组:B 端的横向力 F 以及作用在 B 端截面内的力偶。横向力 F 将引起 AB 杆发生弯曲,而力偶矩 Fa 将引起 AB 杆发生扭转。所以,AB 杆将发生弯曲与扭转的组合变形,如图 14 – 18(b)所示。绘出力 F 单独作用下 AB 杆的弯矩图(图 14 – 18(c))以及力偶矩 Fa 单独作用下 AB 杆的扭矩图(图 14 – 18(d))。根据这两个图可判断出,固定端 A 截面为危险截面,因为固定端截面处弯矩最大而扭矩沿各横截面均相等。

横截面上弯曲正应力和扭转切应力的分布规律如图 14 – 18(e)和(f)所示。要作强度计算,还须定出危险截面处的危险点。由图可见,在横截面上、下两端点 C_1、C_2 处有最大弯曲正应力,而横截面周边各点处有最大扭转切应力。可见,C_1、C_2 两点是危险点。对于许用拉压应力相等的塑性材料制成的杆,这两点同等危险,故只需研究其中一点 C_1 处的应力。由于 C_1 点处既有弯曲正应力,又有扭转切应力,处于二向应力状态。因此,要利用强度理论,求得相当应力,并写出强度条件。

要研究 C_1 点处的应力状态,可围绕 C_1 点用横截面、纵截面和平行于表面的截面截出一个单元体,绘出此单元体各面上的应力(图14-18(g)),此单元体最大主应力 σ_1 和最小主应力 σ_3 分别为

$$\left.\begin{array}{l} \sigma_1 = \dfrac{1}{2}(\sigma + \sqrt{\sigma^2 + 4\tau^2}) \\[2mm] \sigma_2 = 0 \\[2mm] \sigma_3 = \dfrac{1}{2}(\sigma - \sqrt{\sigma^2 + 4\tau^2}) \end{array}\right\} \tag{a}$$

式中:σ 和 τ 分别为 C_1 点处的弯曲正应力和扭转切应力,可分别按下式计算

$$\left.\begin{array}{l} \sigma = \dfrac{M}{W_z} \\[2mm] \tau = \dfrac{T}{W_t} \end{array}\right\} \tag{b}$$

式中:M、T 分别为危险截面上的弯矩和扭矩。

对于工程中受弯扭共同作用的圆轴大多是由塑性材料制成的,所以应该用第三或第四强度理论来建立强度条件。

如果用第三强度理论,则强度条件为

$$\sigma_{r3} = \sigma_1 - \sigma_3 \leqslant [\sigma] \tag{c}$$

如果用第四强度理论,则强度条件为

$$\sigma_{r4} = \sqrt{\sigma_1^2 + \sigma_3^2 - \sigma_1\sigma_3} \leqslant [\sigma] \tag{d}$$

将式(a)代入上述两式,经整理得

$$\sigma_{r3} = \sqrt{\sigma^2 + 4\tau^2} \leqslant [\sigma] \tag{14-14}$$

$$\sigma_{r4} = \sqrt{\sigma^2 + 3\tau^2} \leqslant [\sigma] \tag{14-15}$$

在选择圆轴的截面尺寸时,可将式(14-14)和式(14-15)改写为另一种形式。将式(b)代入上两式,并考虑到圆轴截面的 $W_t = 2W_z$,则

$$\sigma_{r3} = \sqrt{\sigma^2 + 4\tau^2} = \sqrt{\left(\frac{M}{W_z}\right)^2 + 4\left(\frac{T}{2W_z}\right)^2} = \frac{1}{W_z}\sqrt{M^2 + T^2}$$

令 $M_{r3} = \sqrt{M^2 + T^2}$,则式(14-14)可改写为

$$\sigma_{r3} = \frac{M_{r3}}{W_z} \leqslant [\sigma] \tag{14-16}$$

或

$$W_z \geqslant \frac{M_{r3}}{[\sigma]} \tag{14-17}$$

式中:M_{r3} 称为按第三强度理论得到的**相当弯矩**或**折算弯矩**。

同理,

$$\sigma_{r4} = \sqrt{\sigma^2 + 3\tau^2} = \sqrt{\left(\frac{M}{W_z}\right)^2 + 3\left(\frac{T}{2W_z}\right)^2} = \frac{1}{W_z}\sqrt{M^2 + 0.75T^2}$$

令 $M_{r4} = \sqrt{M^2 + 0.75T^2}$,则式(14-15)可改写为

$$\sigma_{r4} = \frac{M_{r4}}{W_z} \leq [\sigma] \qquad (14-18)$$

或

$$W_z \geq \frac{M_{r4}}{[\sigma]} \qquad (14-19)$$

式中:M_{r4}称为按第四强度理论得到的相当弯矩或折算弯矩。

例题 14-6 一实心圆轴,轴的直径为 55 mm,各齿轮上的荷载如图 14-19(a)所示,齿轮 C 的节圆直径为 400 mm,齿轮 D 的节圆直径为 200 mm,许用应力[σ]=100 MPa,试按第四强度理论校核轴的强度。

解 首先将各齿轮上的切向外力向该轴的截面形心简化,从而得到一个力和一个力偶,计算简图如图 14-19(b)所示,这样就可得到使轴产生扭转和在 xz、xy 两个纵对称平面内发生弯曲的三组外力。然后分别作出此轴的扭矩图以及在 xz、xy 两个纵对称平面内的弯矩图,如图 14-19(c)、(d)、(e)所示。

由于通过圆轴轴线的任一平面都是纵向对称平面,所以当轴上的外力位于相互垂直的两纵向对称平面内时,可将各该平面内的外力所引起的同一横截面的弯矩按矢量和求得总弯矩,并用总弯矩来计算其正应力。由轴的两个弯矩图可知,横截面 B 上的总弯矩最大。两个弯矩如图 14-19(f)所示,它们的矢量和如图 14-19(g)所示,由此得

$$M_B = \sqrt{M_{yB}^2 + M_{zB}^2} = \sqrt{0.364^2 + 1^2} = 1.064 \text{ kN} \cdot \text{m}$$

由于沿轴的 CD 段扭矩相同,所以 B 截面就是最危险截面。其扭矩值为

$$T_B = 1 \text{ kN} \cdot \text{m}$$

则由式(14-18),可得

$$M_{y4} = \sqrt{M^2 + 0.75T^2}$$

则式(14-15)可改写为

$$\sigma_{r4} = \frac{M_{r4}}{W_z} = \frac{\sqrt{M^2 + 0.75T^2}}{W_z} = \frac{\sqrt{(1.064 \times 10^3)^2 + 0.75 \times (1 \times 10^3)^2}}{\dfrac{\pi \times 0.055^3}{32}}$$

$$= 84 \times 10^6 \text{ Pa} = 84 \text{ MPa} \leq [\sigma]$$

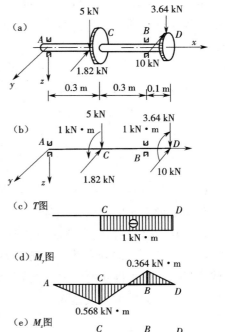

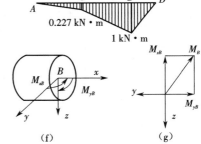

图 14-19

所以,强度符合要求。

思 考 题

14-1 什么是组合变形?什么情况下要考虑组合变形?

14-2 若外力作用在截面核心内时,中性轴与截面之间是什么关系?

14-3 不同截面形状的悬臂梁受力如图所示,力的作用方向如图中虚线所示,试说明哪些梁发生平面弯曲?哪些梁发生斜弯曲?

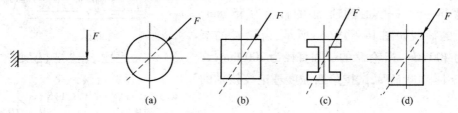

思考题 14-3 图

14-4 将斜弯曲、拉伸(压缩)与弯曲组合及偏心拉伸(压缩)分解为基本变形时,如何确定各基本变形下正应力的正负号?

14-5 对处在扭转和弯曲组合变形下的杆,怎样进行应力分析?怎样进行强度校核?

14-6 如图(a)所示为一正方形截面的短柱,承受轴心压力 F 作用,现将柱的一侧挖去一部分(图(b))或将柱的两侧各挖去一部分(图(c)),试判断在(a)、(b)、(c)三种情况下,柱中的最大压应力的大小及位置。

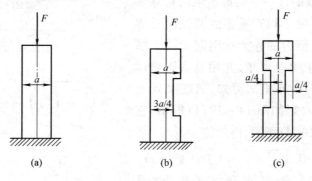

思考题 14-6 图

本章习题和习题答案请扫二维码。

第 15 章　压　杆　稳　定

15.1　压杆稳定的概念

要保证结构物或构件安全可靠地工作,必须满足强度、刚度和稳定性三方面的要求。对于强度和刚度方面的问题,前面几章已作了较多的研究,本章对压杆的稳定问题进行讨论。

先以小球为例介绍平衡的三种状态。

①如果小球受到微小干扰而稍微偏离它原有的平衡位置,当干扰消除以后,它能够回到原有的平衡位置,这种平衡状态称为**稳定平衡状态**,如图 15 – 1(a) 所示。

②如果小球受到微小干扰而稍微偏离它原有的平衡位置,当干扰消除以后,它不能够回到原有的平衡位置,但能够在附近新的位置维持平衡,原有的平衡状态称为**随遇平衡状态**,如图 15 – 1(b) 所示。

③如果小球受到微小干扰而稍微偏离它原有的平衡位置,当干扰消除以后,它不但不能回到原有的平衡位置,而且继续离去,那么原有的平衡状态称为**不稳定平衡状态**,如图 15 – 1(c) 所示。

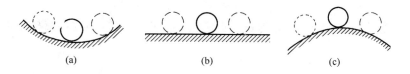

(a)　　　　　　　　(b)　　　　　　　　(c)

图 15 – 1

稳定性是指结构物或构件保持其平衡状态特征随时间恒定的能力。

在做压缩试验时,低碳钢短柱在压应力达到屈服极限σ_s 时,试件出现塑性变形;而铸铁短柱在压应力达到强度极限σ_b 时,试件发生断裂破坏。这些破坏现象都是由于不满足强度条件造成的,然而上述过程仍可看作是稳定平衡状态下的强度失效与破坏。

结构物或构件处于不稳定平衡状态时,因稳定性散失而导致的破坏和失效现象,可称为失稳。例如,对于细长压杆,在不大压力作用下,杆内应力远小于极限应力时,杆件首先发生弯曲,如果再增加压力,该细长压杆将会突然弯断。这种破坏并非强度不足所导致,而是细长压杆丧失了平衡状态特征而引起的。除细长压杆外,还有很多其他形式的工程构件同样存在稳定性问题,例如薄壁杆件的扭转与弯曲、薄壁容器外部受压和薄拱受压等问题都存在稳定性问题,在图 15 – 2 中列举了几种薄壁结构的失稳现象。

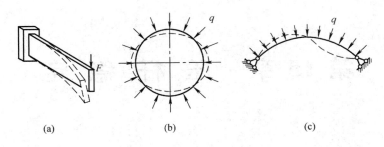

(a)   (b)   (c)

图 15 – 2

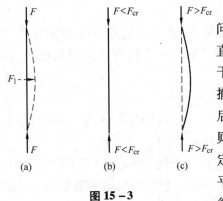

图 15 – 3

细长直杆两端受轴向压力作用,其平衡也有稳定性的问题。设有一等截面直杆,受有轴向压力作用,杆件处于直线形状下的平衡。为判断平衡的稳定性,可以加一横向干扰力,使杆件发生微小的弯曲变形(图 15 – 3(a)),然后撤销此横向干扰力。当轴向压力较小时,撤销横向干扰力后杆件能够恢复到原来的直线平衡状态(图 15 – 3(b)),则原有的平衡状态是稳定平衡状态;当轴向压力增大到一定值时,撤销横向干扰力后杆件不能再恢复到原来的直线平衡状态(图 15 – 3(c)),则原有的平衡状态是不稳定平衡状态。压杆由稳定平衡过渡到不稳定平衡时所受轴向压力的临界值称为**临界压力**,或简称**临界力**,用 F_{cr} 表示。

当 $F = F_{cr}$ 时,压杆处于稳定平衡与不稳定平衡的临界状态,称为临界平衡状态。这种状态的特点:不受横向干扰时,压杆可在直线位置保持平衡;若受微小横向干扰并将干扰撤销后,压杆又可在微弯位置维持平衡,因此临界平衡状态具有两重性。

压杆处于不稳定平衡状态时,称为丧失稳定性,简称为失稳。显然,结构中的受压杆件绝不允许失稳。

15.2　两端铰支细长压杆临界力的欧拉公式

细长压杆在临界力作用下,处于不稳定平衡的直线状态时,材料仍处于线弹性范围内,这类稳定问题称为线弹性稳定问题。

下面以两端球形铰支、长度为 l 的等截面细长压杆为例,推导其临界力的计算公式。选取坐标系如图 15 – 4(a)所示,当轴向压力达到临界力 F_{cr} 时,压杆既可保持直线形态的平衡,又可保持微弯形态的平衡。假设压杆处于微弯状态的平衡,在临界力 F_{cr} 作用下压杆的轴线如图所示。此时,压杆距原点为 x 的任一截面 m—m 的挠度 $y = f(x)$,取脱离体如图 15 – 4(b)所示,截面 m—m 上的轴力为 F_{cr},弯矩

$$M(x) = F_{cr}y \tag{a}$$

弯矩的正负号仍按9.2节的规定,F_{cr} 取正值,挠度以 y 轴正方向为正。

将弯矩方程(a)代入挠曲线的近似微分方程,则

$$\frac{\mathrm{d}^2 y}{\mathrm{d}x^2} = -\frac{M(x)}{EI} = -\frac{F_{cr}}{EI}y \qquad (b)$$

令

$$\frac{F_{cr}}{EI} = k^2 \qquad (c)$$

则式(b)可写成

$$\frac{\mathrm{d}^2 y}{\mathrm{d}x^2} + k^2 y = 0 \qquad (d)$$

这是一个二阶常系数线性微分方程,其通解为

$$y = A\sin kx + B\cos kx \qquad (e)$$

式中:A 和 B 是积分常数,可由压杆两端的边界条件确定。

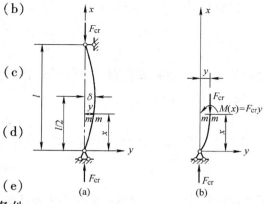

图 15-4

此杆的边界条件为

$$在\ x = 0\ 处, y = 0$$
$$在\ x = l\ 处, y = 0$$

由边界条件的第一式得

$$B = 0$$

于是式(e)成为

$$y = A\sin kx \qquad (f)$$

由边界条件的第二式得

$$A\sin kl = 0$$

由于压杆处于微弯状态的平衡,因此 $A \neq 0$,所以

$$\sin kl = 0$$

由此得

$$kl = n\pi \quad (n = 0, 1, 2, 3, \cdots)$$

所以

$$k^2 = \frac{n^2\pi^2}{l^2}$$

将上式代入式(c),得

$$F_{cr} = \frac{n^2\pi^2 EI}{l^2} \quad (n = 0, 1, 2, 3, \cdots)$$

由于临界力是使压杆失稳的最小压力,因此 n 应取不为零的最小值,即取 $n = 1$,所以

$$F_{cr} = \frac{\pi^2 EI}{l^2} \qquad (15-1)$$

上式即为两端球形铰支(简称两端铰支)细长压杆临界力 F_{cr} 的计算公式,由欧拉(L. Euler)于 1744 年首先导出,所以通常称为**欧拉公式**。应该注意,压杆的弯曲在其最小的刚度平面内发生,因此欧拉公式中的 I 应该是截面的最小形心主惯性矩。

在临界荷载 F_{cr} 作用下，$k = \dfrac{\pi}{l}$，因此式（f）可写成

$$y = A\sin\frac{\pi x}{l}$$

由此可以看出，在临界荷载 F_{cr} 作用下，杆的挠曲线是一条半个波长的正弦曲线。在 $x = l/2$ 处，挠度达最大值，即

$$y_{\max} = A$$

因此积分常数 A 即为杆中点处的挠度，以 δ 表示，则杆的挠曲线方程为

$$y = \delta\sin\frac{\pi x}{l} \tag{g}$$

此处挠曲线中点处的挠度 δ 是个无法确定的值，即无论 δ 为任何微小值，上述平衡条件都能成立，似乎压杆受临界力作用时可以处于微弯的随遇平衡状态。实际上这种随遇平衡状态是不成立的，之所以 δ 值无法确定，是因为在推导过程中使用了挠曲线的近似微分方程。如果采用挠曲线的精确微分方程进行推导，所得到的 F—δ 曲线如图 15-5（a）所示，当 $F \geq F_{cr}$ 时，压杆在微弯平衡状态下，压力 F 与挠度 δ 间为一一对应的关系，所谓的 δ 不确定性并不存在；而由挠曲线近似微分方程得到的 F—δ 曲线如图 15-5（b）所示，当 $F = F_{cr}$ 时，压杆在微弯状态下呈随遇平衡状态。

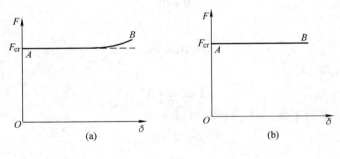

图 15-5

15.3 不同支承条件下细长压杆临界力的欧拉公式

对于杆端支承为其他形式的细长压杆，也可以用类似的方法推导其临界力的计算公式。但要注意，不同的杆端支承形式所对应的边界条件也不相同。这里不一一推导，只介绍其结果。

由表 15-1 所给的结果可以看出，细长压杆的临界力 F_{cr} 受到杆端约束的影响。杆端约束越强，杆的抗弯能力就越大，其临界力也就越高。对于各种支承情况的压杆，其临界力的欧拉公式可写成统一的形式：

$$F_{cr} = \frac{\pi^2 EI}{(\mu l)^2} \tag{15-2}$$

式中：μ 称为**长度系数**，与杆端的约束情况有关；μl 称为压杆的**计算长度**，其物理意义可从细长压杆失稳时挠曲线形状的比拟来说明。

由于压杆失稳时挠曲线上拐点处的弯矩为零,故可设想拐点处有一铰,而将压杆挠曲线上两拐点之间的一段看作两端铰支压杆,并利用两端铰支压杆的欧拉公式(15-1),得到原支承条件下压杆的临界力 F_{cr}。这两拐点之间的长度即为原压杆的计算长度。或者说,计算长度为各种支承条件下的细长压杆失稳时,挠曲线中相当于半波正弦曲线的一段长度。

表 15-1　各种支承条件下细长压杆的临界力

支承情况	两端铰支	一端固定 一端铰支	两端固定, 但可沿纵向 相对移动	一端固定 一端自由	两端固定, 但可沿横向 相对移动
失稳时挠曲线形状					
临界力	$F_{cr} = \dfrac{\pi^2 EI}{l^2}$	$F_{cr} = \dfrac{\pi^2 EI}{(0.7l)^2}$	$F_{cr} = \dfrac{\pi^2 EI}{(0.5l)^2}$	$F_{cr} = \dfrac{\pi^2 EI}{(2l)^2}$	$F_{cr} = \dfrac{\pi^2 EI}{l^2}$
长度系数	$\mu = 1$	$\mu = 0.7$	$\mu = 0.5$	$\mu = 2$	$\mu = 1$

应该注意,利用欧拉公式计算细长压杆临界力时,如果杆端在各个方向的约束情况相同(如球形铰等),则 I 应取最小的形心主惯性矩;如果杆端在不同方向的约束情况不同(如柱形铰等),则 I 应取挠曲时横截面对其中性轴的惯性矩。

上面介绍的几种压杆支承方式都是理想和典型的,在工程实际中的压杆,其实际的支承情况通常比较复杂,必须根据杆的实际支承情况,恰当地简化为上述的某种典型形式,或分析它处于哪两种情况之间,从而定出其长度系数。在有关的设计规范中,对各种压杆的 μ 值多有具体的规定。

15.4　欧拉公式的应用范围、临界应力总图

1. 欧拉公式的适用范围

将压杆的临界力 F_{cr} 除以横截面面积 A,即得压杆的**临界应力**,有

$$\sigma_{cr} = \frac{F_{cr}}{A} = \frac{\pi^2 EI}{(\mu l)^2 A} = \frac{\pi^2 E}{\left(\dfrac{\mu l}{i}\right)^2} \tag{15-3}$$

式中：$i = \sqrt{\dfrac{I}{A}}$ 为压杆横截面对中性轴的惯性半径。

令

$$\lambda = \frac{\mu l}{i} \qquad (15-4)$$

这是一个无量纲的参数,称为压杆的**长细比**或**柔度**。于是式(15-3)可写成

$$\sigma_{\mathrm{cr}} = \frac{\pi^2 E}{\lambda^2} \qquad (15-5)$$

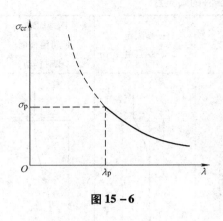

图 15-6

上式是临界应力的计算公式,实际上是欧拉公式的另一种形式。根据该式压杆的临界应力 σ_{cr} 与柔度 λ 之间的关系可用曲线表示(图15-6),称为**欧拉临界应力曲线**。但是在推导欧拉公式过程中,曾用到了挠曲线的近似微分方程,而挠曲线的近似微分方程又是建立在胡克定律基础上的,因此只有材料在线弹性范围内工作时,即只有在 $\sigma_{\mathrm{cr}} \leqslant \sigma_{\mathrm{p}}$ 时,欧拉公式才能适用。于是欧拉公式的适用范围为

$$\sigma_{\mathrm{cr}} = \frac{\pi^2 EI}{\lambda^2} \leqslant \sigma_{\mathrm{p}}$$

或写成

$$\lambda \geqslant \sqrt{\frac{\pi^2 E}{\sigma_{\mathrm{p}}}} \qquad (15-6)$$

令 $\lambda_{\mathrm{p}} = \pi \sqrt{\dfrac{E}{\sigma_{\mathrm{p}}}}$ 为能够应用欧拉公式的压杆柔度界限值。通常将满足条件 $\lambda \geqslant \lambda_{\mathrm{p}}$ 的压杆称为**大柔度杆**或**细长压杆**;而对于 $\lambda < \lambda_{\mathrm{p}}$ 的压杆,则不能应用欧拉公式。

压杆的 λ_{p} 值取决于材料的力学性能。例如对于 Q235 钢,$E = 206$ GPa,$\sigma_{\mathrm{p}} = 200$ MPa,则由式(15-6)可得

$$\lambda_{\mathrm{p}} = \pi \sqrt{\frac{E}{\sigma_{\mathrm{p}}}} = \pi \sqrt{\frac{206 \times 10^9}{200 \times 10^6}} \approx 100$$

因而用 Q235 钢制成的压杆,只有当柔度 $\lambda \geqslant 100$ 时,才能应用欧拉公式计算临界力或临界应力。一些常用材料的 λ_{p} 值见表 15-2。

表 15-2 一些常用材料的 a、b、λ_{p}、λ_s 值

材　　料	a/MPa	b/MPa	λ_{p}	λ_s
Q235 钢($\sigma_s = 235$ MPa,$\sigma_b = 372$ MPa)	304	1.12	100	61.4
优质碳钢($\sigma_s = 306$ MPa,$\sigma_b = 470$ MPa)	460	2.57	100	60
硅钢($\sigma_s = 353$ MPa,$\sigma_b \geqslant 510$ MPa)	577	3.74	100	60
铬钼钢	980	5.29	55	0
硬铝	392	3.26	50	0
松木	28.7	0.199	59	0

例题 15-1 图 15-7 所示各杆均为圆截面细长压杆($\lambda > \lambda_{\mathrm{p}}$)。已知各杆所用的材料和截面均相同,各杆的长度如图所示,哪根杆能够承受的压力最大,哪根最小?

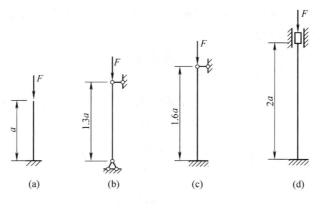

图 15-7

解 比较各杆的承载能力只需比较各杆的临界力,因为各杆均为细长杆,因此都可以用欧拉公式计算临界力:

$$F_{cr} = \frac{\pi^2 EI}{(\mu l)^2}$$

由于各杆的材料和截面都相同,所以只需比较各杆的计算长度 μl 即可。

(a): $$\mu l = 2 \times a = 2a$$

(b): $$\mu l = 1 \times 1.3a = 1.3a$$

(c): $$\mu l = 0.7 \times 1.6a = 1.12a$$

(d): $$\mu l = 0.5 \times 2a = a$$

临界力与 μl 的平方成反比,所以杆(d)能够承受的压力最大,杆(a)能够承受的压力最小。

例题 15-2 图 15-8 所示直径 20 mm 的圆截面压杆,已知杆长 $l = 0.5$ m, $E = 206$ GPa, $\sigma_p = 200$ MPa,试求该压杆的临界力。

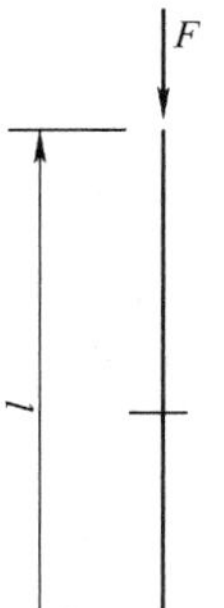

解 根据圆截面特性可知

$$I = \frac{\pi d^4}{64} = 0.79 \times 10^{-8} \text{ m}^4, A = \frac{\pi d^2}{4}$$

最小惯性半径为

$$i = \sqrt{\frac{I}{A}} = \frac{d}{4} = \frac{0.02}{4} = 0.005 \text{ m}$$

然后,计算压杆的柔度,由式(15-4)可以计算出其柔度

$$\lambda = \frac{\mu l}{i} = \frac{2 \times 0.5}{0.5 \times 10^{-2}} = 200$$

图 15-8

且

$$\lambda_p = \pi \sqrt{\frac{E}{\sigma_p}} = \pi \sqrt{\frac{206 \times 10^9}{200 \times 10^6}} \approx 100$$

由 $\lambda > \lambda_p$ 可见该压杆属于大柔度杆,可以使用欧拉公式计算其临界力:

$$F_{cr} = \frac{\pi^2 EI}{(\mu l)^2} = \frac{\pi^2 \times 206 \times 10^9 \times 0.79 \times 10^{-8}}{(2 \times 0.5)^2} = 16 \times 10^3 \text{ N} = 16 \text{ kN}$$

例题 15 - 3 图 15 - 9 所示一矩形截面的细长压杆,其两端用柱形铰与其他构件相连接。压杆的材料为 Q235 钢,$E = 210$ GPa。

(1)若 $l = 2.3$ m,$b = 40$ mm,$h = 60$ mm,试求其临界力;

(2)试确定截面尺寸 b 和 h 的合理关系。

解 (1)若压杆在 xy 平面内失稳,则杆端约束条件为两端铰支,长度系数 $\mu_1 = 1$,惯性半径

$$i_z = \sqrt{\frac{I_z}{A}} = \sqrt{\frac{bh^3/12}{bh}} = \frac{h}{\sqrt{12}} = \frac{60}{\sqrt{12}} = 17.3 \text{ mm}$$

故

$$\lambda_1 = \frac{\mu_1 l}{i_z} = \frac{1 \times 2.3}{17.3 \times 10^{-3}} = 133$$

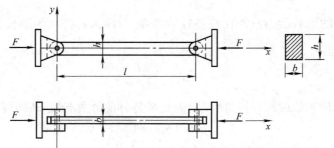

图 15 - 9

若压杆在 xz 平面内失稳,则杆端约束条件为两端固定,长度系数 $\mu_2 = 0.5$,惯性半径

$$i_y = \sqrt{\frac{I_y}{A}} = \sqrt{\frac{hb^3/12}{bh}} = \frac{b}{\sqrt{12}} = \frac{40}{\sqrt{12}} = 11.5 \text{ mm}$$

故

$$\lambda_2 = \frac{\mu_2 l}{i_y} = \frac{0.5 \times 2.3}{11.5 \times 10^{-3}} = 100$$

由于 $\lambda_1 > \lambda_2$,因此该杆失稳时将在 xy 平面内弯曲。该杆属于细长杆,可用欧拉公式计算其临界力

$$F_{cr} = \frac{\pi^2 E I_z}{(\mu_1 l)^2} = \frac{\pi^2 E bh^3/12}{(\mu_1 l)^2} = \frac{\pi^2 \times 210 \times 10^9 \times 0.04 \times 0.06^3/12}{(1 \times 2.3)^2} = 282 \times 10^3 \text{ N} = 282 \text{ kN}$$

(2)若压杆在 xy 平面内失稳,其临界力

$$F'_{cr} = \frac{\pi^2 E I_z}{l^2} = \frac{\pi^2 E bh^3}{12l^2}$$

若压杆在 xz 平面内失稳,其临界力

$$F''_{cr} = \frac{\pi^2 E I_y}{(0.5l)^2} = \frac{\pi^2 E hb^3}{3l^2}$$

截面的合理尺寸应使压杆在 xy 和 xz 两个平面内具有相同的稳定性,即

$$F'_{cr} = F''_{cr}$$

故
$$\frac{\pi^2 E b h^3}{12 l^2} = \frac{\pi^2 E h b^3}{3 l^2}$$

由此可得

$$h = 2b$$

2. 中、小柔度杆的临界应力

如果压杆的柔度 $\lambda < \lambda_p$，则临界应力 σ_{cr} 大于材料的比例极限 σ_p，这时欧拉公式已不适用。对于这类压杆通常采用以试验结果为依据的经验公式。常用的经验公式有直线公式和抛物线公式两种。

（1）直线公式

$$\sigma_{cr} = a - b\lambda \tag{15-7}$$

式中：a 和 b 是与材料力学性能有关的常数，一些常用材料 a 和 b 的值见表 15-2。

显然临界应力不能大于极限应力（塑性材料为屈服极限，脆性材料为强度极限），因此直线型经验公式也有其适用范围。应用式（15-7）时，柔度 λ 应有一个最低界限，对于塑性材料

$$\lambda_s = \frac{a - \sigma_s}{b}$$

$\lambda_s \leqslant \lambda < \lambda_p$ 的压杆可使用直线型经验公式（15-7）计算其临界应力，这样的压杆称为**中柔度杆**或**中长压杆**，一些常用材料的 λ_s 值可在表 15-2 中查到。对于脆性材料可用 σ_b 代替 σ_s 而得到 λ_b。

$\lambda < \lambda_s$ 的压杆称为**小柔度杆**或**短粗杆**，对于小柔度杆不会因失稳而破坏，只会因压应力达到极限应力而破坏，属于强度破坏，因此小柔度杆的临界应力为极限应力，$\sigma_{cr} = \sigma_u$。

（2）抛物线公式

$$\sigma_{cr} = \sigma_u - a\lambda^2 \tag{15-8}$$

式中：a 是与材料力学性能有关的常数。

在我国钢结构设计规范中，对以 σ_s 为极限应力的材料制成的中长杆提出了如下的抛物线型经验公式：

$$\sigma_{cr} = \sigma_s \left[1 - \alpha \left(\frac{\lambda}{\lambda_c} \right)^2 \right] \quad (\lambda < \lambda_c) \tag{15-9}$$

式（15-9）的适用范围是 $\lambda < \lambda_c$。对于 Q235 钢和 16 锰钢，式中的系数 $\alpha = 0.43$，$\lambda_c = \pi\sqrt{\dfrac{E}{0.57\sigma_s}}$，$\lambda_c$ 值取决于材料的力学性能，例如对于 Q235 钢，$\lambda_c = 123$。

3. 压杆的临界应力总图

由上述讨论可知，压杆的临界应力 σ_{cr} 的计算与柔度 λ 有关，在不同的 λ 范围内计算方法也不相同。压杆的临界应力 σ_{cr} 与柔度 λ 之间的关系曲线称为压杆的**临界应力总图**。

①图 15-10 是直线型经验公式的临界应力总图。

当 $\lambda \geqslant \lambda_p$ 时，压杆为细长杆或大柔度杆，其临界应力 $\sigma_{cr} \leqslant \sigma_p$，可用欧拉公式计算。

当 $\lambda_s \leqslant \lambda < \lambda_p$ 时，压杆为中长杆或中柔度杆，其临界应力 $\sigma_{cr} > \sigma_p$，可用直线型经验公式（15-7）计算。

当 $\lambda < \lambda_s$ 时,压杆为短粗杆或小柔度杆,其临界应力 $\sigma_{cr} = \sigma_u$,应按强度问题处理。

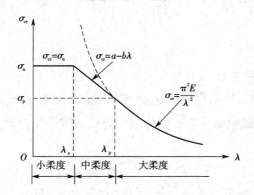

图 15-10　直线型经验公式的压杆临界应力总图

②图 15-11 是抛物线型经验公式的临界应力总图。在工程实际中,并不一定用 σ_p 来分界,而是用 $\sigma_c = 0.57\sigma_s$ 来分界,即

当 $\lambda \geqslant \lambda_c$ 时,压杆的临界应力 $\sigma_{cr} \leqslant \sigma_c$,可用欧拉公式计算;

当 $\lambda < \lambda_c$ 时,压杆的临界应力按经验公式(15-8)或(15-9)计算。

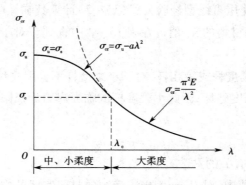

图 15-11　抛物线型经验公式的压杆临界应力总图

15.5　压杆的稳定计算

1. 压杆的稳定许用应力、折减系数

与压杆的强度计算相似,在对压杆进行稳定计算时,不能使压杆的实际工作应力达到临界应力 σ_{cr},需要确定一个适当低于临界应力的**稳定许用应力** $[\sigma_{cr}]$,即

$$[\sigma_{cr}] = \frac{\sigma_{cr}}{n_{st}}$$

式中:n_{st} 为稳定安全系数,其值随压杆的柔度 λ 而变化,一般来说 n_{st} 随着柔度 λ 的增大而增大。工程实际中的压杆都不同程度地存在着某些缺陷,严重地影响了压杆的稳定性,因此稳定安全系数一般规定得比强度安全系数要大些。例如对于一般钢构件,其强度安全系数规定为 1.4~1.7,而稳定安全系数规定为 1.5~2.2,甚至更大。

为了计算方便,将稳定许用应力 $[\sigma_{cr}]$ 与强度许用应力 $[\sigma]$ 之比用 φ 来表示,即

$$\varphi = \frac{[\sigma_{cr}]}{[\sigma]}$$

或

$$[\sigma_{cr}] = \varphi[\sigma]$$

式中: φ 称为**折减系数**或**稳定系数**,因 σ_{cr} 和 n_{st} 均随压杆的柔度而变化,因此 φ 是 λ 的函数,即 $\varphi = \varphi(\lambda)$,其值在 $0 \sim 1$。为计算方便,将几种常用材料的折减系数 φ 列于表 15－3 中。

表 15－3　折减系数 φ

λ	φ			
	Q235 钢	16Mn 钢	铸铁	木材
0	1.000	1.000	1.00	1.000
10	0.995	0.993	0.97	0.971
20	0.981	0.973	0.91	0.932
30	0.958	0.940	0.81	0.883
40	0.927	0.895	0.69	0.822
50	0.888	0.840	0.57	0.757
60	0.842	0.776	0.44	0.668
70	0.789	0.705	0.34	0.575
80	0.731	0.627	0.26	0.470
90	0.669	0.546	0.20	0.370
100	0.604	0.462	0.16	0.300
110	0.536	0.384	—	0.248
120	0.466	0.325	—	0.208
130	0.401	0.279	—	0.178
140	0.349	0.242	—	0.153
150	0.306	0.213	—	0.133
160	0.272	0.188	—	0.117
170	0.243	0.168	—	0.104
180	0.218	0.151	—	0.093
190	0.197	0.136	—	0.083
200	0.180	0.124	—	0.075
210	0.164	0.113	—	0.068
220	0.151	0.104	—	0.062
230	0.139	0.096	—	0.057
240	0.129	0.089	—	0.052
250	0.120	0.082	—	0.048

2. 压杆的稳定条件

压杆的稳定条件是使压杆的实际工作压应力不能超过稳定许用应力 $[\sigma_{cr}]$,即

$$\frac{F}{A} \le [\sigma_{cr}]$$

（1）折减系数表示法

引用折减系数 φ，压杆的稳定条件可写为

$$\frac{F}{A} \le \varphi[\sigma] \qquad\qquad (15-10\text{a})$$

或

$$\frac{F}{\varphi A} \le [\sigma] \qquad\qquad (15-10\text{b})$$

（2）稳定安全系数表示法

由 $\dfrac{F}{A} \le [\sigma_{cr}]$，$[\sigma_{cr}] = \dfrac{\sigma_{cr}}{n_{st}}$ 两式可得

$$F \le \frac{A\sigma_{cr}}{n_{st}} = \frac{F_{cr}}{n_{st}} \qquad\qquad (15-10\text{c})$$

与强度计算类似，稳定性计算主要解决三方面的问题：①稳定性校核；②选择截面；③确定许用荷载。

需要说明，截面的局部削弱对整个杆件的稳定性影响不大，因此在稳定计算中横截面面积一般按毛面积进行稳定计算，但需要对该处进行强度校核。再者，因为压杆的折减系数 φ（或柔度 λ）受截面形状和尺寸的影响，因此在压杆的截面设计过程中，不能通过稳定条件求得两个未知量，通常采用试算法，如例题 15-5 所示。

例题 15-4　图 15-12(a)所示结构由两根材料和直径均相同的圆杆组成，杆的材料为 Q235 钢，已知 $h = 0.4$ m，直径 $d = 20$ mm，材料的强度许用应力 $[\sigma] = 170$ MPa，荷载 $F = 15$ kN，试校核两杆的稳定性。

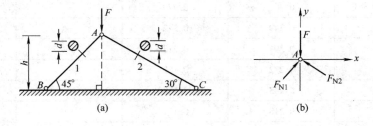

图 15-12

解　为校核两杆的稳定性，首先需要计算每个杆所承受的压力，为此考虑节点 A 的平衡，其平衡方程为

$$\sum F_x = 0, \quad F_{N1}\cos 45° - F_{N2}\cos 30° = 0$$

$$\sum F_y = 0, \quad F_{N1}\sin 45° + F_{N2}\sin 30° - F = 0$$

由此解得两杆所受的压力分别为

$$F_{N1} = 0.896F = 13.44 \text{ kN}$$

$$F_{N2} = 0.732F = 10.98 \text{ kN}$$

两杆的长度分别为

$$l_1 = h / \sin 45° = 0.566 \text{ m}$$
$$l_2 = h / \sin 30° = 0.8 \text{ m}$$

两杆的柔度分别为

$$\lambda_1 = \frac{\mu l_1}{i} = \frac{\mu l_1}{d/4} = \frac{1 \times 0.566}{0.02/4} = 113$$

$$\lambda_2 = \frac{\mu l_2}{i} = \frac{\mu l_2}{d/4} = \frac{1 \times 0.8}{0.02/4} = 160$$

查表 15-3,并插值可得两杆的折减系数分别为

$$\varphi_1 = 0.536 + (0.460 - 0.536) \times \frac{3}{10} = 0.515$$

$$\varphi_2 = 0.272$$

对两杆分别进行稳定性校核:

$$\frac{F_{N1}}{\varphi_1 A} = \frac{13.44 \times 10^3}{0.515 \times \pi \times 0.02^2 / 4} = 83 \times 10^6 \text{ Pa} = 83 \text{ MPa} < [\sigma]$$

$$\frac{F_{N2}}{\varphi_2 A} = \frac{10.98 \times 10^3}{0.272 \times \pi \times 0.02^2 / 4} = 128 \times 10^6 \text{ Pa} = 128 \text{ MPa} < [\sigma]$$

所以两杆均满足稳定条件。

例题 15-5 图 15-13 所示两端铰支的钢柱,已知长度 $l = 2$ m,承受轴向压力 $F = 500$ kN,材料的许用应力 $[\sigma] = 160$ MPa。

(1)若选用工字形截面,试选择工字钢型号。

(2)若采用实心圆截面,且折减系数按 $\varphi = 0.9$ 进行设计,试确定直径 d。

解 (1)在稳定条件式(15-10a)中,不能同时确定两个未知量 A 与 φ,因此必须采用试算法。

第一次试算:假设 $\varphi_1 = 0.5$,根据稳定条件式(15-10a)

$$A_1 \geq \frac{F}{\varphi_1 [\sigma]} = \frac{500 \times 10^3}{0.5 \times 160 \times 10^6} = 62.5 \times 10^{-4} \text{ m}^2$$

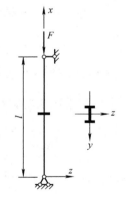

图 15-13

查型钢表,试选 28b 号工字钢,其横截面面积 $A_1' = 61.5 \text{ cm}^2$,最小惯性半径 $i_{min} = i_y = 2.49$ cm,于是

$$\lambda_1 = \frac{\mu l}{i_y} = \frac{1 \times 2}{2.49 \times 10^{-2}} = 80$$

查表 15-3 得 $\varphi_1' = 0.731$,由于 φ_1' 与 φ_1 相差较大,因此必须进行第二次试算。

第二次试算:假设

$$\varphi_2 = \frac{1}{2}(\varphi_1 + \varphi_1') = \frac{1}{2}(0.5 + 0.731) = 0.616$$

根据稳定条件式(15-10a)

$$A_2 \geqslant \frac{F}{\varphi_2[\sigma]} = \frac{500 \times 10^3}{0.616 \times 160 \times 10^6} = 50.73 \times 10^{-4} \text{ m}^2$$

再选 25a 号工字钢,其横截面面积 $A_2' = 48.5 \text{ cm}^2$,最小惯性半径 $i_{\min} = i_y = 2.40 \text{ cm}$,于是

$$\lambda_2 = \frac{\mu l}{i_y} = \frac{1 \times 2}{2.40 \times 10^{-2}} = 83$$

查表 15-3 并插值

$$\varphi_2' = 0.731 + (0.669 - 0.731) \times \frac{3}{10} = 0.712$$

φ_2' 与 φ_2 相差仍较大,因此还需进行第三次试算。

第三次试算:假设

$$\varphi_3 = \frac{1}{2}(\varphi_2 + \varphi_2') = \frac{1}{2}(0.616 + 0.712) = 0.664$$

根据稳定条件式(15-10a)

$$A \geqslant \frac{F}{\varphi_3[\sigma]} = \frac{500 \times 10^3}{0.664 \times 160 \times 10^6} = 47.06 \times 10^{-4} \text{ m}^2$$

再选 22b 工字钢,其横截面面积 $A_3' = 46.4 \text{ cm}^2$,最小惯性半径 $i_{\min} = i_y = 2.27 \text{ cm}$,于是

$$\lambda_3 = \frac{1 \times 2}{2.27 \times 10^{-2}} = 88$$

$$\varphi_3' = 0.731 + (0.669 - 0.731) \times \frac{8}{10} = 0.681$$

此时 φ_3' 与 φ_3 已经相差不大,可以进行稳定校核,即

$$\frac{F}{\varphi_3' A_3'} = \frac{500 \times 10^3}{0.681 \times 46.4 \times 10^{-4}} = 158.2 \times 10^6 \text{ Pa} = 158.2 \text{ MPa} < [\sigma]$$

最后选定 22b 号工字钢。

(2)若采用实心圆截面,则横截面面积 $A = \frac{\pi d^2}{4}$,将其代入稳定条件式(15-10a)得

$$d \geqslant \sqrt{\frac{4F}{\pi \varphi [\sigma]}} = \sqrt{\frac{4 \times 500 \times 10^3}{3.14 \times 0.9 \times 160 \times 10^6}} = 0.0665 \text{ m} = 66.5 \text{ mm}$$

取直径为 67 mm,代入强度条件进行校验如下

$$\frac{F}{A} = \frac{4 \times 500 \times 10^3}{3.14 \times (0.067)^2} = 141.9 \text{ MPa} \leqslant 160 \text{ MPa}$$

可见柱的强度足够。

综上可取截面直径为 67 mm 作为设计值。

例题 15-6 图 15-14(a)所示托架中的 AB 杆为 16 号工字钢,CD 由为两根∟50 mm×50 mm×6 mm 等边角钢组成。已知 $l = 2$ m,$h = 1.5$ m,材料为 Q235 钢,其许用应力 $[\sigma] = 160$ MPa,试求该托架的许用荷载 $[F]$。

解 首先考虑 AB 杆的平衡:

$$\sum M_A = 0, \quad F_{CD} l \sin \alpha - F \frac{3}{2} l = 0$$

其中 $\qquad \sin\alpha = \dfrac{3}{5}, \qquad \cos\alpha = \dfrac{4}{5}$

解得 $\qquad F_{CD} = \dfrac{5}{2}F$

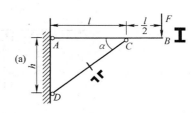

（1）由 CD 杆的稳定性确定许用荷载。

$$\lambda_{CD} = \dfrac{\mu l_{CD}}{i_{min}} = \dfrac{1 \times 2.5}{1.52 \times 10^{-2}} = 164$$

$$\varphi_{CD} = 0.272 + (0.243 - 0.272) \times \dfrac{4}{10} = 0.260$$

$$\begin{aligned} F_{CD} &\leqslant \varphi_{CD}A_{CD}[\sigma] \\ &= 0.260 \times 2 \times 5.688 \times 10^{-4} \times 160 \times 10^{6} \\ &= 47.3 \times 10^{3}\ \text{N} = 47.3\ \text{kN} \end{aligned}$$

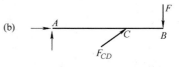

由此可得

$$F = \dfrac{2}{5}F_{CD} \leqslant 18.9\ \text{kN}$$

图 15－14

（2）由 AB 杆的强度确定许用荷载。

AB 杆为拉弯组合受力状态，其弯矩图和轴力图分别如图 15－14(c)和(d)所示，可见截面 $C_{左}$ 为危险截面，由此可以建立强度条件：

$$\sigma_{max} = \dfrac{F_{NAC}}{A_{AB}} + \dfrac{M_C}{W} \leqslant [\sigma]$$

又 $\qquad F_{NAC} = F_{CD}\cos\alpha = 2F, \qquad M_C = \dfrac{1}{2}Fl$

故 $\qquad \dfrac{2F}{A_{AB}} + \dfrac{Fl/2}{W} \leqslant [\sigma]$

于是 $\qquad F \leqslant \dfrac{[\sigma]}{\dfrac{2}{A_{AB}} + \dfrac{l}{2W}} = \dfrac{160 \times 10^{6}}{\dfrac{2}{26.1 \times 10^{-4}} + \dfrac{2}{2 \times 141 \times 10^{-6}}} = 20.4 \times 10^{3}\ \text{N} = 20.4\ \text{kN}$

通过比较，该托架的许用荷载 $[F] = 18.9\ \text{kN}$。

例题 15－7 图 15－15 所示结构中，分布荷载 $q = 20\ \text{kN/m}$，矩形截面梁 AB 宽 $b = 90\ \text{mm}$，高 $h = 130\ \text{mm}$，柱 CD 的截面为圆形，直径 $d = 80\ \text{mm}$。梁和柱的材料均选用 Q235 钢，$\lambda_p = 100$，其许用应力 $[\sigma] = 160\ \text{MPa}$，若稳定安全系数 $n_{st} = 3$。试校核结构的安全。

解 首先考虑 AB 梁的平衡，受力如图 15－15(b)所示。由平衡方程可解得 $F_A = 37.5\ \text{kN}$，$F_C = 62.5\ \text{kN}$。

（1）梁 AB 的强度校核。

作梁的弯矩图可得

$$M_{max} = 35.2\ \text{kN} \cdot \text{m}$$

梁的最大弯曲正应力为

$$\sigma_{max} = \dfrac{M_{max}}{W} = \dfrac{6M_{max}}{bh^2} = \dfrac{6 \times 35.2 \times 10^{3}}{90 \times 10^{-3} \times (130 \times 10^{-3})^2} = 138.9 \times 10^{6}\ \text{Pa} = 138.9\ \text{MPa} < [\sigma]$$

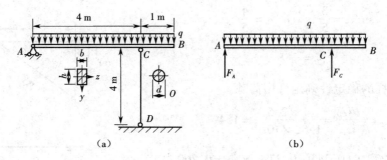

（a）   （b）

图 15 – 15

所以，梁的强度足够。

（2）柱 CD 的稳定性校核。

柱的轴向压力为 $F_{NCD} = F_C = 62.5$ kN，且柱两端铰支，$\mu = 1$，$i = d/4 = 20$ mm，则

$$\lambda_{CD} = \frac{\mu l_{CD}}{i} = \frac{1 \times 4}{20 \times 10^{-3}} = 200 > \lambda_p$$

故 CD 杆是大柔度杆，由欧拉公式可得

$$F_{cr} = \frac{\pi^2 EI}{(\mu l)^2} = \frac{\pi^2 E \pi d^4 / 64}{(\mu l)^2} = \frac{\pi^2 \times 200 \times 10^9 \times \pi \times (80 \times 10^{-3})^4 / 64}{(1 \times 4)^2} = 248 \times 10^3 \text{ N} = 248 \text{ kN}$$

由式（15 – 10c）可得

$$F_C = 62.5 \text{ kN} < \frac{F_{cr}}{n_{st}} = \frac{248}{3} = 82.7 \text{ kN}$$

柱的稳定性足够，所以该结构安全。

思 考 题

15 – 1   在 15.2 节中对两端铰支细长压杆，按图（a）所示的坐标系及挠曲线形状，推导出欧拉公式 $F_{cr} = \dfrac{\pi^2 EI}{l^2}$。试问如分别取图（b）、（c）、（d）所示的坐标系及挠曲线形状时，挠曲线微分方程及所得到的 F_{cr} 公式与图（a）情况下得到的结果是否相同？

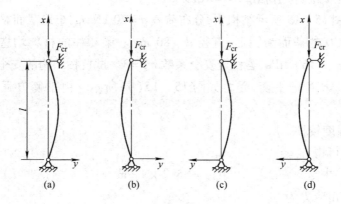

（a）   （b）   （c）   （d）

思考题 15 – 1 图

15 - 2　欧拉公式在什么范围内适用？如果把中长杆误认为细长杆应用欧拉公式计算其临界力,会导致什么后果?

15 - 3　图示 8 种截面形态的细长压杆,如果各方向的支承条件相同,试问压杆失稳时会在哪个方向弯曲?

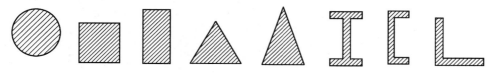

思考题 15 - 3 图

15 - 4　两根压杆的材料、长度与杆端的支承条件均相同,横截面面积也相同,但其中一个为圆形截面,另一个为正方形截面,试问哪一根杆能够承受的压力较大?

15 - 5　若两根压杆的材料相同且柔度相等,这两根压杆的临界应力是否一定相等,临界力是否一定相等?

15 - 6　由两个型号相同的不等边角钢组成的中心受压杆件,有下面两种布置方案,在两端约束条件相同的情况下,哪种布置合理? 为什么?

15 - 7　与上题类似由两个型号相同的等边角钢组成的中心受压杆件,图中的两种布置方案,哪种布置合理? 为什么?

思考题 15 - 6 图　　　　　　　　思考题 15 - 7 图

15 - 8　为什么在选择压杆的截面时,必须采用试算方法。

本章习题和习题答案请扫二维码。

第 16 章 动 荷 载

16.1 概 述

在以前各章中讨论了构件在**静荷载**作用下的强度、刚度和稳定性的问题。在以前各章中，讨论了构件在**静荷载**作用下的强度、刚度和稳定性的问题。所谓静荷载，就是加载过程缓慢，其大小从零缓慢地增加到一定数值后不再随时间而变化的荷载。也就是说，在加载过程中构件的加速度为零，始终处于平衡状态。在静荷载作用下，可以不考虑惯性力及动能的影响。而对于实际工程问题，只要外力加载的加速度比较小，可以忽略不计时，均可简化为静荷载问题。与此相反，若加载时加速度较大，或者构件自身运动加速度较大，或者荷载大小和方向随时间变化，则构件在变形过程中，由加速度引起的惯性力或动能的影响不能忽略，这就是**动荷载**问题。常见的动荷载问题有以下几种：

① 由加速度产生的**惯性力**，包括构件作加速运动及等速转动时的动应力计算；

② **冲击荷载**，这种荷载的特点是在瞬时内就将荷载加到被冲击物上面；

③ **振动荷载**，这种荷载的特点是其大小和方向都随时间作周期性变化。

构件在动荷载作用下产生的应力称为**动应力**，通常动应力会大大超过对应的**静应力**，因此必须重视动应力的计算。

在工程实际中经常遇到动荷载问题，例如起重机以一定的加速度起吊重物时，重物对吊索的作用力；打桩机工作时，锤头对混凝土桩的冲击荷载在桩内所产生的动应力；厂房结构在机器运转时所受到的振动；地震力对建筑物的作用等。

试验研究表明，金属及其他具有结晶结构的固体当动应力不超过弹性极限时，动荷载下的应力—应变关系仍符合胡克定律，且动荷载下的弹性模量与静荷载下的弹性模量 E 相等，所以静荷载下的胡克定律可直接应用于动荷载问题。

本章主要讨论惯性力和冲击荷载两种动荷载问题。

16.2 惯性力问题

构件作加速运动或转动时，构件内将产生惯性力。解决这类动荷载问题最简单的方法是**动静法**，即除外加荷载外，再在构件的各点处加上假想的惯性力，该力的方向与加速度的方向相反，该力的数值等于质量与加速度的乘积，然后用求解静荷载问题的方法计算构件的动应力。本节只讨论构件作等加速直线运动或等速转动时，动应力的计算问题。

1. 构件作等加速直线运动

以等加速起吊构件为例说明这种动应力的计算方法。图 16 – 1(a)所示一被起吊的构件，其长度为 l，横截面面积为 A，材料的密度为 ρ。构件在缆绳的牵引下以加速度 a 上升，现在研究构件的任一横截面上的内力和正应力。

在构件上作任一截面 I — I，取其下面部分为脱离体，其长度为 x，受力和运动情况如图 16 – 1(b)所示。构件的自重线荷载为 $\rho g A$，根据动静法，将均布的惯性力 $\rho A a$（其方向与加速度 a 的方向相反）加到物体上，受力图如图 16 – 1(c)所示。由平衡方程 $\sum F_x = 0$，得

$$F_{Nd} - \rho g A x - \rho A x a = 0$$

于是杆内的动轴力

$$F_{Nd} = \rho g A \left(1 + \frac{a}{g}\right) x \qquad (16 - 1)$$

图 16 – 1(d)为在动荷载作用下构件的轴力图。杆内**动应力**

$$\sigma_d = \frac{F_{Nd}}{A} = \rho g \left(1 + \frac{a}{g}\right) x \qquad (16 - 2)$$

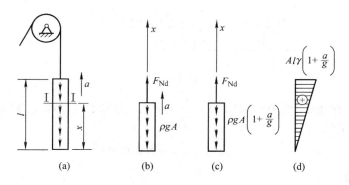

图 16 – 1

对应的静内力和静应力分别为

$$F_{st} = \rho g A x$$

$$\sigma_{st} = \rho g x$$

将动内力、动应力与静内力、静应力进行比较，可以发现前者等于后者乘以一个系数，称为**动荷系数**，用 K_d 表示。在等加速直线运动时，动荷系数

$$K_d = 1 + \frac{a}{g} \qquad (16 - 3)$$

式(16 – 1)和式(16 – 2)可写成

$$F_{Nd} = K_d F_{st} \qquad (16 - 4)$$

$$\sigma_{Nd} = K_d \sigma_{st} \qquad (16 - 5)$$

同样，在弹性范围内，变形和应变也有类似的结论，即

$$\Delta l_d = K_d \Delta l_{st} \qquad (16 - 6)$$

$$\varepsilon_d = K_d \varepsilon_{st} \qquad (16 - 7)$$

强度条件为

$$\sigma_{\mathrm{d}} = K_{\mathrm{d}}\sigma_{\mathrm{st}} \le [\sigma] \qquad (16-8)$$

这里的$[\sigma]$在有关规范中确定,或者仍用静荷载下的许用应力$[\sigma]$。

例题 16-1 一根长度 $l = 12$ m 的 16 号工字钢,用钢索起吊,如图 16-2(a)所示,并以等加速度 $a = 10$ m/s^2 上升。试求工字钢在危险点处的动应力 $\sigma_{\mathrm{d,max}}$。若要使工字钢中的 $\sigma_{\mathrm{d,max}}$ 减至最小,位置应如何安置?

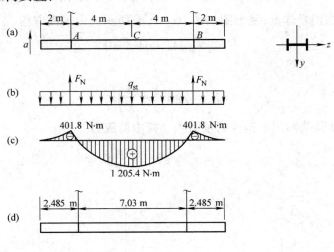

图 16-2

解 在静荷载作用下,受力图如图 16-2(b)所示,静荷载的集度 q_{st}即为工字钢单位长度的重量,查型钢表可得

$$q_{\mathrm{st}} = 20.5 \times 9.8 = 200.9 \ \mathrm{N/m}$$

每根吊索的静轴力

$$F_{\mathrm{N}} = \frac{1}{2} \times 200.9 \times 12 = 1\ 205.4 \ \mathrm{N}$$

图 16-2(c)为静荷载作用下的弯矩图,最大弯矩发生在截面 C 处,其值为

$$M_C = 1\ 205.4 \times 4 - \frac{1}{2} \times 200.9 \times 6^2 = 1\ 205.4 \ \mathrm{N \cdot m}$$

工字钢危险截面上危险点处的静应力

$$\sigma_{\mathrm{st,max}} = \frac{M_{\mathrm{max}}}{W_z} = \frac{1\ 205.4}{21.2 \times 10^{-6}} = 56.86 \times 10^6 \ \mathrm{Pa} = 56.86 \ \mathrm{MPa}$$

以等加速度起吊工字钢时,动荷系数

$$K_{\mathrm{d}} = 1 + \frac{a}{g} = 1 + \frac{10}{9.8} = 2.02$$

由此可得工字钢危险截面危险点处的动应力

$$\sigma_{\mathrm{d,max}} = K_{\mathrm{d}}\sigma_{\mathrm{st,max}} = 2.02 \times 56.86 = 115 \ \mathrm{MPa}$$

若要使工字钢中的 $\sigma_{\mathrm{d,max}}$ 减至最小,即使工字钢的最大弯矩减至最小,为此可将吊索向跨中移动,使工字钢梁在吊索处的负弯矩与跨中的正弯矩数值相等,这就是最佳的起吊位置,如

图 16 -2(d)所示。此时吊索处距梁端的距离为 $\frac{\sqrt{2}-1}{2}l = 2.485$ m，若仍以等加速度 $a = 10$ m/s² 起吊，则 $\sigma_{\mathrm{st,max}} = 29.27$ MPa, $\sigma_{\mathrm{d,max}} = 59.12$ MPa

2. 构件作等速转动

以等速转动的薄壁圆环为例说明这种动应力的计算方法。图 16 -3(a)所示的薄壁圆环绕通过其圆心且垂直于圆环平面的轴作等速转动，角速度为 ω，已知圆环的平均直径为 D，横截面面积为 A，材料的密度为 ρ，下面讨论径向横截面上的应力。

由于圆环作等角速度转动，因而环内只有向心加速度。又因为环壁很薄，可近似认为圆环内各质点向心加速度的大小都相等，都等于圆环轴线上点的向心加速度 $\frac{D\omega^2}{2}$。于是，根据动静法，作用于圆环上的惯性力可简化为沿圆环轴线均匀分布的线分布力，其方向远离转动中心，如图 16 -3(b)所示。

沿圆环轴线均匀分布的惯性力集度

$$q_{\mathrm{d}} = \frac{1}{2}\rho A D\omega^2 \qquad (16-9)$$

将圆环沿一直径用一假想截面截成两部分，取其中一部分为脱离体，如图 16 -3(c)所示，由平衡方程 $\sum F_y = 0$ ，可得

$$\int_s q_{\mathrm{d}}\sin\varphi\,\mathrm{d}s - 2F_{\mathrm{Nd}} = 0$$

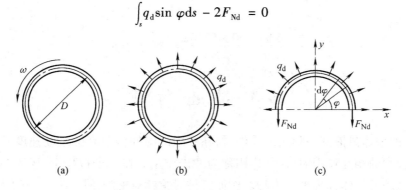

图 16 -3

将式(16 -9)代入上式，进行积分

$$F_{\mathrm{Nd}} = \frac{1}{2}\int_0^\pi \frac{1}{2}\rho A D\omega^2 \frac{D}{2}\sin\varphi\,\mathrm{d}\varphi = \frac{1}{4}\rho A D^2\omega^2$$

由于环壁很薄，因此可认为截面上正应力均匀分布，于是有

$$\sigma_{\mathrm{d}} = \frac{F_{\mathrm{Nd}}}{A} = \frac{1}{4}\rho D^2\omega^2 \qquad (16-10)$$

圆环在等速转动时的强度条件是

$$\sigma_{\mathrm{d}} = \frac{1}{4}\rho D^2\omega^2 \leqslant [\sigma] \qquad (16-11)$$

例题 16 -2 图 16 -4 所示一铸铁制圆环形飞轮。已知飞轮的平均直径 $D = 2.5$ m，圆环

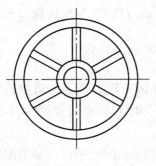

图 16-4

的厚度远小于平均直径 D, 铸铁的密度 $\rho = 7.45 \times 10^3 \ \mathrm{kg/m^3}$, 许用拉应力 $[\sigma_t] = 40 \ \mathrm{MPa}$, 试求:

(1) 当飞轮以 $n = 360 \ \mathrm{r/min}$ 作等速转动时, 轮缘内的动应力;

(2) 飞轮的容许最大转速。(计算时可忽略轮幅的影响。)

解 (1) 飞轮的角速度

$$\omega = \frac{2\pi n}{60} = \frac{2\pi \times 360}{60} = 37.70 \ \mathrm{rad/s}$$

轮缘内的动应力

$$\sigma_d = \frac{1}{4}\rho D^2 \omega^2 = \frac{1}{4} \times 7.45 \times 10^3 \times 2.5^2 \times 37.70^2$$

$$= 16.54 \times 10^6 \ \mathrm{Pa} = 16.54 \ \mathrm{MPa}$$

(2) 计算飞轮的容许最大转速, 根据

$$\sigma_d = \frac{1}{4}\rho D^2 \omega^2 \leqslant [\sigma_t]$$

可得

$$\omega \leqslant \sqrt{\frac{4[\sigma_t]}{\rho D^2}} = \sqrt{\frac{4 \times 40 \times 10^6}{7.45 \times 10^3 \times 2.5^2}} = 58.62 \ \mathrm{rad/s}$$

故容许最大转速

$$n = \frac{60\omega}{2\pi} = \frac{60 \times 58.62}{2 \times \pi} = 560 \ \mathrm{r/min}$$

16.3 冲 击 荷 载

当运动中的物体碰撞到一静止的构件时, 在极短的时间内前者的运动速度发生极大的变化, 从而产生很大的相互作用力, 这种作用称为冲击作用。在冲击过程中, 运动的物体称为冲击物, 而阻止运动的物体称为被冲击物。例如打桩时重锤对桩的作用、河流中的浮冰对桥墩的碰撞等都属于冲击作用。

由于冲击问题的主要特点是结构物受外力作用的时间极短, 加速度的变化剧烈, 因此难以精确地分析某一瞬间被冲击物所受的冲击荷载、冲击应力及变形, 而且其计算过程也非常复杂。在工程实际中, 一般采用能量法解决冲击问题, 这是一种偏于安全的简化计算方法, 下面介绍这种计算方法。

设有重量为 P 的重物从高度 h 自由下落, 冲击到长度为 l、横截面面积为 A 的直杆上(图 16-5(a)), 这里的重物是冲击物, 直杆是被冲击物。在计算被冲击物中的动应力和动变形时, 需作如下几个假设:

①冲击物可以视为刚体, 其变形(或变形能)可以忽略不计, 而且冲击物与被冲击物接触后无回弹, 即碰撞系数取零;

②被冲击物的质量远小于冲击物的质量, 可以忽略不计, 且冲击应力瞬时传遍被冲击物,

整个过程中材料服从广义胡克定律；

③冲击时只有动能和势能的转化，可不考虑其他能量（例如声、热、电等能量）的损失，因此可应用机械能守恒来估算冲击荷载作用下被冲击物的最大动位移 Δ_d 及其冲击应力 σ_d。

下面详细分析冲击的过程。取杆件的自然长度处为零势能位置，重物与杆一起作为一个系统。当重物从高度 h 自由下落至刚接触杆的一瞬间，其速度由零增加至 v，在这段过程中重物的势能完全转换成动能，即

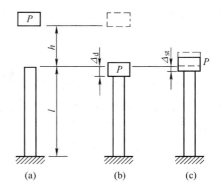

图 16-5

$$Ph = \frac{1}{2}\frac{P}{g}v^2 \qquad (\text{a})$$

从重物刚接触杆的一瞬间，直到杆的变形达到最大值 Δ_d 时，重物的速度降为零，在这段过程中，重物的动能转换成杆的变形能与重物的势能之和（图 16-5（b）），而且杆的动应力在比例极限以内，胡克定律仍然适用，因此

$$\frac{1}{2}\frac{P}{g}v^2 = \frac{1}{2}k\Delta_d^2 - P\Delta_d \qquad (\text{b})$$

由式（a）和式（b）可得

$$\frac{1}{2}k\Delta_d^2 - Ph - P\Delta_d = 0 \qquad (\text{c})$$

式中：k 为杆的刚度系数，有

$$k = \frac{F_d}{\Delta_d} = \frac{P}{\Delta_{st}} \qquad (\text{d})$$

实际上只考虑重物开始下落和杆的变形达到最大值 Δ_d 这两个状态，利用机械能守恒定律即可直接得到式（c）。

将式（d）代入式（c），经化简即得

$$\Delta_d^2 - 2\Delta_{st}\Delta_d - 2h\Delta_{st} = 0 \qquad (\text{e})$$

由式（e）解得 Δ_d 的两个根，取其中大于 Δ_{st} 的根

$$\Delta_d = \Delta_{st}\left(1 + \sqrt{1 + \frac{2h}{\Delta_{st}}}\right) \qquad (16-12)$$

将上式写成

$$\Delta_d = K_d\Delta_{st} \qquad (16-13)$$

其中

$$K_d = 1 + \sqrt{1 + \frac{2h}{\Delta_{st}}} \qquad (16-14)$$

即为冲击荷载作用下的动荷系数。

于是可得冲击荷载

$$F_d = K_d P \qquad (16-15)$$

杆的冲击应力

$$\sigma_{d} = \frac{F_{d}}{A} = K_{d}\frac{P}{A} = K_{d}\sigma_{st} \tag{16-16}$$

由式(16-14)可以看出,当 $h=0$ 时, $K_{d}=2$。这说明重物突然加在杆上时,在杆内引起的动应力是缓慢加载引起的静应力的两倍。

当冲击物以速度 v 从水平方向冲击构件时,仍可应用机械能守恒原理,只是在水平冲击过程中,系统的势能没有变化,即

$$\frac{1}{2}\frac{P}{g}v^{2} = \frac{1}{2}k\Delta_{d}^{2} \tag{f}$$

将式(d)代入式(f),得

$$\Delta_{d} = \Delta_{st}\frac{v}{\sqrt{g\Delta_{st}}} = K_{d}\Delta_{st} \tag{16-17}$$

式中: K_{d} 为水平冲击的动荷系数,有

$$K_{d} = \frac{v}{\sqrt{g\Delta_{st}}} \tag{16-18}$$

上面介绍的计算方法中,没有考虑能量的损失。但是在实际的冲击过程中,不可避免地会有声、热等形式的能量损耗,因而上面用机械能守恒定律计算出的动荷系数 K_{d} 是偏大的,所以这种计算方法是偏于安全的。

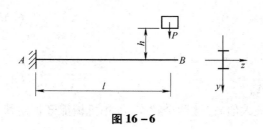

图 16-6

例题 16-3 重量 $P=5$ kN 的重物自高度 $h=10$ mm 处自由下落,冲击到 20b 号工字钢梁上的 B 点处,如图 16-6 所示。已知梁的长度 $l=1.6$ m,钢的端弹性模量 $E=210$ GPa,许用应力 $[\sigma]=170$ MPa,试对该梁进行强度校核。

解 当静荷载 $P=5$ kN 作用在自由端 B 处时,最大正应力发生在截面 A 上距中性轴最远处,即

$$\sigma_{st,max} = \frac{M_{st,max}}{W_{z}} = \frac{Pl}{W_{z}} = \frac{5\times10^{3}\times1.6}{250\times10^{-6}} = 32\times10^{6} \text{ Pa} = 32 \text{ MPa}$$

截面 B 处的静挠度

$$\Delta_{st} = \frac{Pl^{3}}{3EI} = \frac{5\times10^{3}\times1.6^{3}}{3\times210\times10^{9}\times2\,500\times10^{-8}} = 1.3\times10^{-3} \text{ m} = 1.3 \text{ mm}$$

动荷系数

$$K_{d} = 1 + \sqrt{1+\frac{2h}{\Delta_{st}}} = 1 + \sqrt{1+\frac{2\times10}{1.3}} = 5.05$$

由此可以计算出梁内最大正应力

$$\sigma_{d,max} = K_{d}\sigma_{st,max} = 5.05\times32 = 162 \text{ MPa} < [\sigma]$$

所以该梁满足强度条件。

例题 16-4 质量 $m=2\,000$ kg 的物体以 $v=0.5$ m/s,沿水平方向冲击桩柱 AB,如图

16−7 所示。桩柱直径 $d = 300$ mm,弹性模量 $E = 12$ GPa,许
用应力 $[\sigma] = 36$ MPa。

（1）试校核桩柱的强度；

（2）若限定桩柱自由端 B 水平摆幅不超过 50 mm,试确
定物块的水平速度最大值。

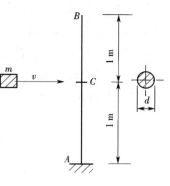

解 这是一个水平冲击问题。

（1）强度校核。

桩束横截面对中性轴的惯性矩为

$$I_z = \frac{\pi d^4}{64} = \frac{\pi \times 0.3^4}{64} = 3.97 \times 10^{-4} \text{ m}^{-4}$$

桩在被冲击点处的位移,在数值等于冲击物重量 mg 的
水平静荷载作用下的静挠度

$$\Delta_{st} = \frac{mg l_{AC}^3}{3EI} = \frac{19.6 \times 10^3 \times 1^3}{3 \times 12 \times 10^9 \times 3.97 \times 10^{-4}} = 0.137 \times 10^{-2} \text{ m} = 1.37 \text{ mm}$$

$M_{st,max}$ 最大静弯矩发生在 A 截面,有

$$M_{st,max} = mg l_{AC} = 19.6 \text{ kN} \cdot \text{m}$$

水平冲击的动荷系数

$$K_d = \frac{v}{\sqrt{g\Delta_{st}}} = \frac{0.5}{\sqrt{9.8 \times 0.137 \times 10^{-2}}} = 4.32$$

重物对桩的冲击荷载为

$$F_d = K_d mg = 4.32 \times 19.6 \times 10^3 = 84.7 \text{ kN}$$

最大冲击应力为

$$\sigma_{d,max} = K_d \frac{M_{st,max} v_{max}}{I_z} = \frac{4.32 \times 19.6 \times 10^3 \times 0.15}{3.97 \times 10^{-4}} = 31.9 \times 10^6 \text{ Pa} = 31.9 \text{ MPa} < [\sigma]$$

桩柱满足强度条件。

（2）设满足条件的物块速度最大值为 v_{max}。

桩柱 B 端的静位移为

$$\Delta_{Bst} = \frac{mg l_{AC}^2}{6EI}(3l_{AB} - l_{AC}) = \frac{5 \times 19.6 \times 10^3}{6 \times 12 \times 10^9 \times 3.97 \times 10^{-4}} = 0.342\,8 \times 10^{-2} \text{ m} = 3.43 \text{ mm}$$

考虑动荷系数后桩柱 B 端的最大位移为

$$K_d \Delta_{Bst} = \frac{v_{max}}{\sqrt{g\Delta_{st}}} \Delta_{Bst} = 5 \times 10^{-2} \text{ m}$$

可解得物块最大速度

$$v_{max} = \frac{\sqrt{g\Delta_{st}}}{\Delta_{Bst}} \times 5 \times 10^{-2} = \frac{\sqrt{9.8 \times 0.137 \times 10^{-2}}}{0.342\,8 \times 10^{-2}} \times 5 \times 10^{-2} = 1.69 \text{ m/s}$$

思 考 题

16−1 有一铸铁制圆环形飞轮,机器开动后飞轮作等速转动时出现了轮缘破裂现象。在

重新设计时采用了加大轮缘截面的办法,试问这种办法是否可以防止破裂现象的发生?

16－2 为什么本节解决冲击问题采用的能量法是一种偏于安全的计算方法?

16－3 下落高度为零的冲击荷载与静荷载这两种作用是否相同?

16－4 重量相同的重物从相同的高度处下落,分别冲击图示的三个杆件,试问哪个杆内产生的动应力最大。

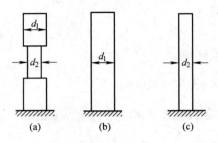

思考题 16－4 图

本章习题和习题答案请扫二维码。

附录Ⅰ 截面的几何性质

计算杆件在外力作用下的应力和变形时,常用到反映横截面的形状和尺寸的量,如拉伸时遇到的横截面面积 A、扭转时遇到的极惯性矩 I_p 等,这些反映横截面的形状和尺寸的量统称为截面的几何性质。下面讨论与本课程有关的一些截面几何性质的定义和计算方法。

Ⅰ.1 截面的静矩和形心位置

如图Ⅰ-1所示平面图形代表一任意截面,在图形平面内建立直角坐标系 zOy。现在图形内取微面积 dA,dA 的形心在坐标系 zOy 中的坐标为 (z,y)。现定义 ydA 和 zdA 为微面积 dA 对 z 轴和 y 轴的**静矩**,而以下两积分

$$\left. \begin{array}{l} S_z = \int_A y\,dA \\ S_y = \int_A z\,dA \end{array} \right\} \qquad (\text{Ⅰ}-1)$$

分别定义为该截面对于 z 轴和 y 轴的静矩。

静矩是截面对某坐标轴而言的,因此一般情况下不同截面对同一坐标轴的静矩是不同的,同一截面对不同坐标轴的静矩一般也是不同的。静矩的数值可能为正,可能为负,也可能为零。静矩常用单位为 m^3 或 mm^3。

静矩可用来确定截面的形心位置。对于一均质的等厚度薄板,其形状与图Ⅰ-1所示的截面形状相同。显然,在 zOy 坐标系中,均质薄板的重心与截面的形心具有相同的坐标 y_C 和 z_C。由静力学中确定物体重心的公式可得

$$y_C = \frac{\int_A y\,dA}{A}$$

$$z_C = \frac{\int_A z\,dA}{A}$$

利用式(Ⅰ-1),上式可写成

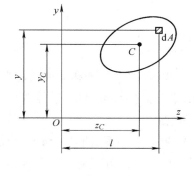

图Ⅰ-1

$$y_C = \frac{\int_A y \mathrm{d}A}{A} = \frac{S_z}{A} \left.\right\}$$

$$z_C = \frac{\int_A z \mathrm{d}A}{A} = \frac{S_y}{A} \left.\right\}$$

$(\mathrm{I}-2)$

或

$$S_z = Ay_C \left.\right\}$$
$$S_y = Az_C \left.\right\}$$

$(\mathrm{I}-3)$

上式表明,截面对某一轴的静矩,数值上等于截面的面积与截面的形心到该轴距离的乘积。当截面形心的位置已知时,可用式($\mathrm{I}-3$)来计算静矩。因为平面图形形心的坐标值 y_C 和 z_C 可能为正、为负或者等于零,所以静矩的值也可能为正、为负或者等于零。如果截面面积和静矩已知,可用式($\mathrm{I}-3$)来确定截面形心位置,此时

$$y_C = \frac{S_z}{A} \left.\right\}$$
$$z_C = \frac{S_y}{A} \left.\right\}$$

$(\mathrm{I}-4)$

很明显,如果 z 轴和 y 轴通过截面形心,则 y_C 和 z_C 都等于零,此时 S_z 和 S_y 也都等于零。即截面对通过其形心轴的静矩等于零。反之,若截面对某轴的静矩等于零,则该轴也一定通过截面形心。

如果一个平面图形是由若干个简单图形组成的组合图形,则由静矩的定义可知,整个图形对某一坐标轴的静矩应该等于各简单图形对同一坐标轴的静矩的代数和,即

$$S_z = \sum_{i=1}^{n} A_i y_{Ci} \left.\right\}$$
$$S_y = \sum_{i=1}^{n} A_i z_{Ci} \left.\right\}$$

$(\mathrm{I}-5)$

式中:A_i、y_{Ci} 和 z_{Ci} 分别表示某一组成部分的面积和其形心坐标;n 为简单图形的个数。

将式($\mathrm{I}-5$)代入式($\mathrm{I}-4$),得到组合图形形心坐标的计算公式为

$$y_C = \frac{\sum_{i=1}^{n} A_i y_{Ci}}{\sum_{i=1}^{n} A_i} \left.\right\}$$

$$z_C = \frac{\sum_{i=1}^{n} A_i z_{Ci}}{\sum_{i=1}^{n} A_i} \left.\right\}$$

$(\mathrm{I}-6)$

例题 Ⅰ-1 图 Ⅰ-2 所示为对称 T 形截面,试求该截面的形心位置。

解 建立直角坐标系 zOy,其中 y 为截面的对称轴。因图形相对于 y 轴对称,其形心一定在该对称轴上,因此 $z_C = 0$,只需计算 y_C 值。将截面分成 Ⅰ、Ⅱ 两个矩形,则

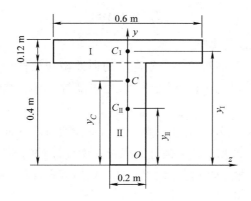

图Ⅰ-2

$$A_{\mathrm{I}} = 0.072 \ \mathrm{m}^2, A_{\mathrm{II}} = 0.08 \ \mathrm{m}^2$$

$$y_{\mathrm{I}} = 0.46 \ \mathrm{m}, y_{\mathrm{II}} = 0.2 \ \mathrm{m}$$

故 $\quad y_C = \dfrac{\sum\limits_{i=1}^{n} A_i y_{Ci}}{\sum\limits_{i=1}^{n} A_i} = \dfrac{A_{\mathrm{I}} y_{\mathrm{I}} + A_{\mathrm{II}} y_{\mathrm{II}}}{A_{\mathrm{I}} + A_{\mathrm{II}}} = \dfrac{0.072 \times 0.46 + 0.08 \times 0.2}{0.072 + 0.08} = 0.323 \ \mathrm{m}$

Ⅰ.2　惯性矩、惯性积和极惯性矩

如图Ⅰ-3所示平面图形代表一任意截面,在图形平面内建立直角坐标系 zOy。现在图形内取微面积 $\mathrm{d}A$,$\mathrm{d}A$ 的形心在坐标系 zOy 中的坐标为 (z,y),它到坐标原点的距离为 ρ。现定义 $y^2\mathrm{d}A$ 和 $z^2\mathrm{d}A$ 为微面积 $\mathrm{d}A$ 对 z 轴和 y 轴的**惯性矩**,$\rho^2\mathrm{d}A$ 为微面积 $\mathrm{d}A$ 对坐标原点的**极惯性矩**,而以下三个积分

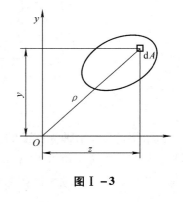

图Ⅰ-3

$$\left.\begin{array}{l} I_z = \displaystyle\int_A y^2\mathrm{d}A \\[2mm] I_y = \displaystyle\int_A z^2\mathrm{d}A \\[2mm] I_{\mathrm{p}} = \displaystyle\int_A \rho^2\mathrm{d}A \end{array}\right\} \qquad （Ⅰ-7）$$

分别定义为该截面对于 z 轴和 y 轴的惯性矩以及对坐标原点的极惯性矩。

由图Ⅰ-3可知,$\rho^2 = y^2 + z^2$,所以有

$$I_{\mathrm{p}} = \int_A \rho^2\mathrm{d}A = \int_A (y^2 + z^2)\mathrm{d}A = I_z + I_y \qquad （Ⅰ-8）$$

即任意截面对一点的极惯性矩,等于截面对以该点为原点的两任意正交坐标轴的惯性矩之和。

另外,微面积 $\mathrm{d}A$ 与它到两轴距离的乘积 $zy\mathrm{d}A$ 称为微面积 $\mathrm{d}A$ 对 y、z 轴的**惯性积**,而积分

$$I_{yz} = \int_A zy\mathrm{d}A \qquad\qquad (\text{I}-9)$$

定义为该截面对于 y、z 轴的惯性积。

从上述定义可知,同一截面对于不同坐标轴的惯性矩和惯性积一般是不同的。惯性矩的数值恒为正值,而惯性积则可能为正,可能为负,也可能等于零。惯性矩和惯性积的常用单位是 m^4 或 mm^4。

例题 I −2　图 I −4(a)所示为矩形截面,z、y 轴过形心,且 z 轴平行于底边,y 轴平行于侧边,试求该矩形截面对 z 轴和 y 轴的惯性矩以及对两坐标轴的惯性积。

解　先计算截面对 z 轴的惯性矩。取平行于 z 轴的阴影面积 $\mathrm{d}A$(图 I −4(a))为微面积,则

$$\mathrm{d}A = b\mathrm{d}y$$

$$I_z = \int_A y^2\mathrm{d}A = \int_{-h/2}^{h/2} by^2\mathrm{d}y = \frac{bh^3}{12}$$

用同样办法可求得截面对 y 轴的惯性矩

$$I_y = \frac{hb^3}{12}$$

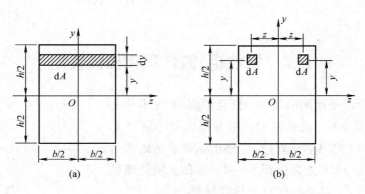

图 I −4

再求惯性积。y 轴为截面的对称轴,现在 y 轴两侧对称位置取相同的微面积 $\mathrm{d}A$(图 I −4(b)),由于处在对称位置的 $zy\mathrm{d}A$ 值大小相等、符号相反(y 坐标相同,z 坐标符号相反),因此这两个微面积对 y、z 轴惯性积的和等于零。将此推广到整个截面,则有

$$I_{yz} = \int_A zy\mathrm{d}A = 0$$

这说明,只要 z、y 轴之一为截面的对称轴,则截面对该二轴的惯性积一定等于零。

例题 I −3　图 I −5 所示为一箱形截面,z 轴过形心且平行于底边,试求截面对 z 轴的惯性矩。

解　箱形截面面积相当于整个矩形面积 $A_1(=b_1h_1)$ 减去中间部分矩形面积 $A_2(=b_2h_2)$。根据惯性矩的定义可得箱形截面对 z 轴的惯性矩

$$I_z = \int_A y^2\mathrm{d}A = \int_{A_1} y^2\mathrm{d}A - \int_{A_2} y^2\mathrm{d}A = \frac{b_1h_1^3}{12} - \frac{b_2h_2^3}{12}$$

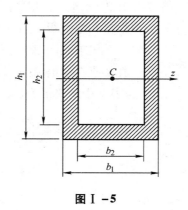

图 Ⅰ −5

例题 Ⅰ −4　图 Ⅰ −6 所示为一圆形截面,直径为 d,z、y 轴过形心,试求截面对圆心 O 的极惯性矩和对 z 轴的惯性矩。

解　取图中环形面积为微面积,则

$$\mathrm{d}A = 2\pi\rho\mathrm{d}\rho$$

$$I_{\mathrm{p}} = \int_A \rho^2 \mathrm{d}A = \int_0^{\frac{d}{2}} \rho^2 2\pi\rho\mathrm{d}\rho = \frac{\pi d^4}{32}$$

由于 z、y 轴通过形心,所以 $I_z = I_y$,由式(Ⅰ −8)可得

$$I_{\mathrm{p}} = I_z + I_y = 2I_z$$

所以

$$I_z = \frac{I_{\mathrm{p}}}{2} = \frac{\pi d^4}{64}$$

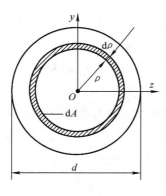

图 Ⅰ −6

Ⅰ.3　惯性矩、惯性积的平行移轴和转轴公式

1. 惯性矩、惯性积的平行移轴公式

图 Ⅰ −7 所示为一任意截面,z、y 为通过截面形心的一对正交轴,z_1、y_1 为与 z、y 平行的坐

标轴,截面形心 C 在坐标系 $z_1 O y_1$ 中的坐标为 (b,a),已知截面对 z、y 轴的惯性矩和惯性积分别为 I_z、I_y、I_{yz},下面求截面对 z_1、y_1 轴的惯性矩和惯性积 I_{z_1}、I_{y_1}、$I_{y_1z_1}$。

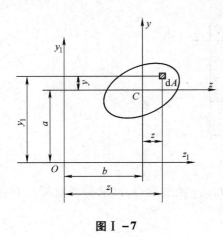

图 I –7

先求截面对 y_1、z_1 轴的惯性矩。取微面积 dA,设其形心在坐标系 zCy 中的坐标为 (z,y),在坐标系 $z_1 O y_1$ 中的坐标为 (z_1,y_1),由图可见

$$z_1 = z + b , y_1 = y + a$$

所以截面对 z_1 轴的惯性矩

$$
\begin{aligned}
I_{z_1} &= \int_A y_1^2 dA = \int_A (y + a)^2 dA \\
&= \int_A y^2 dA + 2a\int_A y dA + a^2 \int_A dA \\
&= I_z + 2aS_z + a^2 A
\end{aligned}
$$

由于 z 轴是截面的形心轴,所以 $S_z = 0$,即

$$I_{z_1} = I_z + a^2 A \qquad (I –10)$$

同理可得

$$I_{y_1} = I_y + b^2 A \qquad (I –11)$$

式(I –10)和式(I –11)称为**惯性矩的平行移轴公式**。由惯性矩的平行移轴公式可以看出,在所有互相平行的坐标轴中,截面对形心轴的惯性矩最小。

下面求截面对 y_1、z_1 轴的惯性积 $I_{y_1z_1}$。根据定义

$$
\begin{aligned}
I_{y_1z_1} &= \int_A z_1 y_1 dA = \int_A (z + b)(y + a) dA \\
&= \int_A zy dA + a\int_A z dA + b\int_A y dA + ab\int_A dA \\
&= I_{yz} + aS_y + bS_z + abA
\end{aligned}
$$

由于 z、y 轴是截面的形心轴,所以 $S_z = S_y = 0$,即

$$I_{y_1z_1} = I_{yz} + abA \qquad (I –12)$$

式(I –12)称为**惯性积的平行移轴公式**。

应当注意:在应用惯性矩和惯性积的平行移轴公式进行计算时,z、y 轴应通过截面形心。

2. 惯性矩、惯性积的转轴公式

图 I –8 所示为一任意截面,z、y 为过任一点 O 的一对正交轴,截面对 z、y 轴的惯性矩 I_z、I_y 和惯性积 I_{yz} 已知。现将 z、y 轴绕 O 点旋转 α 角(以逆时针方向为正)得到另一对正交轴 z_1、y_1,下面求截面对 z_1、y_1 轴的惯性矩和惯性积 I_{z_1}、I_{y_1}、$I_{y_1z_1}$。

由图 I –8 上可以看出

$$z_1 = z\cos \alpha + y\sin \alpha$$

$$y_1 = y\cos \alpha - z\sin \alpha$$

由式(I –7),可得

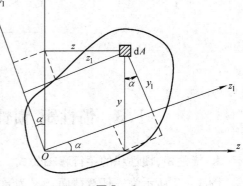

图 I –8

$$I_{z_1} = \int_A y_1^2 \mathrm{d}A = \int_A (y\cos\alpha - z\sin\alpha)^2 \mathrm{d}A$$

$$= \cos^2\alpha \int_A y^2 \mathrm{d}A - 2\sin\alpha\cos\alpha \int_A yz \mathrm{d}A + \sin^2\alpha \int_A z^2 \mathrm{d}A$$

$$= I_z\cos^2\alpha + I_y\sin^2\alpha - I_{yz}\sin 2\alpha$$

将三角公式

$$\cos^2\alpha = \frac{1 + \cos 2\alpha}{2}$$

$$\sin^2\alpha = \frac{1 - \cos 2\alpha}{2}$$

代入上式,即得

$$I_{z_1} = \frac{I_z + I_y}{2} + \frac{I_z - I_y}{2}\cos 2\alpha - I_{yz}\sin 2\alpha \qquad (\text{I}-13)$$

同理可得

$$I_{y_1} = \frac{I_z + I_2}{2} - \frac{I_z - I_y}{2}\cos 2\alpha + I_{yz}\sin 2\alpha \qquad (\text{I}-14)$$

$$I_{y_1 z_1} = \frac{I_z - I_y}{2}\sin 2\alpha + I_{yz}\cos 2\alpha \qquad (\text{I}-15)$$

式(I-13)和式(I-14)称为**惯性矩的转轴公式**,式(I-15)称为**惯性积的转轴公式**。

I.4　形心主轴和形心主惯性矩

1. 主惯性轴、主惯性矩

由式(I-15)可以发现,当 $\alpha = 0$,即两坐标轴互相重合时,$I_{y_1 z_1} = I_{yz}$;当 $\alpha = 90°$时,$I_{y_1 z_1} = -I_{yz}$,因此必定有这样的一对坐标轴,使截面对它的惯性积为零。通常把这样的一对坐标轴称为截面的**主惯性轴**,简称**主轴**,截面对主轴的惯性矩称为**主惯性矩**。

假设将 z、y 轴绕 O 点旋转 α_0 角得到主轴 z_0、y_0,由主轴的定义

$$I_{y_0 z_0} = \frac{I_z - I_y}{2}\sin 2\alpha_0 + I_{yz}\cos 2\alpha_0 = 0$$

从而得

$$\tan 2\alpha_0 = \frac{-2I_{yz}}{I_z - I_y} \qquad (\text{I}-16)$$

上式就是确定主轴的公式,式中负号放在分子上,为的是和下面两式相符。这样确定的 α_0 角就使得 $I_{z_0} = I_{\max}$。

由式(I-16)及三角公式,可得

$$\cos 2\alpha_0 = \frac{I_z - I_y}{\sqrt{(I_z - I_y)^2 + 4I_{yz}^2}}$$

$$\sin 2\alpha_0 = \frac{-2I_{yz}}{\sqrt{(I_z - I_y)^2 + 4I_{yz}^2}}$$

将此二式代入到式（I-13）和式（I-14）便可得到截面对主轴 z_0、y_0 的主惯性矩

$$\left.\begin{array}{l}I_{z_0}=\dfrac{I_z+I_y}{2}+\dfrac{1}{2}\sqrt{(I_z-I_y)^2+4I_{yz}^2}\\[3mm]I_{y_0}=\dfrac{I_z+I_y}{2}-\dfrac{1}{2}\sqrt{(I_z-I_y)^2+4I_{yz}^2}\end{array}\right\}\qquad(\text{I}-17)$$

2. 形心主轴、形心主惯性矩

通过截面上的任何一点均可找到一对主轴。通过截面形心的主轴称为**形心主轴**，截面对形心主轴的惯性矩称为**形心主惯性矩**。

很明显，在通过截面形心的一对坐标轴中，若有一个为对称轴（例如槽形截面），则该对称轴就是形心主轴。这是因为截面对于包括对称轴在内的一对坐标轴的惯性积等于零。

在计算组合截面的形心主惯性矩时，首先应确定其形心位置，然后通过形心选择一对便于计算惯性矩和惯性积的坐标轴，计算出组合截面对于这一对坐标轴的惯性矩和惯性积。将上述结果代入式（I-16）和式（I-17），即可确定表示形心主轴位置的角度 α_0 和形心主惯性矩的数值。

若组合截面具有对称轴，则包括此轴在内的一对互相垂直的形心轴就是形心主轴。此时只需利用惯性矩的平行移轴公式（I-10）和（I-11），即可得截面的形心主惯性矩。

例题 I-5 求例题 I-1 中截面的形心主惯性矩。

解 在例题 I-1 中已求出形心位置

$$z_C=0$$

过形心的主轴 z_0、y_0 如图 I-9 所示，z_0 轴到两个矩形形心的距离分别为

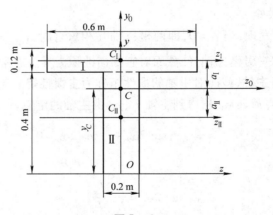

图 I-9

$$a_{\text{I}}=0.137\text{ m},\quad a_{\text{II}}=0.123\text{ m}$$

截面对 z_0 轴的惯性矩为两个矩形对 z_0 轴的惯性矩之和，即

$$\begin{aligned}I_{z_0}&=I_{z_\text{I}}^{\text{I}}+A_{\text{I}}a_{\text{I}}^2+I_{z_\text{II}}^{\text{II}}+A_{\text{II}}a_{\text{II}}^2\\[2mm]&=\frac{0.6\times0.12^3}{12}+0.6\times0.12\times0.137^2+\frac{0.2\times0.4^3}{12}+0.2\times0.4\times0.123^2\\[2mm]&=3.7\times10^{-3}\text{ m}^4\end{aligned}$$

截面对 y_0 轴惯性矩

$$I_{y_0} = I_{y_0}^{\mathrm{I}} + I_{y_0}^{\mathrm{II}} = \frac{0.12 \times 0.6^3}{12} + \frac{0.4 \times 0.2^3}{12} = 2.42 \times 10^{-3} \ \mathrm{m}^4$$

例题 I −6　求图 I −10 所示图形的形心主轴位置和形心主惯性矩值。

解　将该图形看作是由 I 、II 、III 三个矩形组成的组合图形。显然,组合图形的形心与矩形 II 的形心重合。为计算形心主轴的位置和形心主惯性矩的数值,过形心选择一对便于计算惯性矩和惯性积的 z 、y 轴(z 轴平行于底边)。矩形 I 、III 的形心在所选坐标系中的坐标为

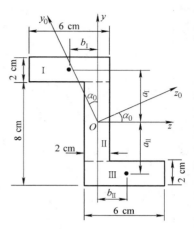

图 I −10

$$a_{\mathrm{I}} = 0.04 \ \mathrm{m}, b_{\mathrm{I}} = -0.02 \ \mathrm{m}$$
$$a_{\mathrm{III}} = -0.04 \ \mathrm{m}, b_{\mathrm{III}} = 0.02 \ \mathrm{m}$$

组合截面对 z 、y 轴的惯性矩和惯性积分别为

$$I_z = 2 \times \left(\frac{0.06 \times 0.02^3}{12} + 0.06 \times 0.02 \times 0.04^2 \right) + \frac{0.02 \times 0.06^3}{12}$$
$$= 4.28 \times 10^{-6} \ \mathrm{m}^4$$

$$I_y = 2 \times \left(\frac{0.02 \times 0.06^3}{12} + 0.06 \times 0.02 \times 0.02^2 \right) + \frac{0.06 \times 0.02^3}{12}$$
$$= 1.72 \times 10^{-6} \ \mathrm{m}^4$$

$$I_{yz} = 0.04 \times (-0.02) \times 0.06 \times 0.02 + (-0.04) \times 0.02 \times 0.06 \times 0.02$$
$$= -1.92 \times 10^{-6} \ \mathrm{m}^4$$

将求得的 I_z 、I_y 和 I_{yz} 代入式(I −16),得

$$\tan 2\alpha_0 = \frac{-2I_{yz}}{I_z - I_y} = \frac{2 \times (-0.192 \times 10^{-5})}{0.428 \times 10^{-5} - 0.172 \times 10^{-5}} = 1.5$$

由此得

$$\alpha_0 = 0.491 \ \mathrm{rad}$$

即从 z 轴逆时针转 0.491 rad 便是形心主轴 z_0 的位置,另一形心主轴 y_0 与 z_0 垂直。

将 I_z 、I_y 和 I_{yz} 值代入式(I −17)便得到形心主惯性矩值,即

$$I_{z_0} = I_{\max} = \frac{I_z + I_y}{2} + \frac{1}{2}\sqrt{(I_z - I_y)^2 + 4I_{yz}^2}$$

$$= \frac{(0.428 + 0.172) \times 10^{-5}}{2} + \frac{1}{2}\sqrt{[(0.428 - 0.172) \times 10^{-5}]^2 + 4 \times (0.192 \times 10^{-5})^2}$$

$$= 5.31 \times 10^{-6} \ \mathrm{m}^4$$

$$I_{y_0} = I_{\min} = \frac{I_z + I_y}{2} - \frac{1}{2}\sqrt{(I_z - I_y)^2 + 4I_{yz}^2} = 6.9 \times 10^{-7} \ \mathrm{m}^4$$

下面列出了实际工程中一些常用截面的几何性质计算公式以供参考,具体见表 I −1。

表 I-1 常用截面的几何性质计算公式

图 形	形心位置 (e)	惯 性 矩 (I_x)	弯曲截面系数 (W_x)	惯性半径 (i_x)
	$\dfrac{h}{2}$	$\dfrac{bh^3}{12}$	$\dfrac{bh^2}{6}$	$\dfrac{h}{2\sqrt{3}} = 0.289h$
	$\dfrac{d}{2}$	$\dfrac{\pi d^4}{64}$	$\dfrac{\pi d^3}{32}$	$\dfrac{d}{4}$
	$\dfrac{D}{2}$	$\dfrac{\pi}{64}(D^4 - d^4)$	$\dfrac{\pi}{32D}(D^4 - d^4)$	$\dfrac{1}{4}\sqrt{D^2 + d^2}$

图　形	形心位置 (e)	惯　性　矩 (I_x)	弯曲截面系数 (W_x)	惯性半径 (i_x)
	$\approx \dfrac{d}{2}$	$\approx \dfrac{\pi d^4}{64} - \dfrac{bt}{4}\,(d-t)^2$	$\approx \dfrac{\pi d^3}{32} - \dfrac{bt}{2d}\,(d-t)^2$	$\sqrt{I_x/A}$
	$\dfrac{D}{2}$	$\approx \dfrac{\pi d^4}{64} + \dfrac{bz}{64}\,(D-d)\,(D+d)^2$ z 为花键齿数	$\approx \dfrac{1}{32D}\left[\pi d^4 + (D-d)(D+d)^2\,bz\right]$	$\sqrt{I_x/A}$
	a	$\dfrac{\pi}{4}\,a^3 b$	$\dfrac{\pi}{4}\,a^2 b$	$\dfrac{a}{2}$

图　形	形心位置（e）	惯　性　矩（I_x）	弯曲截面系数（W_x）	惯性半径（i_x）
	$\dfrac{2R\sin\theta}{3\theta}$	$\dfrac{R^4}{4}\left(\theta + \sin\theta\cos\theta - \dfrac{16\sin^2\theta}{9\theta}\right)$	$\dfrac{I_x}{y_{max}}$	$\sqrt{I_x/A}$， 其中 $A = \theta R^2$
	$\dfrac{2\sin\theta}{3\theta}\cdot\dfrac{[R^3 - (R-\delta)^3]}{\delta(2R-\delta)}$	$\dfrac{\delta}{8}(2R-\delta)^3\left(\theta + \sin\theta\cos\theta - \dfrac{2\sin^2\theta}{\theta}\right)$	$\dfrac{I_x}{y_{max}}$	$\sqrt{I_x/A}$，其中 $A = \theta\,(2R\delta - \delta^2)$
	$\dfrac{4R}{3\pi} \approx 0.424R$	$\left(\dfrac{\pi}{8} - \dfrac{8}{9\pi}\right)R^4 \approx 0.109\,8R^4$	$\dfrac{\left(\dfrac{\pi}{8} - \dfrac{8}{9\pi}\right)R^3}{\left(1 - \dfrac{4}{3\pi}\right)} \approx 0.190\,8R^3$	$0.264R$

思 考 题

Ⅰ-1 平面图形的形心轴、对称轴和主轴之间有什么区别和联系？主轴都通过形心吗？对称轴一定是形心主轴吗？对称图形的形心主轴必须是对称轴吗？

Ⅰ-2 一平面图形可以对无限多的点具有同样大小的极惯性矩。试问这些点将连成怎样的曲线？

Ⅰ-3 图中 z 轴与 z_1 轴平行，二轴间的距离为 a，如截面对 z 轴的惯性矩 I_z 已知，试问按式 $I_{z_1} = I_z + a^2bh$ 来计算 I_{z_1} 是否正确？

Ⅰ-4 图示为一等边三角形中心挖去一半径为 r 的圆孔的截面。试证明该截面通过形心 C 的任一轴均为形心主惯性轴。

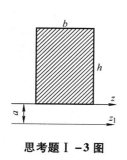

思考题Ⅰ-3图

思考题Ⅰ-4图

Ⅰ-5 已知图示面积为 A 的图形形心在 C 处，对 z 轴的惯性矩为 I_z，z_c、z 和 z_1 三根轴相互平行，试计算图形对 z_1 轴的惯性矩 I_{z_1} 是多大？

Ⅰ-6 已知图示等边三角形的形心在 O 点，已知它对于对称轴 z 的惯性矩 $I_z = \sqrt{3}\,a^4/96$，试不作计算而直接写出它对于 y 轴（与 z 轴垂直）的惯性矩 I_y。

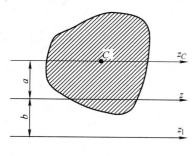

思考题Ⅰ-5图

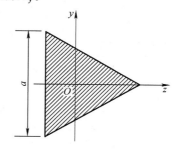

思考题Ⅰ-6图

本附录习题和习题答案请扫二维码。

附录 Ⅱ 型钢规格表

表1 热轧等边角钢（GB 9787—1988）

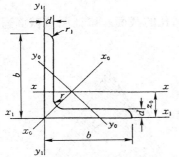

符号意义：

b —— 边宽度；　　　　　　　I —— 惯性矩；

d —— 边厚度；　　　　　　　i —— 惯性半径；

r —— 内圆弧半径；　　　　　W —— 弯曲截面系数；

r_1 —— 边端内圆弧半径；　　z_0 —— 重心距离。

角钢号数	尺寸 (mm)			截面面积 (cm²)	理论质量 (kg/m)	外表面积 (m²/m)	参 考 数 值										z_0 (cm)
							$x-x$			x_0-x_0			y_0-y_0			x_1-x_1	
	b	d	r				I_x (cm⁴)	i_x (cm)	W_x (cm³)	I_{x0} (cm⁴)	i_{x0} (cm)	W_{x0} (cm³)	I_{y0} (cm⁴)	i_{y0} (cm)	W_{y0} (cm³)	I_{x1} (cm⁴)	
2	20	3	3.5	1.132	0.889	0.078	0.40	0.59	0.29	0.63	0.75	0.45	0.17	0.39	0.20	0.81	0.60
		4		1.459	1.145	0.077	0.50	0.58	0.36	0.78	0.73	0.55	0.22	0.38	0.24	1.09	0.64
2.5	25	3		1.432	1.124	0.098	0.82	0.76	0.46	1.29	0.95	0.73	0.34	0.49	0.33	1.57	0.73
		4		1.859	1.459	0.097	1.03	0.74	0.59	1.62	0.93	0.92	0.43	0.48	0.40	2.11	0.76
3.0	30	3	4.5	1.749	1.373	0.117	1.46	0.91	0.68	2.31	1.15	1.09	0.61	0.59	0.51	2.71	0.85
		4		2.276	1.786	0.117	1.84	0.90	0.87	2.92	1.13	1.37	0.77	0.58	0.62	3.63	0.89
3.6	36	3	4.5	2.109	1.656	0.141	2.58	1.11	0.99	4.09	1.39	1.61	1.07	0.71	0.76	4.68	1.00
		4		2.756	2.163	0.141	3.29	1.09	1.28	5.22	1.38	2.05	1.37	0.70	0.93	6.25	1.04
		5		3.382	2.654	0.141	3.95	1.08	1.56	6.24	1.36	2.45	1.65	0.70	1.09	7.84	1.07
4.0	40	3	5	2.359	1.852	0.157	3.59	1.23	1.23	5.69	1.55	2.01	1.49	0.79	0.96	6.41	1.09
		4		3.086	2.422	0.157	4.60	1.22	1.60	7.29	1.54	2.58	1.91	0.79	1.19	8.56	1.13
		5		3.791	2.976	0.156	5.53	1.21	1.96	8.76	1.52	3.01	2.30	0.78	1.39	10.74	1.17
4.5	45	3	5	2.659	2.088	0.177	5.17	1.40	1.58	8.20	1.76	2.58	2.14	0.90	1.24	9.12	1.22
		4		3.486	2.736	0.177	6.65	1.38	2.05	10.56	1.74	3.32	2.75	0.89	1.54	12.18	1.26
		5		4.292	3.369	0.176	8.04	1.37	2.51	12.74	1.72	4.00	3.33	0.88	1.81	15.25	1.30
		6		5.076	3.985	0.176	9.33	1.36	2.95	14.76	1.70	4.64	3.89	0.88	2.06	18.36	1.33
5	50	3	5.5	2.971	2.332	0.197	7.18	1.55	1.96	11.37	1.96	3.22	2.98	1.00	1.57	12.50	1.34
		4		3.897	3.059	0.197	9.26	1.54	2.56	14.70	1.94	4.16	3.82	0.99	1.96	16.60	1.38
		5		4.803	3.770	0.196	11.21	1.53	3.13	17.79	1.92	5.03	4.64	0.98	2.31	20.90	1.42
		6		5.688	4.465	0.196	13.05	1.52	3.68	20.68	1.91	5.85	5.42	0.98	2.63	25.14	1.46

角钢号数	尺寸(mm) b	d	r	截面面积(cm²)	理论质量(kg/m)	外表面积(m²/m)	I_x(cm⁴)	i_x(cm)	W_x(cm³)	I_{x0}(cm⁴)	i_{x0}(cm)	W_{x0}(cm³)	I_{y0}(cm⁴)	i_{y0}(cm)	W_{y0}(cm³)	I_{x1}(cm⁴)	z_0(cm)
5.6	56	3	6	3.343	2.624	0.221	10.19	1.75	2.48	16.14	2.20	4.08	4.24	1.13	2.02	17.56	1.48
		4	6	4.390	3.446	0.220	13.18	1.73	3.24	20.92	2.18	5.28	5.46	1.11	2.52	23.43	1.53
		5	6	5.415	4.251	0.220	16.02	1.72	3.97	25.42	2.17	6.42	6.61	1.10	2.98	29.33	1.57
		8	7	8.367	6.568	0.219	23.63	1.68	6.03	37.37	2.11	9.44	9.89	1.09	4.16	47.24	1.68
6.3	63	4	7	4.978	3.907	0.248	19.03	1.96	4.13	30.17	2.46	6.78	7.89	1.26	3.29	33.35	1.70
		5		6.143	4.822	0.248	23.17	1.94	5.08	36.77	2.45	8.25	9.57	1.25	3.90	41.73	1.74
		6		7.288	5.721	0.247	27.12	1.93	6.00	43.03	2.43	9.66	11.20	1.24	4.46	50.14	1.78
		8		9.515	7.469	0.247	34.46	1.90	7.75	54.56	2.40	12.25	14.33	1.23	5.47	67.11	1.85
		10		11.657	9.151	0.246	41.09	1.88	9.39	64.85	2.36	14.56	17.33	1.22	6.36	84.31	1.93
7	70	4	8	5.570	4.372	0.275	26.39	2.18	5.14	41.80	2.74	8.44	10.99	1.40	4.17	45.74	1.86
		5		6.875	5.397	0.275	32.21	2.16	6.32	51.08	2.73	10.32	13.34	1.39	4.95	57.21	1.91
		6		8.160	6.406	0.275	37.77	2.15	7.48	59.93	2.71	12.11	15.61	1.38	5.67	68.73	1.95
		7		9.424	7.398	0.275	43.09	2.14	8.59	68.35	2.69	13.81	17.82	1.38	6.34	80.29	1.99
		8		10.667	8.373	0.274	48.17	2.12	9.68	76.37	2.68	15.43	19.98	1.37	6.98	91.92	2.03
7.5	75	5	9	7.367	5.818	0.295	39.97	2.33	7.32	63.30	2.92	11.94	16.63	1.50	5.77	70.56	2.04
		6		8.797	6.905	0.294	46.95	2.31	8.64	74.38	2.90	14.02	19.51	1.49	6.67	84.55	2.07
		7		10.160	7.976	0.294	53.57	2.30	9.93	84.96	2.89	16.02	22.18	1.48	7.44	98.71	2.11
		8		11.503	9.030	0.294	59.96	2.28	11.20	95.07	2.88	17.93	24.86	1.47	8.19	112.97	2.15
		10		14.126	11.089	0.293	71.98	2.26	13.64	113.92	2.84	21.84	30.05	1.46	9.56	141.71	2.22
8	80	5	9	7.912	6.211	0.315	48.79	2.48	8.34	77.33	3.13	13.67	20.25	1.60	6.66	85.36	2.15
		6		9.397	7.376	0.314	57.35	2.47	9.87	90.98	3.11	16.08	23.72	1.59	7.65	102.50	2.19
		7		10.860	8.525	0.314	65.58	2.46	11.37	104.07	3.10	18.40	27.09	1.58	8.58	119.70	2.23
		8		12.303	9.658	0.314	73.49	2.44	12.83	116.60	3.08	20.61	30.39	1.57	9.46	136.97	2.27
		10		15.126	11.874	0.313	88.43	2.42	15.64	140.09	3.04	24.76	36.77	1.56	11.08	171.74	2.35
9	90	6	10	10.637	8.350	0.354	82.77	2.79	12.61	131.26	3.51	30.63	34.28	1.80	9.95	145.87	2.44
		7		12.301	9.656	0.354	94.83	2.78	14.54	150.47	3.50	23.64	39.18	1.78	11.19	170.30	2.48
		8		13.944	10.946	0.353	106.47	2.76	16.42	168.97	3.48	26.55	43.97	1.78	12.35	194.80	2.52
		10		17.167	13.476	0.353	128.58	2.74	20.07	203.90	3.45	32.04	53.26	1.76	14.52	244.07	2.59
		12		20.306	15.940	0.352	149.22	2.71	23.57	236.21	3.41	37.12	62.22	1.75	16.49	293.76	2.67
10	100	6	12	11.932	9.366	0.393	114.95	3.01	15.68	181.98	3.90	25.74	47.92	2.00	12.69	200.07	2.67
		7		13.796	10.830	0.393	131.86	3.09	18.10	208.97	3.89	29.55	54.74	1.99	14.26	233.54	2.71
		8		15.638	12.276	0.393	148.24	3.08	20.47	235.07	3.88	33.24	61.41	1.98	15.75	267.09	2.76
		10		19.261	15.120	0.392	179.51	3.05	25.06	284.68	3.84	40.26	74.35	1.96	18.54	334.48	2.84
		12		22.800	17.898	0.391	208.90	3.03	29.48	330.95	3.81	46.80	86.84	1.95	21.08	402.34	2.91
		14		26.256	20.611	0.391	236.53	3.00	33.73	374.06	3.77	52.90	99.00	1.94	23.44	470.75	2.99
		16		29.627	23.257	0.390	262.53	2.98	37.82	414.16	3.74	58.57	110.89	1.94	25.63	539.80	3.06

角钢号数	尺寸 (mm)			截面面积 (cm²)	理论质量 (kg/m)	外表面积 (m²/m)	参考数值										z₀ (cm)
							$x—x$			$x_0—x_0$			$y_0—y_0$			$x_1—x_1$	
	b	d	r				I_x (cm⁴)	i_x (cm)	W_x (cm³)	I_{x0} (cm⁴)	i_{x0} (cm)	W_{x0} (cm³)	I_{y0} (cm⁴)	i_{y0} (cm)	W_{y0} (cm³)	I_{x1} (cm⁴)	
11	110	7	12	15.196	11.928	0.433	177.16	3.41	22.05	280.94	4.30	36.12	73.38	2.20	17.51	310.64	2.96
		8		17.238	13.532	0.433	199.46	4.04	24.95	316.49	4.28	40.69	82.42	2.19	19.39	355.20	3.01
		10		21.261	16.690	0.432	242.19	3.38	30.60	384.39	4.25	49.42	99.98	2.17	22.91	444.65	3.09
		12		25.200	19.782	0.431	282.55	3.35	36.05	448.17	4.22	57.62	116.93	2.15	26.15	534.60	3.16
		14		29.056	22.809	0.431	320.71	3.32	41.31	508.01	4.18	65.31	133.40	2.14	29.14	625.16	3.24
12.5	125	8	14	19.750	15.504	0.492	297.03	3.88	32.52	470.89	4.88	53.28	123.16	2.50	25.86	521.01	3.37
		10		24.373	19.133	0.491	361.67	3.85	39.97	573.89	4.85	64.93	149.46	2.48	30.62	651.93	3.45
		12		28.912	22.696	0.491	423.16	3.83	41.17	671.44	4.82	76.96	174.88	2.46	35.03	783.42	3.53
		14		33.367	26.193	0.490	481.65	3.80	54.16	763.73	4.78	86.41	199.57	2.45	39.13	915.61	3.61
14	140	10	14	27.373	21.488	0.551	514.65	4.34	50.58	817.27	5.46	82.56	212.04	2.78	39.20	915.11	3.82
		12		32.512	25.522	0.551	603.68	4.31	59.80	958.79	5.43	96.85	248.57	2.76	45.02	1 099.28	3.90
		14		37.567	29.490	0.550	688.81	3.28	68.75	1 093.56	5.40	110.47	284.06	2.75	50.45	1 284.22	3.98
		16		42.539	33.393	0.549	770.24	4.26	77.46	1 221.81	5.36	123.42	318.67	2.74	55.55	1 470.07	4.06
16	160	10	16	31.502	24.729	0.630	779.53	4.98	66.70	1 237.30	6.27	109.36	321.76	3.20	52.76	1 365.33	4.31
		12		37.441	29.391	0.630	916.58	4.95	78.98	1 455.68	6.24	128.67	377.49	3.18	60.74	1 639.57	4.39
		14		43.296	33.987	0.629	1 048.36	4.92	90.95	1 665.02	6.20	147.17	431.70	3.16	68.24	1 914.68	4.47
		16		49.067	38.518	0.629	1 175.08	4.89	102.63	1 865.57	6.17	164.89	484.59	3.14	75.31	2 190.82	4.55
18	180	12	16	42.241	35.159	0.710	1 321.35	5.59	100.82	2 100.10	7.05	165.00	542.61	3.58	78.41	2 332.80	4.89
		14		48.896	38.388	0.709	1 514.48	5.56	116.25	2 407.42	7.02	189.14	625.53	3.56	88.38	2 723.48	4.97
		16		55.467	43.542	0.709	1 700.99	5.54	131.13	2 703.37	6.98	212.40	698.0	3.55	97.83	3 115.29	5.05
		18		61.955	48.634	0.708	1 875.12	5.50	145.64	2 988.24	6.94	234.78	762.01	3.51	105.14	3 502.43	5.13
20	200	14	18	54.642	42.894	0.788	2 103.55	6.20	144.70	3 343.26	7.82	236.40	863.83	3.98	111.82	3 734.10	5.46
		16		62.013	48.680	0.788	2 366.15	6.18	163.65	3 760.89	7.79	265.93	971.41	3.96	123.96	4 270.39	5.54
		18		69.301	54.401	0.787	2 620.64	6.15	182.22	4 164.54	7.75	294.48	1 076.74	3.94	135.52	4 808.13	5.62
		20		76.505	60.056	0.787	2 867.30	6.12	200.42	4 554.55	7.72	322.06	1 180.04	3.93	146.55	5 347.51	5.69
		24		90.661	71.168	0.785	2 338.25	6.07	236.17	5 294.97	7.64	374.41	1 381.53	3.90	166.55	6 457.16	5.87

注：截面图中的 $r_1 = \frac{1}{3}d$ 及表中 r 值的数据用于孔型设计，不作交货条件。

表2 热轧不等边角钢（GB 9788—1988）

符号意义：

B——长边宽度；　　　　　b——短边宽度；
d——边厚度；　　　　　　r——内圆弧半径；
r_1——边端内圆弧半径；　I——惯性矩；
i——惯性半径；　　　　　W——弯曲截面系数；
x_0——重心距离；　　　　y_0——重心距离。

角钢号数	尺寸(mm) B	b	d	r	截面面积 (cm²)	理论质量 (kg/m)	外表面积 (m²/m)	x—x I_x (cm⁴)	i_x (cm)	W_x (cm³)	y—y I_y (cm⁴)	i_y (cm)	W_y (cm³)	x₁—x₁ I_{x1} (cm⁴)	y_0 (cm)	y₁—y₁ I_{y1} (cm⁴)	x_0 (cm)	u—u I_u (cm⁴)	i_u (cm)	W_u (cm³)	tan α
2.5/1.6	25	16	3	3.5	1.162	0.912	0.080	0.70	0.78	0.43	0.22	0.44	0.19	1.56	0.86	0.43	0.42	0.14	0.34	0.16	0.392
			4		1.499	1.176	0.079	0.88	0.77	0.55	0.27	0.43	0.24	2.09	0.90	0.59	0.46	0.17	0.34	0.20	0.381
3.2/2	32	20	3	3.5	1.492	1.171	0.102	1.53	1.01	0.72	0.46	0.55	0.30	3.27	1.08	0.82	0.49	0.28	0.43	0.25	0.382
			4		1.939	1.522	0.101	1.93	1.00	0.93	0.57	0.54	0.39	4.37	1.12	1.12	0.53	0.35	0.42	0.32	0.374
4/2.5	40	25	3	4	1.890	1.484	0.127	3.08	1.28	1.15	0.93	0.70	0.49	6.39	1.32	1.59	0.59	0.56	0.54	0.40	0.386
			4		2.467	1.936	0.127	3.93	1.26	1.49	1.18	0.69	0.63	8.53	1.37	2.14	0.63	0.71	0.54	0.52	0.381
4.5/2.8	45	28	3	5	2.149	1.687	0.143	4.45	1.44	1.47	1.34	0.79	0.62	9.10	1.47	2.23	0.64	0.80	0.61	0.51	0.383
			4		2.806	2.203	0.143	5.69	1.42	1.91	1.70	0.78	0.80	12.13	1.51	3.00	0.68	1.02	0.60	0.66	0.380
5/3.2	50	32	3	5.5	2.431	1.908	0.161	6.24	1.60	1.84	2.02	0.91	0.82	12.49	1.60	3.31	0.73	1.20	0.70	0.68	0.404
			4		3.177	2.494	0.160	8.02	1.59	2.39	2.58	0.90	1.06	16.65	1.65	4.45	0.77	1.53	0.69	0.87	0.402
5.6/3.6	56	36	3	6	2.743	2.153	0.181	8.88	1.80	2.32	2.92	1.03	1.05	17.54	1.78	4.70	0.80	1.73	0.79	0.87	0.408
			4		3.590	2.818	0.180	11.45	1.79	3.03	3.76	1.02	1.37	23.39	1.82	6.33	0.85	2.23	0.79	1.13	0.408
			5		4.415	3.466	0.180	13.86	1.77	3.71	4.49	1.01	1.65	29.25	1.87	7.94	0.88	2.67	0.78	1.36	0.404

参 考 数 值

角钢号数	B	b	d	r	截面面积 (cm²)	理论质量 (kg/m)	外表面积 (m²/m)	I_x (cm⁴)	i_x (cm)	W_x (cm³)	I_y (cm⁴)	i_y (cm)	W_y (cm³)	I_{x1} (cm⁴)	y_0 (cm)	I_{y1} (cm⁴)	x_0 (cm)	I_u (cm⁴)	i_u (cm)	W_u (cm³)	$\tan \alpha$
								\multicolumn{3}{ }{x—x}	\multicolumn{3}{ }{y—y}	\multicolumn{2}{ }{x1—x1}	\multicolumn{2}{ }{y1—y1}	\multicolumn{4}{ }{u—u}
6.3/4	63	40	4	7	4.058	3.185	0.202	16.49	2.02	3.87	5.23	1.14	1.70	33.30	2.04	8.63	0.92	3.12	0.88	1.40	0.398
			5		4.993	3.920	0.202	20.02	2.00	4.74	6.31	1.12	2.71	41.63	2.08	10.86	0.95	3.76	0.87	1.71	0.396
			6		5.908	4.638	0.201	23.36	1.96	5.59	7.29	1.11	2.43	49.98	2.12	13.12	0.99	4.34	0.86	1.99	0.393
			7		6.802	5.339	0.201	26.53	1.98	6.40	8.24	1.10	2.78	58.07	2.15	15.47	1.03	4.97	0.86	2.29	0.389
7/4.5	70	45	4	7.5	4.547	3.570	0.226	23.17	2.26	4.86	7.55	1.29	2.17	45.92	2.24	12.26	1.02	4.40	0.98	1.77	0.410
			5		5.609	4.403	0.225	27.95	2.23	5.92	9.13	1.28	2.65	57.10	2.28	15.39	1.06	5.40	0.98	2.19	0.407
			6		6.647	5.218	0.225	32.54	2.21	6.95	10.62	1.26	3.12	68.35	2.32	18.58	1.09	6.35	0.98	2.59	0.404
			7		7.657	6.011	0.225	37.22	2.20	8.03	12.01	1.25	3.57	79.99	2.36	21.84	1.13	7.16	0.97	2.94	0.402
(7.5/5)	75	50	5	8	6.125	4.808	0.245	34.86	2.39	6.83	12.61	1.44	3.30	70.00	2.40	21.04	1.17	7.41	1.10	2.74	0.435
			6		7.260	5.699	0.245	41.12	2.38	8.12	14.70	1.42	3.88	84.30	2.44	25.37	1.21	8.54	1.08	3.19	0.435
			8		9.467	7.431	0.244	52.39	2.35	10.52	18.53	1.40	4.99	112.50	2.52	34.23	1.29	10.87	1.07	4.10	0.429
			10		11.590	9.098	0.244	62.71	2.33	12.79	21.96	1.38	6.04	140.80	2.60	43.43	1.36	13.10	1.06	4.99	0.423
8/5	80	50	5	8	6.375	5.005	0.255	41.96	2.56	7.78	12.82	1.42	3.32	85.21	2.60	21.06	1.14	7.66	1.10	2.74	0.388
			6		7.560	5.935	0.255	49.49	2.56	9.25	14.95	1.41	3.91	102.53	2.65	25.41	1.18	8.85	1.08	3.20	0.387
			7		8.724	6.848	0.255	56.16	2.54	10.58	16.96	1.39	4.48	119.33	2.69	29.82	1.21	10.18	1.08	3.70	0.384
			8		9.867	7.745	0.254	62.83	2.52	11.92	18.85	1.38	5.03	136.41	2.73	34.32	1.25	11.38	1.07	4.16	0.381
9/5.6	90	56	5	9	7.212	5.661	0.287	60.45	2.90	9.92	18.32	1.59	4.21	121.32	2.91	29.53	1.25	10.98	1.23	3.49	0.385
			6		8.557	6.717	0.286	71.03	2.88	11.74	21.42	1.58	4.96	145.59	2.95	35.58	1.29	12.90	1.23	4.18	0.384
			7		9.880	7.756	0.286	81.01	2.86	13.49	24.36	1.57	5.70	169.66	3.00	41.71	1.33	14.67	1.22	4.72	0.382
			8		11.183	8.779	0.286	91.03	2.85	15.27	27.15	1.56	6.41	194.17	3.04	47.93	1.36	16.34	1.21	5.29	0.380
10/6.3	100	63	6	10	9.617	7.550	0.320	99.06	3.21	14.64	30.94	1.79	6.35	199.71	3.24	50.50	1.43	18.42	1.38	5.25	0.394
			7		11.111	8.722	0.320	113.45	3.29	16.88	35.26	1.78	7.29	233.00	3.28	59.14	1.47	21.00	1.38	6.02	0.393
			8		12.584	9.878	0.319	127.37	3.18	19.08	39.39	1.77	8.21	266.32	3.32	67.88	1.50	23.50	1.37	6.78	0.391
			10		15.467	12.142	0.319	153.81	3.15	23.32	47.12	1.74	9.98	333.06	3.40	85.73	1.58	28.33	1.35	8.24	0.387

角钢号数	尺寸(mm) B	b	d	r	截面面积(cm²)	理论质量(kg/m)	外表面积(m²/m)	参考数值 x—x I_x(cm⁴)	i_x(cm)	W_x(cm³)	y—y I_y(cm⁴)	i_y(cm)	W_y(cm³)	x₁—x₁ I_{x1}(cm⁴)	y_0(cm)	y₁—y₁ I_{y1}(cm⁴)	x_0(cm)	u—u I_u(cm⁴)	i_u(cm)	W_u(cm³)	tan α
10/8	100	80	6	10	10.637	8.350	0.354	107.04	3.17	15.19	61.24	2.40	10.16	199.83	2.95	102.68	1.97	31.65	1.72	8.37	0.627
			7		12.301	9.656	0.354	122.73	3.16	17.52	70.08	2.39	11.71	233.20	3.00	119.98	2.01	36.17	1.72	9.60	0.626
			8		13.944	10.946	0.353	137.92	3.14	19.81	78.58	2.37	13.21	266.61	3.04	137.37	2.05	40.58	1.71	10.80	0.625
			10		17.167	13.476	0.353	166.87	3.12	24.24	94.65	2.35	16.12	333.63	3.12	172.48	2.13	49.10	1.69	13.12	0.622
11/7	110	70	6	10	10.637	8.350	0.354	133.37	3.54	17.85	42.92	2.01	7.90	265.78	3.53	69.08	1.57	25.36	1.54	6.53	0.403
			7		12.301	9.656	0.354	153.00	3.53	20.60	49.01	2.00	9.09	310.07	3.57	80.82	1.61	28.95	1.53	7.50	0.402
			8		13.944	10.946	0.353	172.04	3.51	23.30	54.87	1.98	10.25	354.39	3.62	92.70	1.65	32.45	1.53	8.45	0.401
			10		17.167	13.476	0.353	208.39	3.48	28.54	65.88	1.96	12.48	443.13	3.70	116.83	1.72	39.20	1.51	10.29	0.397
12.5/8	125	80	7	11	14.096	11.066	0.403	277.98	4.02	26.86	74.42	2.30	12.01	454.99	4.01	120.32	1.80	43.81	1.76	9.92	0.408
			8		15.989	12.551	0.403	256.77	4.01	30.41	83.49	2.28	13.56	519.99	4.06	137.85	1.84	49.15	1.75	11.18	0.407
			10		19.712	15.474	0.402	312.04	3.98	37.33	100.67	2.26	16.56	650.99	4.14	173.40	1.92	59.45	1.74	13.64	0.404
			12		23.351	18.330	0.402	364.41	3.95	44.01	116.67	2.24	19.43	780.39	4.22	209.67	2.00	69.35	1.72	16.01	0.400
14/9	140	90	8	12	18.038	14.160	0.453	365.64	4.50	38.48	120.69	2.59	17.34	730.53	4.50	195.79	2.04	70.83	1.98	14.31	0.411
			10		22.261	17.475	0.452	445.50	4.47	47.31	146.03	2.56	21.22	913.20	4.58	245.92	2.12	85.82	1.96	17.48	0.409
			12		26.400	20.724	0.451	521.59	4.44	55.87	169.79	2.54	24.95	1 096.09	4.66	296.89	2.19	100.21	1.95	20.54	0.406
			14		30.456	23.908	0.451	594.10	4.42	64.18	192.10	2.51	28.54	1 279.26	4.74	348.82	2.27	114.13	1.94	23.52	0.403
16/10	160	100	10	13	25.315	19.872	0.512	668.69	5.14	62.13	205.03	2.85	26.56	1 362.89	5.24	336.59	2.28	121.74	2.19	21.92	0.390
			12		30.054	23.592	0.511	784.91	5.11	73.49	239.06	2.82	31.28	1 635.56	5.32	405.94	2.36	142.33	2.17	25.79	0.388
			14		34.709	27.247	0.510	896.30	5.08	84.56	271.20	2.80	35.83	1 908.50	5.40	476.42	2.43	162.23	2.16	29.56	0.385
			16		39.281	30.835	0.510	1 003.04	5.05	95.33	301.60	2.77	40.24	2 181.79	5.48	548.22	2.51	182.57	2.16	33.44	0.382
18/11	180	110	10	14	28.373	22.273	0.571	956.25	5.80	78.96	278.11	3.13	32.49	1940.40	5.89	447.22	2.44	166.50	2.42	26.88	0.376
			12		33.721	26.464	0.571	1 124.72	5.78	93.53	325.03	3.10	34.32	2328.38	5.98	538.94	2.52	194.87	2.40	31.66	0.374
			14		38.967	30.589	0.570	1 286.91	5.75	107.76	369.55	3.08	43.97	2 716.60	6.06	631.95	2.59	222.30	2.39	36.32	0.372
			16		44.139	34.649	0.569	1 443.06	5.72	121.64	411.85	3.06	49.44	3 105.15	6.14	726.46	2.67	248.94	2.38	40.87	0.369
20/12.5	200	125	12	14	37.912	29.761	0.641	1 570.90	6.44	116.73	483.16	3.57	49.99	3 193.85	6.54	787.74	2.83	285.79	2.74	41.23	0.392
			14		43.867	34.436	0.640	1 800.97	6.41	134.65	550.83	3.54	57.44	3 726.17	6.02	922.47	2.91	326.58	2.73	47.34	0.390
			16		49.739	39.045	0.639	2 023.35	6.38	152.18	615.44	3.52	64.69	4 258.86	6.70	1 058.86	2.99	366.21	2.71	53.32	0.388
			18		55.526	43.588	0.639	2 238.30	6.35	169.33	677.19	3.49	71.74	4 792.00	6.78	1 197.13	3.06	404.83	2.70	59.18	0.385

注: 1. 括号内型号不推荐使用。 2. 截面图中的 $r_1 = \frac{1}{3}d$ 及表中 r 的数据用于孔型设计，不作交货条件。

表3 热轧工字钢（GB 706—1988）

符号意义：

h——高度；
b——腿宽度；
d——腰厚度；
t——平均腿厚度；
r——内圆弧半径；
r_1——腿端圆弧半径；
I——惯性矩；
W——弯曲截面系数；
i——惯性半径；
S——半截面的静矩。

斜度 1 : 6

型号	尺寸 (mm)						截面面积 (cm²)	理论质量 (kg/m)	参考数值						
									$x-x$				$y-y$		
	h	b	d	t	r	r_1			I_x (cm⁴)	W_x (cm³)	i_x (cm)	$I_x:S_x$ (cm)	I_y (cm⁴)	W_y (cm³)	i_y (cm)
10	100	68	4.5	7.6	6.5	3.3	14.3	11.2	245	49	4.14	8.59	33	9.72	1.52
12.6	126	74	5	8.4	7	3.5	18.1	14.2	488.43	77.529	5.195	10.85	46.906	12.677	1.609
14	140	80	5.5	9.1	7.5	3.8	21.5	16.9	712	102	5.76	12	64.4	16.1	1.73
16	160	88	6	9.9	8	4	26.1	20.5	1 130	141	6.58	13.8	93.1	21.2	1.89
18	180	94	6.5	10.7	8.5	4.3	30.6	24.1	1 660	185	7.36	15.4	122	26	2
20a	200	100	7	11.4	9	4.5	35.5	27.9	2 370	237	8.15	17.2	158	31.5	2.12
20b	200	102	9	11.4	9	4.5	39.5	31.1	2 500	250	7.96	16.9	169	33.1	2.06
22a	220	110	7.5	12.3	9.5	4.8	42	33	3 400	309	8.99	18.9	225	40.9	2.31
22b	220	112	9.5	12.3	9.5	4.8	46.4	36.4	3 570	325	8.78	18.7	239	42.7	2.27
25a	250	116	8	13	10	5	48.5	38.1	5 023.54	401.88	10.18	21.58	280.046	48.283	2.403
25b	250	118	10	13	10	5	53.5	42	5 283.96	422.72	9.938	21.27	309.297	52.423	2.404
28a	280	122	8.5	13.7	10.5	5.3	55.45	43.4	7 114.14	508.15	11.32	24.62	345.051	56.565	2.495
28b	280	124	10.5	13.7	10.5	5.3	61.05	47.9	7 480	534.29	11.08	24.24	379.496	61.209	2.493
32a	320	130	9.5	15	11.5	5.8	67.05	52.7	11 075.5	692.2	12.84	27.46	459.93	70.758	2.619
32b	320	132	11.5	15	11.5	5.8	73.45	57.7	11 621.4	726.33	12.58	27.09	501.93	75.989	2.614
32c	320	134	13.5	15	11.5	5.8	79.95	62.8	12 167.5	760.47	12.34	26.77	543.81	81.166	2.608

型号	尺寸 (mm)						截面面积 (cm²)	理论质量 (kg/m)	参考数值						
	h	b	d	t	r	r_1			$x-x$				$y-y$		
									I_x (cm⁴)	W_x (cm³)	i_x (cm)	$I_x:S_x$ (cm)	I_y (cm⁴)	W_y (cm³)	i_y (cm)
36a	360	136	10	15.8	12	6	76.3	59.9	15 760	875	14.4	30.7	552	81.2	2.69
36b	360	138	12	15.8	12	6	83.5	65.6	16 530	919	14.1	30.3	582	84.3	2.64
36c	360	140	14	15.8	12	6	90.7	71.2	17 310	962	13.8	29.9	612	87.4	2.6
40a	400	142	10.5	16.5	12.5	6.3	86.1	67.6	21 720	1 090	15.9	34.1	660	93.2	2.77
40b	400	144	12.5	16.5	12.5	6.3	94.1	73.8	22 780	1 140	15.6	33.6	692	96.2	2.71
40c	400	146	14.5	16.5	12.5	6.3	102	80.1	23 850	1 190	15.2	33.2	727	99.6	2.65
45a	450	150	11.5	18	13.5	6.8	102	80.4	32 240	1 430	17.7	38.6	855	114	2.89
45b	450	152	13.5	18	13.5	6.8	111	87.4	33 760	1 500	17.4	38	894	118	2.84
45c	450	154	15.5	18	13.5	6.8	120	94.5	35 280	1 570	17.1	37.6	938	122	2.79
50a	500	158	12	20	14	7	119	93.6	46 470	1 860	19.7	42.8	1 120	142	3.07
50b	500	160	14	20	14	7	129	101	48 560	1 940	19.4	42.4	1 170	146	3.01
50c	500	162	16	20	14	7	139	109	50 640	2 080	19	41.8	1 220	151	2.96
56a	560	166	12.5	21	14.5	7.3	135.25	106.2	65 585.6	2 342.31	22.02	47.73	1 370.16	165.08	3.182
56b	560	168	14.5	21	14.5	7.3	146.45	115	68 512.5	2 446.69	21.63	47.17	1 486.75	174.25	3.162
56c	560	170	16.5	21	14.5	7.3	157.85	123.9	71 439.4	2 551.41	21.27	46.66	1 558.39	183.34	3.158
63a	630	176	13	22	15	7.5	154.9	121.6	93 916.2	2 981.47	24.62	54.17	1 700.55	193.24	3.314
63b	630	178	15	22	15	7.5	167.5	131.5	98 083.6	3 163.38	24.2	53.51	1 812.07	203.6	3.289
63c	630	180	17	22	15	7.5	180.1	141	102 251.1	3 298.42	23.82	52.92	1 924.91	213.88	3.268

注：截面图和表中标注的圆弧半径 r、r_1 的数据用于孔型设计，不作交货条件。

表 4 热轧槽钢 (GB 707—1988)

符号意义：

- h —— 高度；
- b —— 腿宽度；
- d —— 腰厚度；
- t —— 平均腿厚度；
- r —— 内圆弧半径；
- r_1 —— 腿端圆弧半径；
- I —— 惯性矩；
- W —— 弯曲截面系数；
- i —— 惯性半径；
- z_0 —— y—y 轴与 y_1—y_1 轴间距。

型号	尺寸 (mm)						截面面积 (cm²)	理论质量 (kg/m)	参考数值							
									x—x			y—y			y_1—y_1	z_0
	h	b	d	t	r	r_1			W_x (cm³)	I_x (cm⁴)	i_x (cm)	W_y (cm³)	I_y (cm⁴)	i_y (cm)	I_{y1} (cm⁴)	(cm)
5	50	37	4.5	7	7	3.5	6.93	5.44	10.4	26	1.94	3.55	8.3	1.1	20.9	1.35
6.3	63	40	4.8	7.5	7.5	3.75	8.444	6.63	16.123	50.786	2.453	4.50	11.872	1.185	28.38	1.36
8	80	43	5	8	8	4	10.24	8.04	25.3	101.3	3.15	5.79	16.6	1.27	37.4	1.43
10	100	48	5.3	8.5	8.5	4.25	12.74	10	39.7	198.3	3.95	7.8	25.6	1.41	54.9	1.52
12.6	126	53	5.5	9	9	4.5	15.69	12.37	62.137	391.466	4.953	10.242	37.99	1.567	77.09	1.59
14a	140	58	6	9.5	9.5	4.75	18.51	14.53	80.5	563.7	5.52	13.01	53.2	1.7	107.1	1.71
14b	140	60	8	9.5	9.5	4.75	21.31	16.73	87.1	609.4	5.35	14.12	61.1	1.69	120.6	1.67
16a	160	63	6.5	10	10	5	21.95	17.23	108.3	866.2	6.28	16.3	73.3	1.83	144.1	1.8
16	160	63	8.5	10	10	5	25.15	19.74	116.8	934.5	6.1	17.55	83.4	1.82	160.8	1.75
18a	180	68	7	10.5	10.5	5.25	25.69	20.17	141.4	1 272.7	7.04	20.03	98.6	1.96	189.7	1.88
18	180	70	9	10.5	10.5	5.25	29.29	22.99	152.2	1 369.9	6.84	21.52	111	1.95	210.1	1.84
20a	200	73	7	11	11	5.5	28.83	22.63	178	1 780.4	7.86	24.2	128	2.11	244	2.01
20	200	73	9	11	11	5.5	32.83	25.77	191.4	1 913.7	7.64	25.88	143.6	2.09	268.4	1.95
22a	220	77	7	11.5	11.5	5.75	31.84	24.99	217.6	2 393.9	8.67	28.17	157.8	2.23	298.2	2.1
22	220	79	9	11.5	11.5	5.75	36.24	28.45	233.8	2 571.4	8.42	30.05	176.4	2.21	326.3	2.03

斜度 1:10

$\dfrac{b-d}{2}$

型号	尺寸 (mm)						截面面积 (cm²)	理论质量 (kg/m)	参考数值							
									x—x			y—y			y₁—y₁	z₀
	h	b	d	t	r	r_1			W_x (cm³)	I_x (cm⁴)	i_x (cm)	W_y (cm³)	I_y (cm⁴)	i_y (cm)	I_{y1} (cm⁴)	(cm)
25a	250	78	7	12	12	6	34.91	27.47	269.597	3 369.62	9.823	30.607	175.529	2.243	322.256	2.065
25b	250	80	9	12	12	6	39.91	31.39	282.402	3 530.04	9.405	32.657	196.421	2.218	353.187	1.982
25c	250	82	11	12	12	6	44.91	35.32	295.236	3 690.45	9.065	35.926	218.415	2.206	384.133	1.921
28a	280	82	7.5	12.5	12.5	6.25	40.02	31.42	340.328	4 764.59	10.91	35.718	217.989	2.333	387.566	2.097
28b	280	84	9.5	12.5	12.5	6.25	45.62	35.81	366.46	5 130.45	10.6	37.929	242.144	2.304	427.589	2.016
28c	280	86	11.5	12.5	12.5	6.25	51.22	40.21	392.594	5 496.32	10.35	40.301	267.602	2.286	426.597	1.951
32a	320	88	8	14	14	7	48.7	38.22	474.879	7 598.06	12.49	46.473	304.787	2.502	552.31	2.242
32b	320	90	10	14	14	7	55.1	43.25	509.012	8 144.2	12.15	49.157	336.332	2.471	592.933	2.158
32c	320	92	12	14	14	7	61.5	48.28	543.145	8 690.33	11.88	52.642	374.175	2.467	643.299	2.092
36a	360	96	9	16	16	8	60.89	47.8	659.7	11 874.2	13.97	63.54	455	2.73	818.4	2.44
36b	360	98	11	16	16	8	68.09	53.45	702.9	12 651.8	13.63	66.85	496.7	2.7	880.4	2.37
36c	360	100	13	16	16	8	75.29	50.1	746.1	13 429.4	13.36	70.02	536.4	2.67	947.9	2.34
40a	400	100	10.5	18	18	9	75.05	58.91	878.9	17 577.9	15.30	78.83	592	2.81	1 067.7	2.49
40b	400	102	12.5	18	18	9	83.05	65.19	932.2	18 644.5	14.98	82.52	640	2.78	1 135.6	2.44
40c	400	104	14.5	18	18	9	91.05	71.47	985.6	19 711.2	14.71	86.19	687.8	2.75	1 220.7	2.42

注：截面图和表中标注的圆弧半径 r、r_1 的数据用于孔型设计，不作交货条件。